全国高职高专机电类专业规划教材

# 高电压技术

主　编　黄瑞梅　李玉清
副主编　刘福玉　李文才
参　编　王　维　陈小飞
主　审　袁兴惠

黄河水利出版社
·郑州·

## 内容提要

本书是高职高专机电类专业统编教材，是根据全国水利水电高职教研会制定的高电压技术课程教学大纲编写完成的。全书共分8章，内容包括绝缘材料的绝缘性能及放电机理、绝缘的劣化及试验技术、电力系统过电压及保护设备和保护措施、电力系统的绝缘配合等，着重介绍了高电压技术的基本概念及工程应用中的关键问题，对近年来高电压技术领域中的新技术和新进展作了较多的介绍。

本书为高职高专机电类专业高电压技术课程教材，也适用于高等院校成人教育机电类或电气类专业，同时也可以作为电力工程技术人员的参考用书。

**图书在版编目(CIP)数据**

高电压技术/黄瑞梅，李玉清主编．—郑州：黄河水利出版社，2009.7 (2020.8 重印)
高职高专机电类专业统编教材
ISBN 978-7-80734-654-8

Ⅰ．高… Ⅱ．①黄… ②李… Ⅲ．高电压-技术-高等学校：技术学校-教材 Ⅳ．TM8

中国版本图书馆 CIP 数据核字(2009)第107045号

策划组稿：王路平　电话：0371-66022212　E-mail：hhslwlp@126.com
　　　　　简　群　　　　66026749　　　　931945687@qq.com

出 版 社：黄河水利出版社　　网址：www.yrcp.com
地址：河南省郑州市顺河路黄委会综合楼14层　　邮政编码：450003
发行单位：黄河水利出版社
发行部电话：0371-66026940、66020550、66028024、66022620(传真)
E-mail：hhslcbs@126.com
承印单位：河南承创印务有限公司
开本：787 mm×1 092 mm　1/16
印张：12.75
字数：300 千字　　印数：9 000—10 000
版次：2009年7月第1版　　印次：2009年7月第1次印刷
　　　　　　　　　　　　2020年8月第4次印刷

定价：24.00元

# 前　言

本书是根据教育部《关于加强高职高专教育人才培养工作意见》和《面向 21 世纪教育振兴行动计划》等文件精神，以及由全国水利水电高职教研会拟定的教材编写规划，报水利部批准，由全国水利水电高职教研会组织编写的机电类专业统编教材。

本书是为高等职业技术院校机电专业编写的高电压技术教材，也可以作为发电厂及电力系统、高压输电线路运行与维护、供用电技术等专业课教材。高等职业教育是高等教育的一个重要方面，近年来在我国得到蓬勃发展。其目标是培养具有高尚职业道德、具有大学专科理论水平、具有较强操作动手能力，工作在职业现场第一线的技术人员和管理人员。

高电压技术是一门实践性很强的课程，学生通过本课程的学习不但应该掌握一定的基础理论知识，而且应在分析问题、解决问题和实际动手等能力方面得到锻炼和提高。本书在编写过程中，注重理论结合实际，论述清晰准确，深入浅出。

本书共分 8 章。在编写内容上，注重新技术的介绍，在高压绝缘部分，增加了 $SF_6$ 气体特性及应用；在高压试验部分，强化了常用电气设备的试验分析和判断，增加了绝缘在线监测技术与分析；在过电压防护部分，淘汰了管型避雷器、阀型避雷器的相关内容，强化了氧化锌避雷器的内容。在编写形式上，各章有一定数量的习题，其内容力求突出本课程的特点和基本要求，尽量做到与实践相结合。

本书编写人员及编写分工如下：绪论、第 1 章、第 2 章和第 4 章由福建水利电力职业技术学院黄瑞梅编写，第 3 章由河北工程技术高等专科学校李文才编写，第 5 章由重庆水利电力职业技术学院刘福玉编写，第 6 章由沈阳农业大学高等职业技术学院王维编写，第 7 章由湖北三峡电力职业学院陈小飞编写，第 8 章由湖北三峡电力职业学院李玉清编写。本书由黄瑞梅、李玉清担任主编，由刘福玉、李文才担任副主编，由四川水利职业技术学院袁兴惠担任主审。

本书编写过程中得到相关院校领导的大力支持和帮助，在此一并致以衷心的感谢。

限于编者的水平，加之时间仓促，书中错误和不妥之处是难免的，敬请读者批评指正。

**编　者**

2009 年 3 月

# 目　录

# 绪论

随着经济的发展,国民经济各行业对能源的需求日益迫切,国际能源机构预测,从近几年到2025年全球能源需求将增加近一倍。电力工业作为能源工业的主力而受到极大的重视,在发达国家的能源消费比例中,电能占一多半。除火力发电、水力发电外,又发展了核能发电、太阳能发电、风力发电、海洋能发电、地热发电等多种新能源形式。但不管哪种发电形式都离不开电力的传输,离不开高压输电。

当前,世界上的交、直流输电电压已超过1 000 kV。我国规定1～220 kV为高电压,330～500 kV为超高压,1 000 kV及以上为特高压。目前我国已建成1 000 kV交流特高压输电系统,±800 kV直流输电系统也已开始建设。

随着输电电压的提高,需要生产相应的高压电气设备,这就需要对各类绝缘电介质的特性及其放电机理进行研究,而其中对气体放电机理的研究是研究其他材料放电机理的基础。设备额定电压的提高使绝缘材料和绝缘结构的研究成为很重要的问题,当前,各种高抗电强度气体和各类有机高分子合成材料等新型绝缘材料的出现为制造高压电气设备提供了广阔的前景。

除设备问题外,建设高压输电系统还面临着很多高电压技术课题,诸如高压输电线路的电晕;不对称故障及输电线路电晕对通信的干扰;高压电磁场对周围环境和人体的影响;电力系统的过电压等。电力系统过电压是危害电力系统安全运行的主要因素之一,电力系统的过电压来自两个方面,一是由雷电和雷击电力系统所引起的大气过电压;二是由电力系统中因开关操作或系统参数配合不当而引起的谐振等形成的内部过电压。电力系统过电压作用的时间虽然很短,但它会造成设备的损坏,危害电力系统的安全运行。研究过电压产生的原因及限制过电压的措施,提高设备耐受过电压的能力,研究新型的能够限制过电压的设备(如避雷器)已成为建设超高压和特高压电网所面临的主要课题。

随着计算机技术、微电子技术及材料科学等新兴技术的发展,传感技术、信号处理技术及计算机控制技术等各种综合技术在电力系统中的不断应用,高电压技术得到了日新月异的发展。电气设备运行的状态监测和设备绝缘状态的检测以及诊断正在由过去以定期检修为主的预防性维护向以预防且预知事故为主的自动化预测维护方向发展,以保证电气设备更加安全、可靠地运行,从而提高电力供应的质量和可靠性,满足由于城市功能进步和社会生活质量提高以及信息化社会发展对电能的需求。

高电压技术这门学科是从生产实践中发展起来的,因为现有的电介质理论还远未完备,各种绝缘材料和绝缘结构的电气性能还不能单纯依靠理论上的分析计算来解决问题,必须借助于各种绝缘试验来检验和掌握绝缘的状态和性能。因此,在研究和学习理论的同时,更应该强调实践的重要性,需要依靠实践结果的积累、提高和总结,推进高电压技术的发展。

# 第 1 章 高电压下材料的绝缘性能

## 1.1 概 述

自然界的物质根据其物理导电性能可分为三类，即容易导电的导体（电阻率为 $10^{-6} \sim 10^{-2}\ \Omega \cdot cm$）、不导电的绝缘体（电阻率为 $10^{9} \sim 10^{22}\ \Omega \cdot cm$）以及处于导体和绝缘体之间的半导体。在电力系统中，用气体、液体、固体绝缘材料或它们的组合把各种电气设备的导电部分与接地的外壳或支架隔离开，以保证这些电气设备的正常运行。而这些绝缘物质在外电场的作用下会产生许多物理现象，如极化、电导、电离、损耗和击穿放电等，正确理解和认识这些现象，对我们进行绝缘结构的合理设计、绝缘材料的合理利用以及对绝缘性能的准确评估有着非常重要的意义。

### 1.1.1 电介质的极化

从绝缘体的电介质性质来看，可以把气体、液体、固体绝缘体称做电介质。一切物质内部都有正电荷和负电荷，通常情况下正、负电荷处于相对平衡状态，物质呈现电中性，当外加电压后，正、负电荷受电场力的作用，其相对位置发生变化，尽管内部正、负电荷仍相互抵消，但随着正、负电荷相对位置的变化，电介质表面出现电荷，这种现象称为电介质的极化，出现的电荷称为极化电荷。一般用相对介电常数 $\varepsilon_r$ 来表示电介质极化的程度。

一些电介质的相对介电常数见表 1-1。

根据电介质极化程度的大小，电介质可分为中性电介质和极性电介质。讨论介质极化现象在工程中是有实际意义的。如相对介电常数 $\varepsilon_r$ 小的绝缘物质，由于其介质热损耗小，常用做高压电气设备的绝缘结构、电缆绝缘等；而制作电容器时，在相同的耐电强度下，要选择 $\varepsilon_r$ 大的绝缘材料作为极板间的绝缘物质，以使单位电容器的体积和重量减小。

根据电介质的物质结构，电介质极化具有电子极化、离子极化、偶极子极化和夹层极化四种基本极化形式，中性电介质一般为电子极化、离子极化；极性电介质一般为偶极子极化、夹层极化。

### 1.1.2 电介质的电导

任何电介质都不可能是理想的绝缘体，它们总有一些联系弱的带电质点存在。在电场作用下，它们可做有方向的运动构成电流，因而任何电介质都具有一定的电导。在加直流电压 $U$ 于介质时，初始瞬间由于各种极化过程的存在，流过介质中的电流是随时间变化的，在一定时间后，极化过程结束，流过介质的电流趋于一定值 $I$（泄漏电流），与此对应的电阻称电介质的绝缘电阻（$R_\infty$），可用下式求得

**表 1-1 几种电介质的相对介电常数和电导率**

| 材料类别 | | 名称 | 相对介电常数 $\varepsilon_r$<br>(20 ℃,50 Hz) | 电导率 $\gamma$<br>(20 ℃,$\Omega^{-1}\cdot cm^{-1}$) |
|---|---|---|---|---|
| 气体介质 | | 空气 | 1.000 59 | |
| 液体介质 | 中性 | 变压器油 | 2.2 | $10^{-12}\sim10^{-15}$ |
| | | 硅有机油类 | 2.2~2.8 | $10^{-14}\sim10^{-15}$ |
| | 极性 | 蓖麻油 | 4.2 | $10^{-10}\sim10^{-12}$ |
| 固体介质 | 中性 | 石蜡 | 1.9~2.2 | $10^{-16}$ |
| | | 聚苯乙烯 | 2.4~2.6 | $10^{-17}\sim10^{-18}$ |
| | | 聚四氯乙烯 | 2 | $10^{-17}\sim10^{-18}$ |
| | 极性 | 松香 | 2.5~2.6 | $10^{-15}\sim10^{-16}$ |
| | | 纤维素 | 6.5 | $10^{-14}$ |
| | | 胶木 | 4.5 | $10^{-13}\sim10^{-14}$ |
| | | 聚氯乙烯 | 3.3 | $10^{-15}\sim10^{-16}$ |
| | | 沥青 | 2.6~2.7 | $10^{-15}\sim10^{-16}$ |
| | 离子结构中性 | 云母 | 5~7 | $10^{-15}\sim10^{-16}$ |
| | | 电瓷 | 6~7 | $10^{-14}\sim10^{-15}$ |

$$R_{\infty}=\frac{U}{I} \tag{1-1}$$

对固体介质,它应包括体积绝缘电阻与表面绝缘电阻两部分。

如果要把绝缘的体积泄漏与表面泄漏分开,应在测量回路中加辅助电极,使表面泄漏不通过测量表。

介质的绝缘电阻决定着介质中的泄漏电流,它将引起介质发热,加速绝缘老化。介质电导(绝缘电阻之倒数)与金属电导不同,它比金属的电导小得多,且为离子性的(金属的电导是电子电导),故与温度有关。温度愈高,参与漏导的离子(介质本身或杂质)愈多,即电导电流愈大,所以介质电阻具有负的温度系数(金属电阻的温度系数是正值)。

图 1-1 给出了直流电压作用下流过介质的电流变化情况。$i_1$ 为电容电流分量,它是由加压初始瞬间电极间的几何电容,以及介质中的电子极化或离子极化过程所引起的电流,$i_1$ 存在时间很短,可认为是瞬间完成的。$i_2$ 为吸收电流分量,是由偶极子极化或夹层极化所引起的,其存在时间较长,一般为几分钟至数十分钟,有损耗。$i_2$ 与时间轴所夹的面积,即为吸收电荷。一般地说,吸收现象主要是由不均匀介质的夹层极化所引起的。$I$ 是泄漏电流(或称传导电流),它与绝缘电阻值相对应,不随时间变化,于是介质中流过的总电流为

$$i=i_1+i_2+I \tag{1-2}$$

由此可画出如图 1-2 所示的等值电路。其中 $C_0$ 代表无损极化与电极间几何电容的纯电容分支，$C_0$ 中流过的电流为 $i_1$；$r_a$、$C_a$ 代表有损耗极化电流分支，其中流过的电流为 $i_2$，即吸收电流；$r_\infty$ 代表泄漏电流分支，$r_\infty$ 中流过的电流为 $I$。

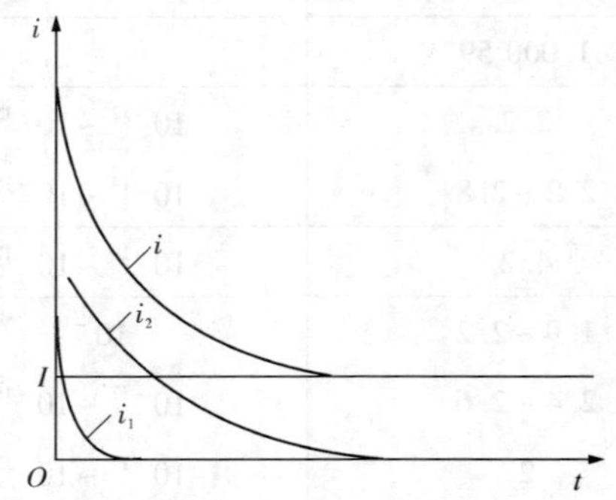


图 1-1　直流电压作用下流过介质的电流

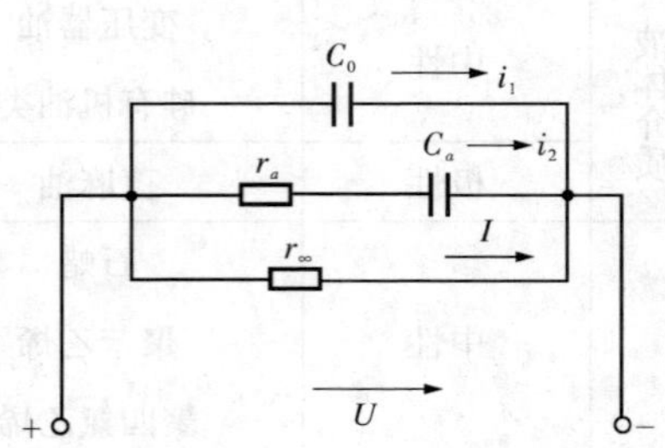


图 1-2　介质加压时等值电路

在工程实际中，绝缘电阻在预防性试验中，可以判断绝缘的优劣或是否受潮。设计时要考虑绝缘的使用环境，特别是湿度。直流设备要注意所用介质的电导与电压分布成反比。并非所有情况下均要求绝缘电阻值高，如高压套管法兰附近上半导体釉，是为了改善电压分布。

### 1.1.3　电介质的损耗

由前所述的极化和电导可看出，介质在电压作用下有能量损耗，一种是由极化引起的损耗，极性介质中偶极子转动有能量损耗，在多层介质中也会产生夹层介质极化引起的损耗；另一种是由电导引起的损耗。

直流电压作用下，由于无周期性的极化，因此损耗只是由电导引起的，用体积电阻率和表面电阻率两个物理量已足够表达，故直流电压下不需再引入介质损耗这个概念。但在交流电压作用下，除电导损耗外，还有由于周期性的极化而引起的能量损耗。因此，需引入一新的物理量来表示，如图 1-3 所示。图 1-3(b) 为介质两端施加交流电压时的电压电流向量图（取电压为基准量），由于介质中有损耗，所以电流不是纯电容性的电流，而是包含有功和无功两个分量，即

$$\dot{I} = \dot{I}_r + \dot{I}_c \tag{1-3}$$

所以电源供给的视在功率为

$$\tilde{S} = P + \mathrm{j}Q = U(I_r + \mathrm{j}I_c) = UI_r + \mathrm{j}UI_c \tag{1-4}$$

由图 1-3(c) 功率三角形可见

$$P = Q\ \tan\delta = U^2\omega C\tan\delta \tag{1-5}$$

用介质损耗 $P$ 表示介质品质好坏是不方便的，因为 $P$ 值和试验电压、试品尺寸等因素有关，不同的试品难以互相比较，故以介质损耗角正切值 $\tan\delta$（$\delta$ 角为功率因数角 $\varphi$ 的余角）来判断介质的品质。

有损耗的介质可以用一个理想电容器和一个有效电阻的并联或串联等值电路来表示。

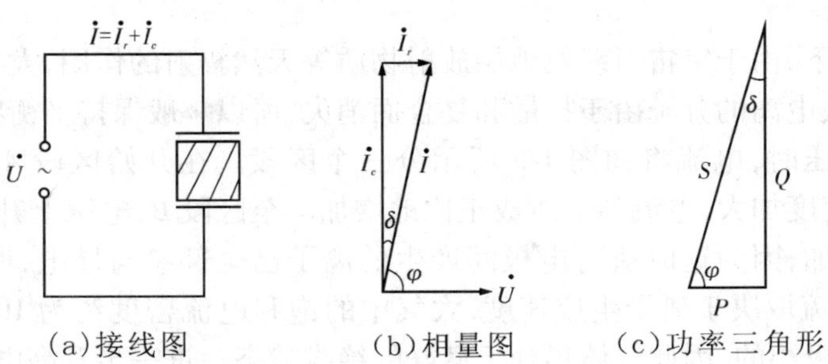


(a)接线图　　(b)相量图　　(c)功率三角形

**图 1-3　介质在交流下的接线图和相量图**

图 1-4 是用电阻、电容并联的等值电路，从相量图上可看出

$$\tan\delta = \frac{\frac{U}{R}}{U\omega C_P} = \frac{1}{\omega C_P R} \tag{1-6}$$

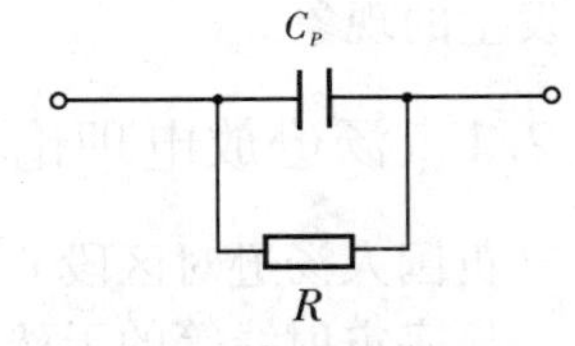


(a)等值电路

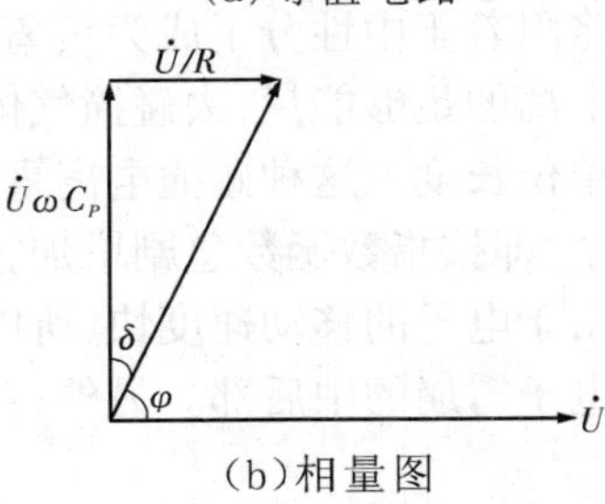


(b)相量图

**图 1-4　用电阻、电容并联等值电路和相量图**

如用串联等值电路表示，则 $\tan\delta = \omega CR$。由于绝缘的 $\tan\delta$ 都很小，损耗的表达式与式(1-5)相同。

该等值电路只有计算上的意义，并不能确切地反映物理过程。如果损耗主要是由电导引起的，则常用并联等值电路。如果损耗主要由介质极化及连接导线的电阻等引起，则常用串联等值电路。但应注意，同一介质用不同等值电路表示时，其等值电容是不相同的。

由于绝缘材料在受潮或有缺陷时，电导电流会增加；在绝缘材料中有气泡、杂质和受潮的情况下，夹层极化加剧，极化损耗增加。所以，介质损耗角正切值 $\tan\delta$ 的大小直接反映了绝缘状况的好坏，在电气设备绝缘预防性试验中，通过测量 $\tan\delta$ 值可以有效地判断绝缘材料是否受潮、老化。

在工程实际中，设计绝缘结构时，必须注意到绝缘材料的 $\tan\delta$ 值，若 $\tan\delta$ 值过大则会引起严重发热，使材料容易劣化，甚至可能导致热击穿。但介质损耗引起的介质发热有时也有利用价值，如电瓷泥坯的阴干需要很长时间，若在泥坯两端加上适当的交流电压，则可利用介质损耗发热加速干燥过程。

## 1.2　气体的绝缘性能

气体特别是空气，是电力系统中最常见的应用最广泛的绝缘材料。如架空线路相与相之间、导线与铁塔之间等，都是以空气作为绝缘介质的。气体分子间距离比液体和固体大得多，室温和 1 个大气压条件下，气体分子通常以约 500 m/s 的速度运动。虽然分子本身以这样快的速度运动，但因为分子大体是电中性的，基本上没电流，所以气体有非常好的电绝缘性。

在通常情况下，由于宇宙射线及地层放射物质等天然辐射的作用，大气中少量气体分子被电离，同时被电离的分子由于扩散和复合而消失，所以一般保持平衡状态。给这样条件的气体施加电压时，电流将如图 1-5 所示分三个区段。在开始区段 $A$，随着电压的升高，离子的运动速度加大，电流与电压成正比地增加。至区段 $B$，电压上升时，电流不再随电压的升高而增加，因为这时所有电极间产生的离子已全部参与导电，所以电流趋于饱和。区段 $B$ 的电流取决于离子生成速度，大气中的饱和电流密度约为 $10^{-19}\ \mathrm{A/cm^2}$，此时饱和电流密度是极小的，因此气体仍处于良好的绝缘状态。进一步升高电压时，将出现电流骤增的区段 $C$。在这一区段，被电场加速的电子将碰撞中性分子，产生电子的碰撞电离，引起电荷骤增。在这以后再升高电压将导致气体绝缘击穿。下面将重点讨论在区段 $C$ 发生的现象。

### 1.2.1 汤逊放电理论

英国人汤逊对区段 $C$ 的电荷骤增作了如下说明。

靠宇宙射线等的天然辐射能使气体分子电离，生成正离子和电子。在低电场时，电子将附着于中性分子成为负离子，但在高电场时，电子将被加速并获得能够使其他气体分子电离的足够能量，去碰撞气体分子，并使其引起碰撞电离生成新的电子和正离子对。若在单位长度上这种碰撞电离重复发生 $a$ 次，则最初的 $n_0$ 个电子前进 $x$ 距离时将变为 $n_0 e^{ax}$ 个，即按指数函数急剧增加，这种现象称为电子雪崩过程。图 1-6 是电子雪崩的示意图，由于电子的移动速度快，所以集中于电子雪崩的头部，而同时产生的正离子移动慢，留在电子雪崩的中后部。另外，在电离过程中电子因向侧面扩散，故电子雪崩呈圆锥状。

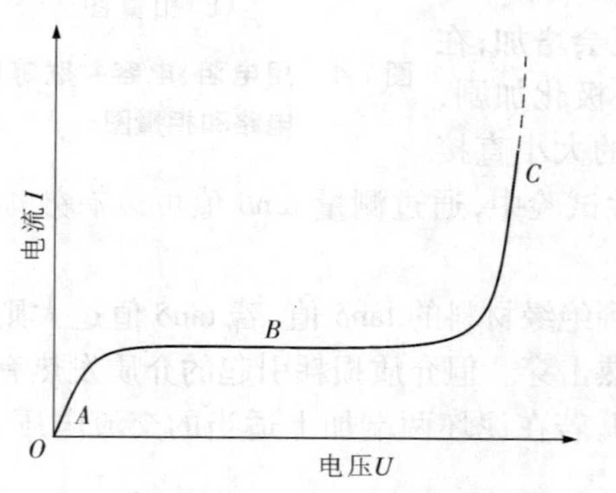


图 1-5　均匀电场中气体的导电特性

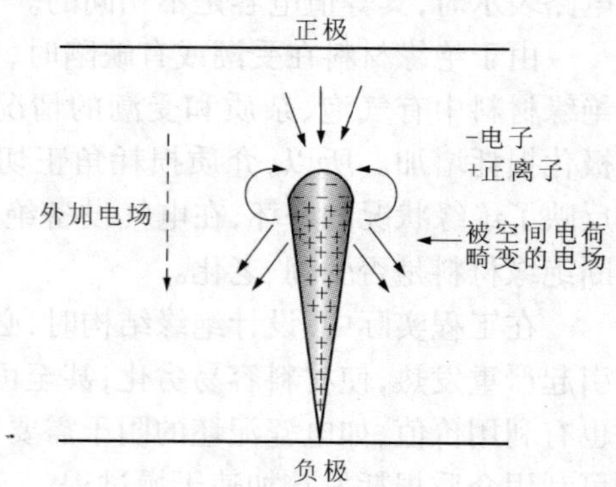


图 1-6　电子雪崩中的电荷分布

电流随电子雪崩发展而增大，但电子雪崩起始电子的生成只是靠宇宙射线等天然辐射能引起的偶发现象，电子雪崩只是单次的。为了使放电持续发生，必须有使电子雪崩的起始电子不断产生的新条件。电子雪崩过程中生成的正离子碰撞阴极时，使阴极至少释放出一个电子，从而抵偿产生电子雪崩后进入阳极的那个电子，这个电子仍将会在电场的作用下，向阳极移动，再次使气体分子引起碰撞电离形成新的电子雪崩。这样，即使不从外界供给起始电子，放电也能维持下去，这种放电现象称为自持放电。

### 1.2.2 巴森定律

因为气体分子的密度与压力成正比,所以汤逊放电条件下的碰撞电离次数是气压 $p$ 和电极间隙 $d$ 的乘积的函数,可从理论上导出均匀电场中气体绝缘击穿电压(也叫火花电压)为 $pd$ 的函数。巴森用实验整理了气体击穿电压与 $pd$ 的关系,弄清了各种气体都有同样的关系曲线(巴森曲线),如图 1-7 所示。这个关系称为巴森定律。

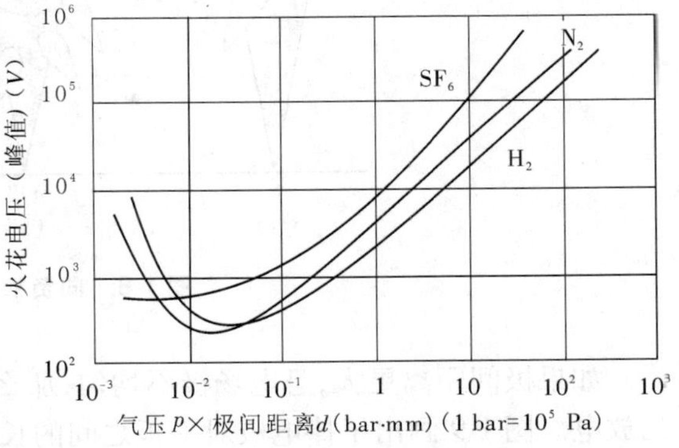


**图 1-7 各种气体的巴森曲线(25 ℃)**

巴森曲线在 $pd = 10^{-2}$ bar · mm (1 bar = $10^5$ Pa)附近有极小值。在极小值点的右侧,$p$ 由大变小时,电子碰撞的平均距离(平均自由程)增大,电子容易获得碰撞电离所需的能量,因而击穿电压低。另一方面,在极小值左侧,由于 $p$ 太小,致使碰撞电离所需的气体分子密度也太小,碰撞电离次数低,所以击穿电压高。另外,电极间隙距离 $d$ 太小时,因电子雪崩不能充分发展,故击穿电压高。由曲线可知,当压力极端变大或变小,而 $d$ 为数十厘米以下时,巴森定律都成立。这意味着在此范围内用汤逊放电理论来解释放电现象是可以理解的。

### 1.2.3 流注理论

当 $pd$ >5 000 bar · cm 时,汤逊放电理论与实际气体放电现象出现偏差。根据汤逊放电理论计算出来的击穿放电所需时间比实测的放电时间大 10 ~ 100 倍;按汤逊放电理论,阴极性质在击穿过程中起重要作用,然而在 1 个大气压的空气中,间隙击穿电压与阴极材料无关;按汤逊放电理论,气体放电应在整个间隙中均匀连续地发展,但在大气中气体击穿时,会出现有分支的明亮细通道。这些现象用汤逊理论不能解释。为了解决这一问题,流注理论被提了出来。

在流注理论中,考虑了汤逊放电理论中被忽视的正离子的空间电荷作用。由于正离子运动速度相比电子小得多,电子雪崩的正离子密度在阳极附近很大,$pd$ 越大,正离子密度也越大,由此产生的局部空间电荷使场强提高,并向重新引起电子雪崩所需的场强值发展。这样一来,初始电子雪崩周围存在的电子将作为起始电子产生新的二次电子雪崩,二次电子雪崩不断地向初始电子雪崩汇合,其头部的电子进入了初始电子雪崩的正离子区域,电子和正离子高密度混合,成为电导性很高的等离子体状态,这就生成了流注,如图 1-8所示。

流注内部正负电荷密度和温度都较电子雪崩时高,伴随较强的发光。在发光的作用下,流注周围气体分子被光电离,这使得向流注发展的电子雪崩起始电子充分存在。这样一来,如图 1-8(b)所示,流注一边在其头部吸引电子雪崩,一边从正极向负极伸展,等电极间被流注连通时(见图 1-8(c)),整个间隙就被击穿。

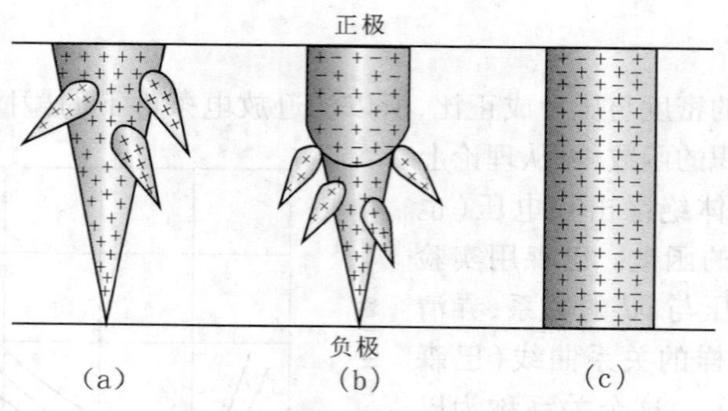


**图 1-8　向负极发展的流注**

如果极间距离更大，且电场极不均匀，那么，将出现与汤逊放电和流注放电不同形式的放电。图 1-9 画出了棒电极对平板之间的长间隙施加正冲击电压时的放电示意图。在棒电极头部电场高的地方发生多个局部流注放电，这些流注汇集起来成为导电性较高的高密度等离子体状态，这叫先导。先导到达对面平板电极时，把两电极跨接起来。电源供给很大能量，先导转为主放电，即绝缘被击穿。从用高速摄影机拍摄的先导发展过程可知，从正电极发展的正先导比负先导生长得快。雷电现象中先导放电阶段很明显。

### 1.2.4　电晕放电

在极不均匀电场中，电极曲率半径较小处附近空间的局部场强很大，因此在这局部强场区中，会产生强烈的碰撞电离，并在气体整体发生放电前，这部分放电持续进行。这种现象称为电晕放电，如图 1-10 所示。

在针—平板电极的不均匀电场中，放电集中在针尖高场强部分。给针对板电极施加直流电压时，根据针电极极性的不同，放电表现出的外观也有差异。正极性时，随着电压的上升，针尖附近从辉光电晕过渡到刷状电晕，再转为流注电晕，放电逐渐激烈，最后发展到击穿。负极性时，开始是称为托里切尔脉冲的脉冲电流，随着电压上升，脉冲周期逐渐缩短，然后过渡到辉光电晕和刷状电晕，最后整个间隙被击穿。下面解释托里切尔脉冲的发生机理。电子雪崩的电子离开带负电的针电极时，使针尖附近场强减小，碰撞电离难于进行，气体分子附着电子后在针电极头部形成负离子的同性空间电荷层。这个负的电荷层削弱针头部电场，使放电停止。但因负离子在电场作用下从针电极散开移向正电极，故针头部场强重又升高，开始放电。托里切尔脉冲就是上述过程的重复。

电晕放电具有以下几种效应：

(1)伴随着放电过程有声、光、热等效应，表现为发出“咝咝”的声音，出现蓝色的晕光以及使周围气体温度升高。

(2)电晕会产生高频脉冲电流，其中还包含着许多高次谐波，会造成对无线电的干扰。

(3)电晕放电会产生许多化学反应，会在空气中形成 $O_3$、NO、$NO_2$，$O_3$ 对金属及有机绝缘有强烈的氧化作用，NO、$NO_2$ 会与空气中的水分合成硝基酸，是强烈的腐蚀剂。所以

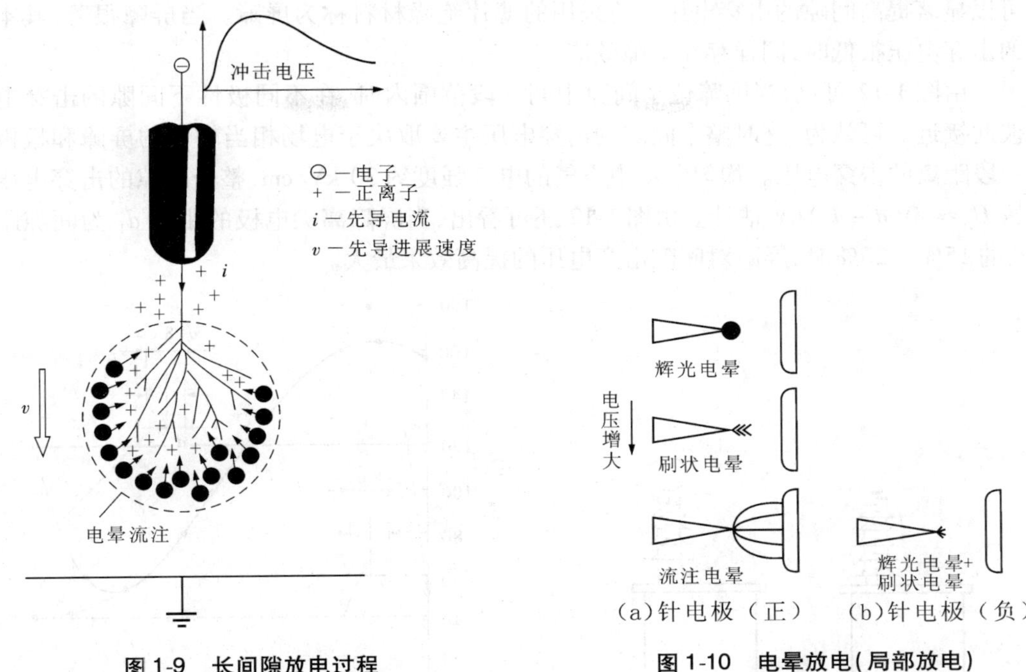


图 1-9　长间隙放电过程

图 1-10　电晕放电(局部放电)

电晕会促使有机绝缘老化。

## 1.2.5　提高气体间隙击穿电压的措施

在高压电气设备中经常遇到气体绝缘间隙。为了减小设备尺寸,一般希望间隙的绝缘距离尽可能缩短。为此需要采取措施,以提高气体间隙的击穿电压。根据前述分析可以知道,提高气体击穿电压有两种途径:一是改善电场分布,使其尽量均匀;二是利用其他方法来削弱气体中的游离过程。改善电场分布又有两种途径:一种是改进电极形状;另一种是利用气体放电本身的空间电荷畸变电场的作用。以下介绍一些提高气体间隙击穿电压的方法。

### 1.2.5.1　改进电极形状

均匀电场和稍不均匀电场间隙的平均击穿场强比极不均匀电场间隙的要高得多。一般来说,电场分布越均匀,平均击穿场强也越高,因此改进电极形状、增大电极曲率半径,可改善电场分布,提高间隙的击穿电压。同时,电极表面应尽量避免毛刺、棱角等,以消除电场局部增强的现象。高压静电电压表的电极就是电场比较均匀的电极结构的典型例子。

如不可避免出现极不均匀电场,则应尽可能采用棒—棒类型的对称电场。即使是极不均匀电场,不少情况下,为了避免在工作电压下出现强烈电晕放电,也必须增大电极曲率半径(改变电极形状)。在高压套管的端部加设屏蔽罩(如图 1-11 所示)即是一例。

### 1.2.5.2　极不均匀电场中屏障的采用

在电场极不均匀的空气间隙中,放入薄片绝缘材料(例如纸或纸板),在一定条件下,可以显著提高间隙的击穿电压。所采用的薄片绝缘材料称为屏障。当屏障很薄，其本身的击穿电压很低时，同样存在屏障效应。

由图1-12可见，当屏障位于间隙中间一段范围内时，在不同极性下间隙的击穿电压彼此接近。可认为，这时整个间隙的击穿电压主要取决于电场相当均匀的屏障和板极间一段距离的击穿电压。均匀电场中空气的电气强度约30 kV/cm，整个间隙的击穿电压可按 $U_B \approx 30(d-d_1)$ kV 估计。由图1-12还可看出，当屏障离尖电极的距离 $d_1$ 为间隙距离 $d$ 的15%～20%时，屏障对间隙击穿电压的提高效果最大。

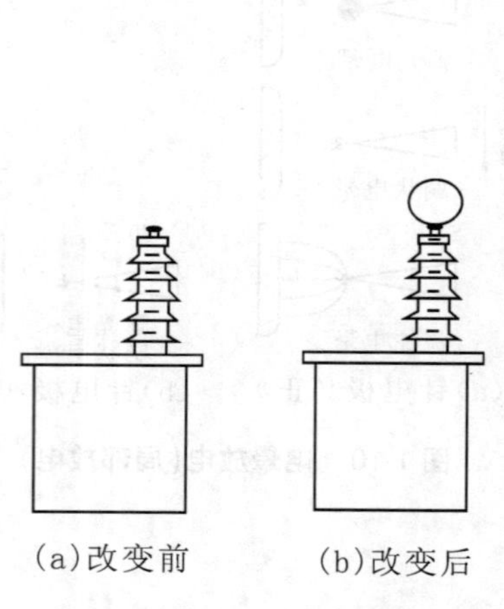


**图1-11　改变电极形状**

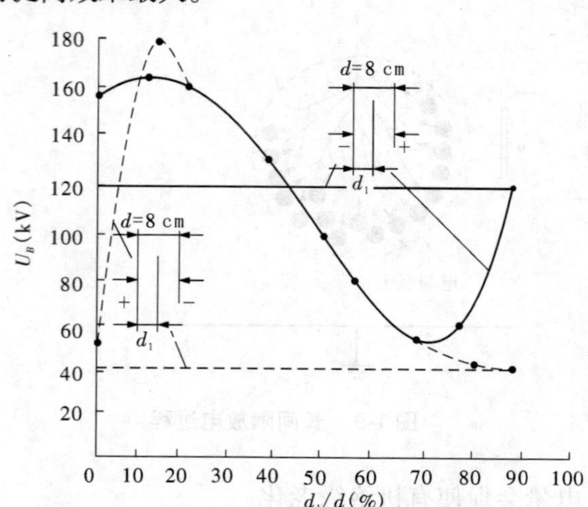


**图1-12　直流电压下尖—板空气间隙中击穿电压和屏障位置的关系曲线**

极不均匀电场中，在一定条件下可以利用屏障提高间隙击穿电压。但应指出，在均匀电场及稍不均匀电场中，实验表明，设置屏障是不能提高气体间隙的击穿电压的。因为这时击穿前没有电晕放电阶段，且击穿前间隙中各处场强都已达很高数值，所以屏障不能有积聚空间电荷而起改善电场的作用，也不能妨碍流注的发展，因而屏障起不到提高击穿电压的作用。

#### 1.2.5.3　高气压的采用

由巴森定律可知，当提高气体压力时，可以提高间隙的击穿电压值，这是因为提高气压可以减小电子的平均自由行程，削弱游离过程，从而提高气体的电气强度。例如，大气压力下空气的电气强度仅为变压器油的1/5～1/8，而提高压力至10～15 atm(1 atm = 101.3 kPa)后，空气的电气强度就和一般的液、固态绝缘材料如变压器油、电瓷、云母等的电气强度相接近了。压缩空气绝缘及其他压缩气体绝缘近来在一些电气设备(如高压空气断路器、高压标准电容器等)中已得到采用。采用压缩气体的缺点是对设备容器的机械强度及密封等方面的要求提高了，从而增加了制造成本。

在均匀电场中空气间隙击穿电压和压力及距离的乘积 $pd$ 的关系见图1-13。由图1-13可见，当间隙距离不变时，击穿电压随压力提高而很快增加，但当压力增加到一定值后，击穿电压增加的陡度逐渐减小，说明再继续增加压力效果不大了。均匀电场中提高气压后，击穿场强的提高遵循巴森定律，并且击穿场强大致和气压成正比。但是，巴森定律只是在一定的压力范围内才比较符合实际。大约从 10 atm 开始，实验结果和巴森定律的分歧就逐渐明显了，压力越高分歧越大。

在大气压力下，击穿电压和电极的表面状态及材料关系不大。而在高气压下，实验表明，击穿电压和电极（主要是阴极）的表面状态有很大关系。电极表面不光洁，击穿电压将下降，分散性也大。在高气压下，电极材料对击穿电压也有影响，如不锈钢电极的击穿电压较铝制电极的要高。

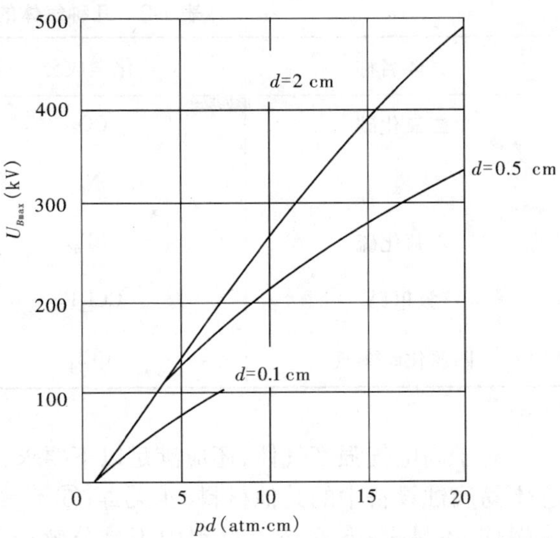

**图 1-13　均匀电场中不同间隙距离下空气的击穿电压与 $pd$ 的关系**

在不均匀电场中，提高气压后，间隙的击穿电压也将高于标准大气压力下的数值。但在高气压下，电场均匀程度对击穿电压的影响比在标准大气压下要显著得多，击穿电压将随电场均匀程度的下降而剧烈降低。在极不均匀电场中，当尖电极为正时，击穿电压随压力变化会出现极大值，即在压力较低时击穿电压随压力上升而增加，但压力超过某值后，击穿电压反而会下降。此后击穿电压再随压力增加而上升。

在高气压下，湿度对击穿电压也有很大影响。在压缩空气中湿度增加时，击穿电压明显下降，电场不均匀，下降更显著。

综上所述，在高气压下，应尽可能改进电极形状，改善电场分布。气体要过滤，滤去尘埃及水分。如不可避免出现极不均匀电场，应根据试验结果正确选择压力，以便取得提高气压的较大效益。

#### 1.2.5.4　高电气强度气体的采用

用提高气压的方法可提高击穿电压，但在气压太高时，密封比较困难，容器本身造价也较高，并且在 10 atm 后，再继续增加气压效果不大。此外，由于压缩空气中含有氧，故在高气压下很易因击穿时的火花，引起绝缘物燃烧。可用氢、氮、二氧化碳等来代替压缩空气。近几十年来，发现许多含卤族元素的气体化合物，如六氟化硫（$SF_6$）、氟里昂（$CCl_2F_2$）等，其电气强度比空气的要高得多，这些气体称为高电气强度气体。采用这些气体以后可以大大提高气体间隙的击穿电压或大大降低工作时气体的压力。表 1-2 中给出了几种气体的相对电气强度。

卤族元素具有高电气强度的原因是：它们具有很强的负电性，气体分子容易和电子结合成为负离子，从而削弱了电子的碰撞游离能力，同时又加强了复合过程。因为这些气体的分子量都比较大，分子直径较大，故使得电子在其中的自由行程缩短，减小了碰撞游离的能力。

表 1-2　几种气体的相对电气强度

| 气体名称 | 化学成分 | 气体的击穿电压与空气的击穿电压之比 |
|---|---|---|
| 二氧化碳 | $CO_2$ | 0.9 |
| 氮 | $N_2$ | 1.0 |
| 六氟化硫 | $SF_6$ | 2.3~2.5 |
| 氟里昂 | $CCl_2F_2$ | 2.4~2.6 |
| 四氯化碳蒸气 | $CCl_4$ | 6.4 |

对于高电气强度气体，还应满足以下要求：①液化温度低；②具有良好的化学稳定性；③不易腐蚀设备中的其他材料；④无毒；⑤不会爆炸，不易燃；⑥在放电过程中不易分解；⑦价格低廉。如四氯化碳蒸气虽然电气强度很高，但液化温度过高，放电过程中能形成剧毒物质，故不能用做绝缘材料。

目前工程上得到采用的是 $SF_6$，其具有优良的灭弧性能，故很适合用于高压电器中，而且还发展成了各种组合的电气设备，即将整套送变电设备组成一体，密封后充以 $SF_6$ 气体，如全封闭组合电器、气体绝缘变电所、充气输电管道等。其优点是节省占地面积，简化运行维护等。

图 1-14 给出 $SF_6$ 气体和空气、变压器油在工频电压下击穿电压的比较。由图可知，在 3 个大气压下 $SF_6$ 的电气强度约和变压器油相当。

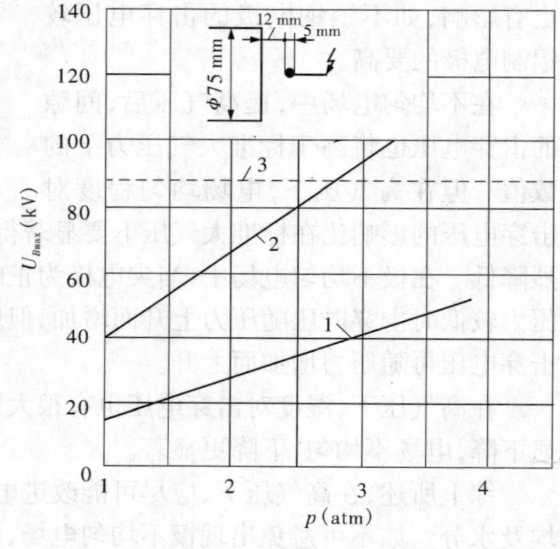


1—空气；2—$SF_6$；3—变压器油

图 1-14　$SF_6$ 气体和空气、变压器油在工频电压下击穿电压的比较

#### 1.2.5.5　高真空的采用

从巴森实验知，提高真空度亦可提高击穿电压。因在空气极为稀薄时，电子的自由行程增大，引起游离的机会减少。

## 1.3　液体的绝缘性能

作为电气设备绝缘所使用的液体绝缘材料主要是从石油中提炼出来的矿物油，它们广泛用于变压器、断路器、电缆及电容器等设备中，除作为绝缘外，液体电解质也同时用做冷却剂（在变压器中）或消弧剂（在断路器中）。液体绝缘击穿与气体和固体相比，理论上不清楚的部分多，是至今仍在进行研究的领域。

### 1.3.1 液体介质击穿过程

对液体介质施加电压,当电压达到一定值时,将使液体发生击穿。纯净液体介质的击穿过程可用碰撞游离来解释,即电子从电极上或液体分子本身分裂出来,是在电场作用下发生的。纯净液体介质击穿场强虽高,但其提纯极其复杂,而且设备的制造及运行中又难免产生杂质,故在工业上应用的液体介质中总含有一些杂质。例如变压器油常因受潮而含水分,并有从固体材料中脱落的纤维,它们对油的击穿过程都有影响,由于水的介电系数很大,当被纤维吸收后,易沿电场方向排列,形成杂质"小桥"。当小桥连通电极时,将使泄漏电流增加,发热增多,因而又使水分汽化,气泡扩大。即使其不连通电极,由于吸潮纤维的存在,可使变压器油中场强增高而导致其游离分解出气体,气泡增大、游离加强,最后可能在气体通道中形成击穿。

### 1.3.2 影响液体介质击穿电压的因素

(1)水分。水分可使液体介质击穿电压大大降低,如图 1-15 所示。因为小水珠的介电系数很大,水珠在电场力的作用下被拉长,并沿电场方向排列,当有相当数量的水珠时,便可在两极间形成一导电小桥,小桥连接两电极,就明显降低了击穿电压。事实上,只有一定数量的水分能以悬浮状态存在于油中,多余的部分将沉积底部,所以水分增多,油的电气强度进一步降低是有限的。

由于液体中含有水分,故其击穿电压随温度变化。在不同的温度下,水分在油中的存在可呈悬浮状或溶解状。溶解状时的水,由于它在油中高度分散,因此并不会使电气强度显著降低;相反地,呈悬浮状时,将会使击穿电压显著降低,如图 1-16 所示。

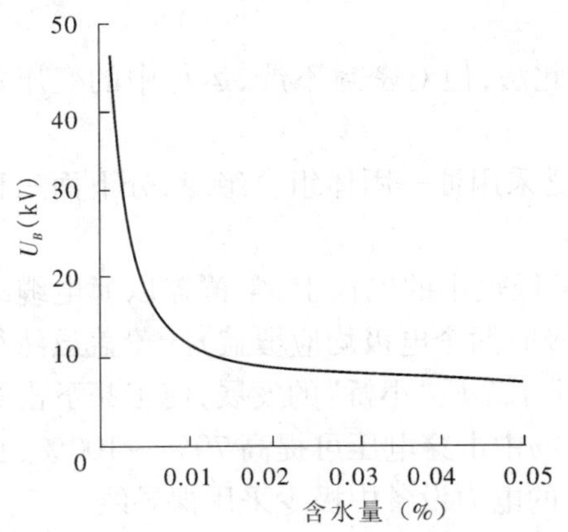


**图 1-15 变压器油工频击穿电压与含水量的关系**

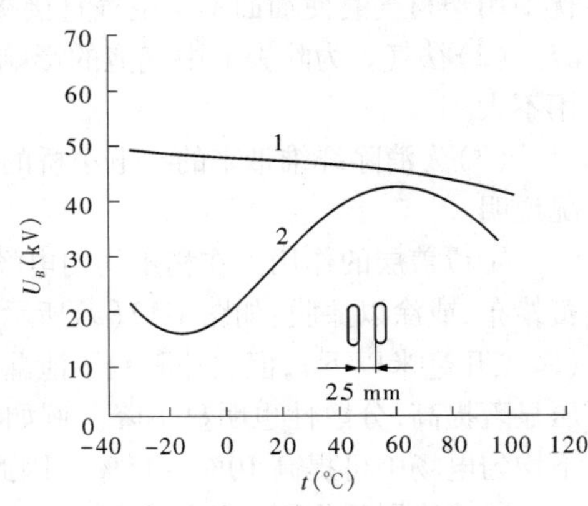


**图 1-16 标准油杯中变压器油工频击穿电压与温度的关系**

温度由零开始上升,油中原来呈悬浮状的水逐渐随温度升高而变为溶解状,于是受潮变压器油的击穿电压明显增加(如图 1-16 中曲线 2),在 60 ~ 80 ℃时,击穿电压最高;以后随温度继续升高,水分蒸发,在油中造成气泡,因而击穿电压又下降。在 0 ~ −5 ℃时,油中水分全部呈悬浮状，导电小桥最易形成，故击穿电压最低。温度继续下降时，水已结冰，其介电系数也下降，同时油本身也开始变稠、黏度增大，这些都使搭桥效应减弱，油的击穿电压又提高。

（2）压力。油中含有气体时，其工频击穿电压随油的压力增大而升高。因压力增加时，气体在油中的溶解量增大，且气泡的局部放电起始电压也提高。

（3）纤维和其他杂质。油中杂质除水分外，还有其他固体杂质，如纤维。吸收水分的纤维在电场力的作用下，沿电场方向排列，组成导电小桥，形成击穿。此外，还有由于放电所产生的碳粒和氧化所生成的残渣等，它们都会使电场变得不均匀，还可附着于固体表面，降低沿面放电电压。

（4）电场均匀程度。油的纯净度愈高时，改善电场均匀程度，就愈能使工频、直流击穿电压提高。在品质较差的油中，改善电场均匀程度的好处并不显著，因杂质的影响能使电场畸变。在冲击电压作用下，由于油中杂质的作用减弱，改善了电场，能提高其击穿电压。

（5）电压作用时间。因为在油中杂质的聚集、介质发热等需要较长时间，故油间隙的击穿电压随电压作用的时间增大而下降。当液体的纯净度及温度增高时，将使电压作用时间对击穿电压的影响减小。长期工作后的油，其电气强度的下降乃是油老化的结果。在油不太脏的情况下，1 min 耐压与长时间耐压值相差不大，因此在试验时通常只加压 1 min。

### 1.3.3 提高液体介质击穿电压的措施

（1）过滤与干燥。为除去油中水分、有机酸、纤维等杂质，常用压滤机过滤，或加吸附剂（白土、硅胶）处理。为防止受潮，在大型变压器呼吸器内装干燥剂，或充氮保护和在油枕中用塑料气囊使油面不与空气直接接触。

（2）祛气。为除去油中气泡的影响，可采用此法，但对密封不严、运行中的变压器作用不大。

（3）为消除纤维带来的导电小桥的危害，广泛采用油—固体组合绝缘，分下面三种情况说明。

①覆盖层的作用。在稍不均匀电场中曲率半径较小的电极上，常覆盖以薄电缆纸或黄蜡布，或涂以漆膜，如图 1-17（a）所示（对称电极时两个电极均应覆盖）。覆盖虽然很薄（零点几毫米以下），但它却限制了泄漏电流，阻止了杂质“小桥”的发展，使工频下击穿电压显著提高，分散性也明显下降。例如在均匀电场中击穿电压可提高 70% ~100%，在极不均匀电场中可提高 10% ~15%。因此，在充油的电力设备中极少采用裸导线。

②绝缘层的作用。如图 1-17（b）所示，在不均匀电场曲率半径小的电极上，包以较厚的电缆纸或黄蜡布等固体绝缘层，它有一定厚度，故还可承受一定电压，改变油中电场分布。该绝缘层可使绝缘表面油中最大电场强度降低，提高整个间隙的工频击穿电压，如变压器引线上包的厚绝缘层及屏蔽线匝上的绝缘等。

③屏障及多重屏障的作用。如图 1-17（c）所示，在油隙中放置尺寸较大（与电极尺寸相适应）、厚度为 1 ~3 mm 的层压纸板或层压布板屏障，它既能阻止杂质“小桥”的形成，又能如气体介质中那样：当电极曲率半径小处先发生游离时，离子积聚在屏障一侧，使屏

障与另一电极间电场变得均匀,从而使间隙的放电电压提高。多重屏障将原来的油间隙分割成较小的间隙,如图1-17(e)所示。当间隙愈短时,击穿愈不易形成和发展,而短间隙的击穿场强较长间隙高,这样就可提高整个间隙的击穿电压。我国生产的电力变压器中已广泛采用这种薄纸筒、小油道的绝缘结构,可大大缩小变压器的尺寸。

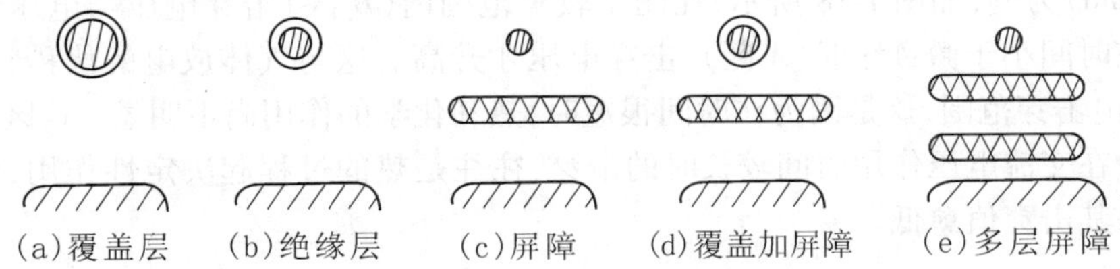


**图1-17 油—屏障绝缘**

## 1.4 固体的绝缘性能

电力系统中的一些电气设备常用固体电介质作为绝缘和支撑材料。虽说固体是绝缘体,但加上电压时也通过非常小的电流。实验证明:随着施加于介质的电压的增加,当其达某一临界值(击穿电压)时,通过介质的电流剧增,发生了击穿。固体介质击穿后,便丧失了它的绝缘性能,变为导体(气体、液态介质,当外电压除去后绝缘性能还可恢复)。固体介质在电场作用下工作,并受热、机械、化学等的作用,都会对绝缘性能起破坏的作用,故介质的击穿过程是与以上各因素有关的。

### 1.4.1 固体介质的击穿过程

对固体介质加电压后,当介质中电场足够时,会使介质内存在的少量自由电子得到加速,产生碰撞游离,使电子数增多,导致击穿,这种击穿形式称为电击穿。其特点是:过程极快,为$10^{-6} \sim 10^{-8}$ s;击穿电压值高,介质温度不高;击穿场强与电场均匀程度关系密切,与周围环境温度无关。

在固体介质受电压作用时间较长时,由于介质中发生损耗的热量大于发散的热量,介质温度便升高,而介质又具有负的温度系数,这将会使电流进一步增大。因此,损耗发热亦随之增大,最后温升过高,导致绝缘性能完全丧失,介质即被击穿。如果介质原来存在局部缺陷,则该处损耗增大,温升增高,易在此处发生击穿。这种与热的过程相关的击穿称热击穿。热击穿与环境温度有关,与电压作用时间有关,与电源频率有关,还与周围固体媒质的热导、散热条件及介质本身的导热系数、损耗、厚度等有关。

如果设备运行时间很长以后(数千小时乃至数年),运行中其绝缘受到热、化学、机械作用,绝缘性能逐渐变坏,这一过程可能是不可逆的。即在除去电压后,介质不再恢复它原来的特性,称此过程为老化。使介质发生老化的原因是:局部过热,高电场强度下介质内气泡的局部放电所产生的臭氧及氮的氧化物的腐蚀;机械撞击及不同温度系数造成的应力引起的损伤;介质不均匀及电场边缘场强集中引起局部过电压。以上过程可能同时作用于介质,导致绝缘性能下降,以致在工作电压或过电压下形成击穿,称此过程为电化学击穿。

### 1.4.2　影响固体介质击穿的因素及提高其电气强度的措施

（1）电压作用时间。外施电压作用时间对击穿电压的影响很大，以常用的电工纸板（尺寸为 mm）为例，如图 1-18 所示，在图中较宽范围内（$B$ 区）击穿电压与电压作用时间无关，只在时间小于微秒级时（$A$ 区），击穿电压才升高。这与气体放电的伏秒特性相似。区域 $B$ 属电击穿范围，这是因为在时间很短时，热和化学的作用尚不明显。$C$ 区属热击穿范围，因为在交流电压作用时间较长时的击穿，往往是热的过程起决定性作用，电压作用时间愈长，其击穿值愈低。

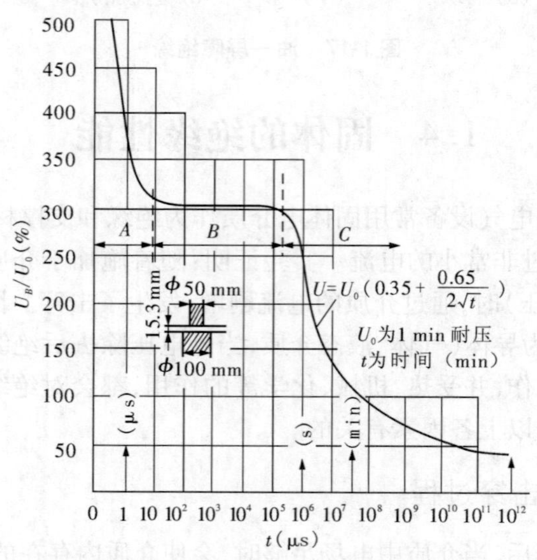


**图 1-18　电工纸板的击穿电压与电压作用时间的关系**

（2）温度。如图 1-19 所示，当温度在 $t_0$ 值以下时，击穿场强很高，且与温度几乎无关，属电击穿；在 $t_0$ 值以上时，周围温度越高，散热条件越差，热击穿电压就越低。对不同材料，此转折温度 $t_0$ 值是不同的，即使同一材料，如材料越厚，散热越困难，$t_0$ 值就可能出现在更低温度处，即在较低温度时便出现热击穿。

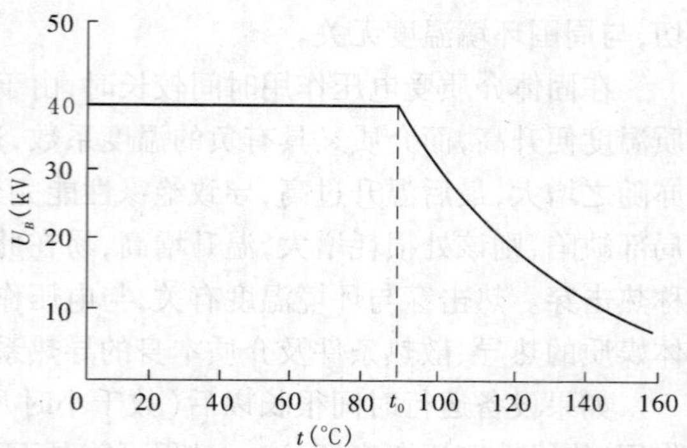


**图 1-19　工频下电瓷的击穿电压与温度的关系**

（3）电场均匀程度。均匀致密的材料，在均匀电场中，电介质耐压较高，击穿电压与厚度有直线关系；在不均匀电场中，击穿电压大大降低，且随厚度的增加而增加很慢。当厚度增加时，散热困难，可能出现热击穿，故增加厚度的意义不大。常用的固体介质往往很不均匀致密，即使处于均匀电场中，由于气孔或其他缺陷将会使电场畸变,气孔中先行游离,对固体介质是有害的。经干燥、浸渍处理过的绝缘材料,其电气强度可明显提高。

(4)电压种类。在相同情况下,介质在交、直流及冲击下的击穿电压往往不同,其冲击系数(冲击击穿电压与工频击穿电压幅值之比)常大于1,在直流下击穿电压也常比工频时高得多,因为直流下固体介质中损耗小,局部放电弱。所加电压频率高时,局部放电及损耗都大,发热严重,能导致热击穿,或局部放电带来的化学变化,使绝缘损伤、劣化、发生电化学击穿。

(5)累积效应。在不均匀电场中,当外施较高电压时,虽然已发生较强的局部放电,但由于电压作用的时间很短,未形成击穿,而在介质内形成局部损伤,故在下次施加电压时,便会形成击穿。所以,当介质外加冲击或工频试验电压次数增多时,其击穿电压将会下降。

(6)受潮。介质受潮会使其击穿电压下降,这与介质本身的性能有关。易吸潮的介质,吸潮后击穿电压下降很大,故高压下使用的绝缘在制造中要注意除去水分,并在运行中注意防潮。

(7)机械负荷。固体材料在使用中有时能遇到较大的机械负荷作用,使材料发生裂缝,其击穿电压显著降低。例如,悬式绝缘子工作时受机械和电的作用,故出厂前要经机电负荷联合试验。

此外,有机固体材料在运行中受热、化学的作用,可能变脆、裂开,失去弹性,不能再作为绝缘材料使用,所以电气设备的散热问题应予重视。

## 1.5 复合绝缘体的绝缘性能

前几节已经说明了气体、液体和固体的耐高压性能,但实用的绝缘结构使用一种绝缘的情况很少,多把不同绝缘组合起来构成复合绝缘结构。另外,单体绝缘中存在气泡等绝缘缺陷时,在理解气泡对绝缘强度的影响方面,可用复合绝缘的考虑方法作为基础。

此外,也有积极利用复合绝缘的情况。例如,油浸纸绝缘是将纸和油组合起来,互相弥补了弱点,得到了比各个单体击穿场强都高的击穿场强,这是复合绝缘的优点。因此,油浸绝缘多用在高压变压器的绝缘结构中。但500 kV以上超高压变压器为了冷却,需采用强制油循环,结果产生流动带电现象,引起击穿电压降低等新的问题,要给予注意。搞清各个单体绝缘分担的电压是理解复合绝缘性能的基础。另外,局部放电和沿面放电是复合绝缘中的重要现象,对此很好理解也很重要。

### 1.5.1 双层介质的电场分布

图1-20所示为平板电极中有两层介质的复合绝缘基本结构。设各层的厚度、相对介电常数、电导率各为$d_1$、$d_2$、$\varepsilon_1$、$\varepsilon_2$、$\sigma_1$、$\sigma_2$,真空的介电常数为$\varepsilon_0$。

当施加冲击电压时,场强与各层介电常数成反比,即

$$\frac{E_1}{E_2}=\frac{\varepsilon_2}{\varepsilon_1} \tag{1-7}$$

设各层绝缘击穿场强分别为 $E_{b1}$ 和 $E_{b2}$，比较 $\varepsilon_1 E_{b1}$ 和 $\varepsilon_2 E_{b2}$，则其值较小的层先开始击穿。一般，固体、液体、气体三者介电常数大的击穿场强也大。因此，击穿的容易程度按气体、液体、固体排序。

若缓慢施加直流电压，令 $t\to\infty$，则

$$\frac{E_1}{E_2}=\frac{\sigma_2}{\sigma_1} \tag{1-8}$$

即直流电压时，场强与各层的电导率成反比。这种情况也是比较 $\sigma_1 E_{b1}$ 和 $\sigma_2 E_{b2}$，其值较小的层先开始击穿。电导率随物质和其条件的不同变化很大，气体、液体、固体哪个容易击穿和当时环境状况有关。

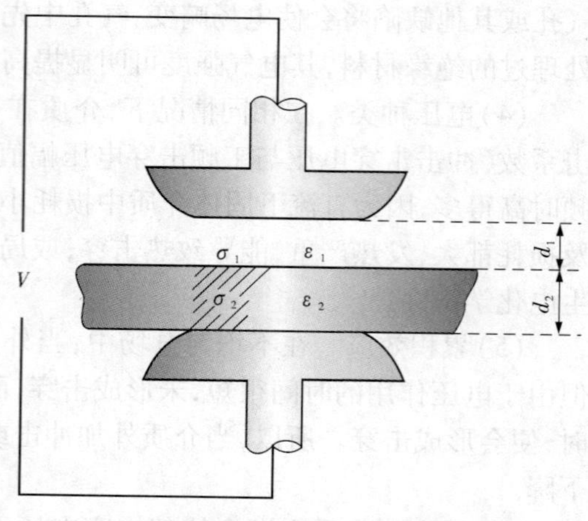


图 1-20 双层绝缘的基础结构

施加交流电压时，其结果和施加冲击电压或直流电压的情况相当。一般多和施加冲击电压的情况相当。

此外，当施加直流电压和交流电压时，不能忘记固体表面电荷的影响。固体表面带有电荷时，在施加直流电压的情况下，所加电压几乎全加在固体上，气体和液体所加的电压极小。因此，固体先行击穿的情况多。另一方面，当施加交流电压时，电压极性不断变化。因此，固体表面所带电荷的极性和外加电压的极性相反时，气体或液体上所加电压将很大。施加交流电压时容易发生局部放电就是这个道理。

## 1.5.2 沿面放电

复合绝缘结构的局部放电形态如图 1-21 所示，分为沿面放电、气隙放电、气泡放电三种。这里只介绍沿面放电。

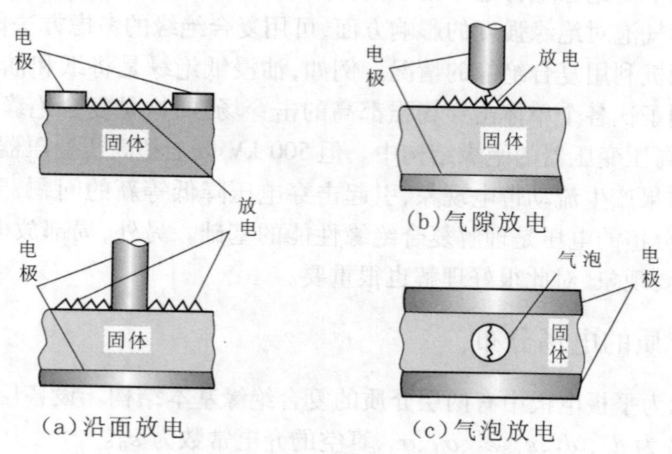


图 1-21 复合绝缘的放电形态

电力系统中，电气设备的带电部分总要用固体绝缘材料来支撑或悬挂。绝大多数情

况下，这些固体绝缘处于空气之中，如输电线路的悬式绝缘子、隔离开关的支柱绝缘子等。当这些绝缘子的极间电压超过一定值时，常常在固体介质和空气的交界面上出现放电现象，这种沿着固体介质表面的气体发生的放电现象称为沿面放电。当沿面放电发展成贯穿性放电时，称为沿面闪络，简称闪络。沿面闪络电压通常比纯空气间隙的击穿电压低，而且受绝缘表面状态、污染程度、气候条件等因素影响很大。电力系统中的绝缘事故，如输电线路遭受雷击时绝缘子的闪络、污秽工业区的线路或变电所在雨雾天时绝缘子闪络引起跳闸等都是沿面放电造成的。

#### 1.5.2.1 不同绝缘结构的沿面放电特性

沿面放电的发展主要取决于沿面放电路径的电场分布，因此沿面放电与固体介质表面的电场分布有很大的关系。主要有以下三种典型情况：

(1)均匀电场。固体介质处于均匀电场中，介质表面与电力线平行，如图 1-22(a)所示。

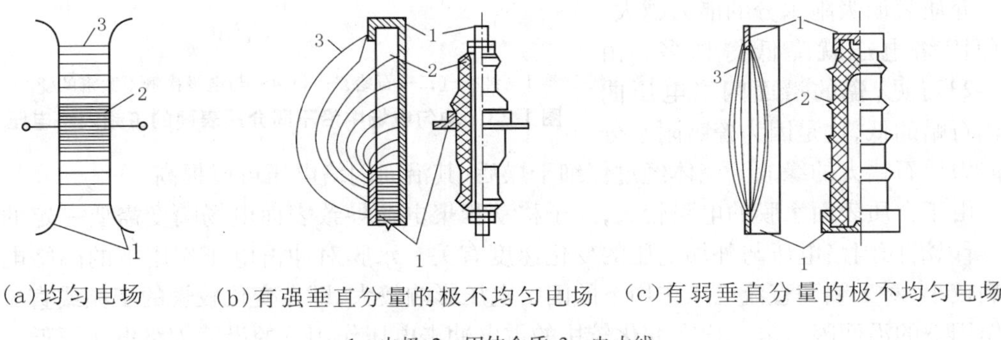


1—电极；2—固体介质；3—电力线

**图 1-22 介质表面电场的典型分布**

(2)有强垂直分量的极不均匀电场。固体介质处于极不均匀电场中，介质表面电场垂直于介质表面的法线分量比切线分量大得多，如图 1-22(b)所示。工程上属于这类绝缘结构的很多，最典型的就是穿墙套管绝缘子。

(3)有弱垂直分量的极不均匀电场。固体介质处于极不均匀电场中，介质表面电场的切线分量远大于法线分量，如图 1-22(c)所示。最典型的情况就是支柱绝缘子。

1. 均匀电场中的沿面放电

在如图 1-22(a)平行板的均匀电场中放一瓷柱，并使瓷柱的表面与电力线平行，沿瓷柱表面的闪络电压比纯空气间隙的击穿电压要低得多，如图 1-23 所示，图中 $U_F$ 为放电电压，$s$ 为间隙长。这表明，原先的均匀电场肯定被畸变了，从而导致击穿电压显著下降，造成电场发生畸变的原因主要有以下几个方面：

(1)小气隙。固体介质表面不可能绝对光滑，总有一定程度的粗糙性，或者介质表面有裂纹，从而造成固体介质与电极表面没有完全密合而存在微小气隙。由于纯空气的介电系数总比固体介质的低，这些微小气隙中的场强将比平均场强大得多，从而引起微小气隙的局部放电。放电产生的带电质点从气隙中逸出，带电质点到达介质表面后，畸变原有的电场，从而降低了沿面闪络电压，如图 1-23 曲线 4 所示。

在实际绝缘结构中常将电极与介质接触面仔细研磨,使两者紧密接触,以消除气隙,或在介质端面上喷涂金属,将气隙短路,使沿面闪络电压提高。

(2)薄水膜。固体介质表面容易吸收水分而形成水膜,水膜会使介质表面的一些导电物质发生水解电离,这些离子在电场作用下向两极移动,逐渐在两电极附近积聚电荷,并使电极附近场强增加,畸变介质表面原有电场,因而降低了沿面闪络电压。介质表面吸附水分的能力越大,沿面闪络电压就降低得越多。由图1-23可见,瓷的沿面闪络电压曲线比石蜡的低,这是因为瓷吸附水分的能力比石蜡大的缘故。瓷体经过仔细干燥后,其沿面闪络电压可以提高。

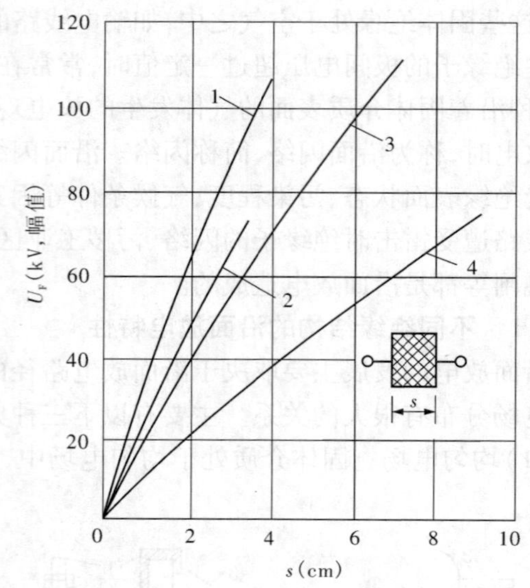


1—纯空气;2—石蜡;3—瓷;4—与电极接触不紧密的瓷

**图 1-23　均匀电场中沿不同介质表面的工频闪络电压**

由于介质表面水膜的电阻较大,离子移动积聚电荷导致表面电场畸变需要一定的时间,所以沿面闪络电压与外加电压的变化速度有关。水膜对冲击电压作用下的闪络电压影响较小,对工频和直流电压作用下的闪络电压影响较大,即在变化较慢的工频或直流电压作用下的沿面闪络电压比在变化较快的雷电冲击电压作用下的沿面闪络电压要低。

与空气间隙一样,增加气体压力也能提高沿面闪络电压。但气体必须干燥,否则压力增加,气体的相对湿度也增加,介质表面凝聚水滴,沿面电压分布更不均匀,甚至会出现在高气压下沿面闪络电压反而降低的异常现象。随着气压的升高,沿面闪络电压的增加不及纯空气间隙击穿电压的增加那样显著。压力越高,它们之间的差别也越大。

2. 极不均匀电场具有强垂直分量时的沿面放电

如图 1-22(b)所示,固体介质处于不均匀电场中,电力线与介质表面斜交时,电场强度可以分解为与介质表面平行的切线分量和与介质表面垂直的法线分量。具有强垂直分量的沿面放电过程主要包括电晕放电、细线状火花放电、滑闪放电和沿面闪络击穿四个阶段。图 1-24 给出了穿墙套管的沿面闪络击穿过程。

由于在套管法兰附近的电场很强,故放电首先从此处开始。随着加在套管上的电压逐渐升高并达到一定值,法兰边缘处的空气首先发生游离,出现电晕放电,如图 1-24(a)所示。随着电压继续升高,电晕放电火花向外延伸,形成许多平行的细线状火花,如图 1-24(b)所示。电晕和线状火花放电同属于辉光放电,线状火花的长度随外加电压的增加成比例地伸长。由于线状火花通道中的电阻值较高,所以其中的电流密度较小,压降较大。

线状火花中的带电质点被电场的法线分量紧压在介质表面上,在切线分量的作用下向前运动,使介质表面局部发热。当电压增加而使放电电流加大时,在火花通道中个别地

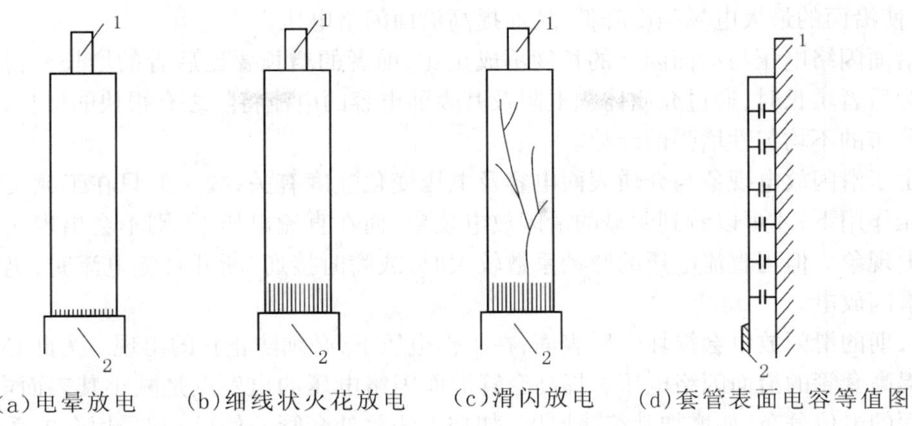


1—导杆;2—法兰

**图 1-24　沿套管表面放电的示意图**

方的温度可能升得较高,在一定电压下,可高到足以引起气体热游离的数值。热游离使通道中的带电质点急剧增加,介质电导猛烈增大,并使火花通道头部电场增强,导致火花通道迅速向前发展,形成浅蓝色的、光亮较强的树枝状火花,如图 1-24(c)所示。这种树枝状火花并不固定在一个位置上,而是不断地改变放电的路径,并有轻微的爆裂声,此时的放电称为滑闪放电。滑闪放电是以介质表面的放电通道中发生热游离为特征的。其火花的长度随外加电压的增加而迅速增长。当电压升高到滑闪放电的树枝状火花到达另一电极时,就产生沿面闪络击穿,电源被短路。此后依电源容量之大小,放电可转入火花放电或电弧。

具有强垂直分量极不均匀电场的沿面闪络电压的降低,主要是由于电流通过固体介质表面时的分量所引起介质表面的电压分布不均匀而造成的。它与电极间固体介质的表面电容、表面电阻和所施加电压及其变化速度等因素有关。

套管的等值电路可用图 1-25 所示的电路表示。图中,$r$ 是介质的表面电阻,$C$ 为介质表面电容,$R$ 为介质的体积电阻。当在套管上加上交流电压时,沿套管表面将有电流流过,由于 $C$ 的分流作用,流过介质表面单位长度的表面电阻 $R$ 上的电流是不相等的,越靠近法兰 B 处,电流越大,单位距离上的压降也越大,电场也越强,至 B 处,电场最强。

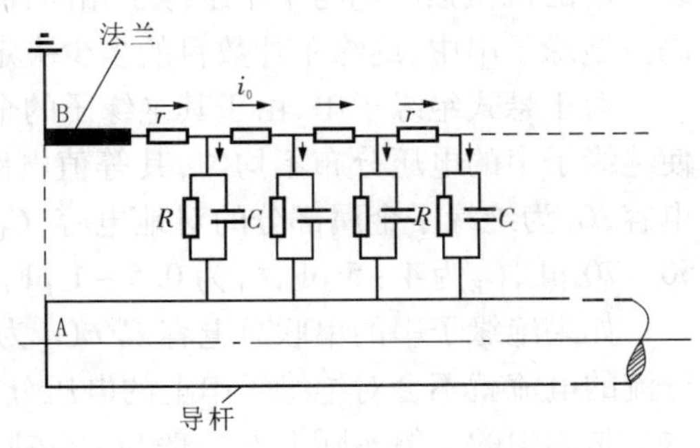


**图 1-25　套管绝缘子等效电路**

固体介质的介电系数越大,固体介质的厚度越小,则电容越大,沿介质表面的电压分布就越不均匀,其沿面闪络电压也就越低;同理,固体介质的体积电阻越小,沿面闪络电压也就越低;电压变化速度越快,频率越高,分流作用也就越大,电压分布越不均匀,沿面闪络电压也就越低;而固体介质的表面电阻(特别是靠近电极 B 处的)在一定范围内适当减小，可使沿面的最大电场强度降低，从而提高沿面闪络电压。

沿面闪络电压与沿面闪络的长度不成正比，前者的增长要比后者的增长慢得多。这是因为后者增长时，通过介质体积电阻及其表面电容的电流将随之有很快的增长，使沿面电压分布的不均匀性增强的缘故。

由于滑闪放电现象与介质表面电容及电压变化速度有关，故一般只在工频交流和冲击电压作用下，才可以看到明显的滑闪放电现象，而在直流电压下，则不会出现明显的滑闪放电现象。但当直流电压的脉动系数较大时，或瞬时接通、断开直流电流时，仍有可能出现滑闪放电。

长期的滑闪放电会损坏介质表面，在工作电压下，必须防止它的出现。为此必须采取措施提高套管的沿面闪络电压。提高套管沿面闪络电压的出发点是减小其表面电容，调整表面的电位分布，如增加其绝缘厚度（如加大法兰处套管的外径）和采用介电系数小的介质（如用瓷—油组合绝缘）；另外也可以在套管表面法兰处涂半导体漆或半导体釉，以减小该处的表面电阻，使电压分布变得均匀。值得注意的是，由于在滑闪放电阶段，火花长度将随所加电压的 5 次方迅速增加，因此增加套管长度实际上并不能提高其沿面闪络电压。

3. 极不均匀电场具有强切线分量时的沿面放电

极不均匀电场具有强切线分量的情况如图 1-22（c）所示。支柱绝缘子即属此情况。在这种情况下，电极本身的形状和布置已经使电场很不均匀，因此前面所讨论的介质的表面状况、材料的吸水性能以及介质与电极间的微小间隙等因素，对降低沿面闪络电压的影响已不明显。此外，因电场的垂直分量较小，沿介质表面也不会有较大的电容电流流过，故放电过程中不会出现热游离和滑闪放电现象。

为提高沿面闪络电压，一般从改进电极形状和改善电极附近的电场着手。

### 1.5.2.2 悬式绝缘子串的电压分布及闪络特性

我国 35 kV 以上的高压线路都使用由悬式绝缘子组成的绝缘子串作为线路绝缘。绝缘子串的机械强度仍与单个绝缘子相同，而其沿面闪络电压则随绝缘子片数的增多而提高。绝缘子串中，绝缘子片数目的多少决定了线路的绝缘水平。

对于悬式绝缘子串，由于其绝缘子的金属部分与接地铁塔或带电导线间有电容存在，使绝缘子串的电压分布不均匀，其等值电路如图 1-26（c）所示，图中，$C$ 为绝缘子本身的电容，$C_E$为绝缘子金属部分的对地电容，$C_L$为绝缘子金属部分对导线的电容。一般 $C$ 为 50～70 pF，$C_E$为 4～5 pF，$C_L$为 0.5～1 pF。

如果绝缘子串的串联总电容 $C/n$（$n$ 为绝缘子片数）远大于 $C_E$及 $C_L$，那么由 $C_E$及 $C_L$ 分流的电流就不会对绝缘子串上的电压分布产生显著影响，即绝缘子串上的电压分布基本上是均匀的。但实际上 $C$ 一般与 $C_E$在同一个数量级，当绝缘子串很长时，其值则与 $C_L$ 接近，因此将导致绝缘子串上的电压分布不均匀。绝缘子串的等值电路及电压分布曲线如图 1-26 所示。

如果只考虑对地电容 $C_E$，则等值电路如图 1-26（a）所示。当 $C_E$两端有电位差时，必然有一部分电流经 $C_E$流入接地铁塔，流过 $C_E$的电流都是由绝缘子串分流出去的，由于各个 $C_E$分流的电流将使靠近导线的绝缘子流过的电流最多，从而电压降也最大。如果只考

虑对导线电容 $C_L$，则等值电路如图 1-26(b)所示，同样可知，由于各个 $C_L$分流的电流将使靠近铁塔的绝缘子流过的电流最大，从而电压降也最大。实际上 $C_E$及 $C_L$两个电容同时存在，绝缘子串的电压分布应该用如图 1-26(c)所示的等值电路进行分析，由于 $C_E > C_L$，即 $C_E$的影响比 $C_L$大，所以绝缘子串中，靠近导线端的绝缘子的电压降最大，离导线端远的绝缘子电压降逐渐减小，当靠近铁塔横担时，$C_L$作用显著，电压降又有些升高。

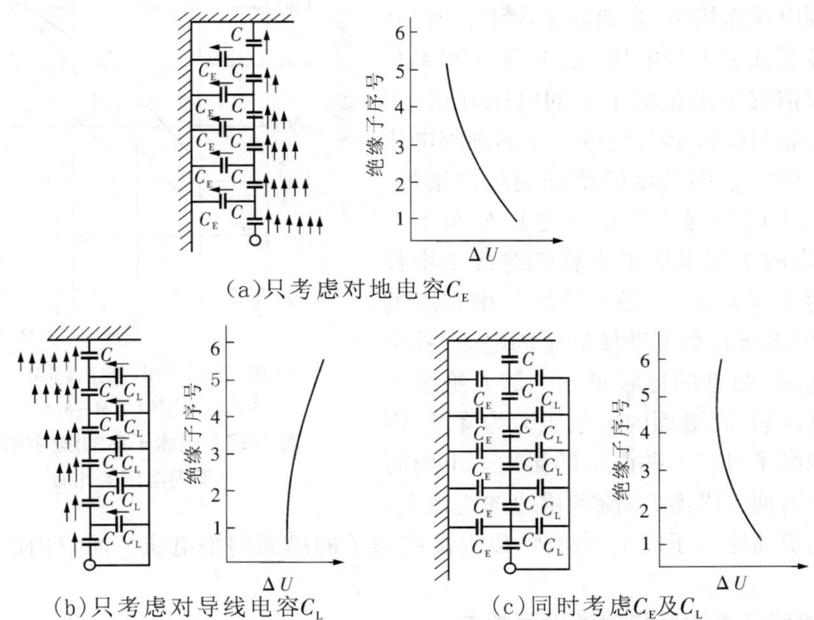


**图 1-26　绝缘子串的等值电路及电压分布曲线**

从以上分析可知，随着导线输送电压的提高，串联的绝缘子片数越多，绝缘子串的长度越长，沿绝缘子串的电压分布越不均匀；绝缘子本身的电容 $C$ 越大，则对地电容 $C_E$和对导线电容 $C_L$的分流作用的影响要小一些，绝缘子串的电压分布也就比较均匀了；增大 $C_L$，能在一定程度上补偿 $C_E$的影响，使电压分布的不均匀程度减小，例如用大截面导线或分裂导线，都可使导线端的一个绝缘子的电压降减小。

由于绝缘子串上的电压分布不均匀，靠近导线端第一个绝缘子上的电压降过高，常常会产生电晕，它将干扰通信线路，造成能量损耗，也会产生氮的氧化物和臭氧，腐蚀金属附件和污染绝缘子表面，降低绝缘子的绝缘性能。所以，在工作电压下产生电晕是不允许的。为了改善绝缘子串的电压分布，可在绝缘子串导线端安装均压环。均压环的作用是加大绝缘子对导线的电容 $C_L$，从而使电压分布得到改善。通常对 154 kV 及以上电压等级的线路才考虑使用均压环。

绝缘子的电气性能通常用闪络电压来衡量。气象条件以及污秽等原因，常会影响其闪络电压。根据工作条件的不同，闪络电压可分为干闪电压和湿闪电压两种。前者是指表面清洁、干燥的绝缘子闪络电压，它是户内绝缘子的主要性能；后者是指洁净的绝缘子在淋雨情况下的闪络电压，它是户外绝缘子的主要性能。

在淋雨情况下，绝缘子串表面(主要是瓷盘上部表面)附着一层导电的水膜，较大的泄漏电流引起湿表面发热，局部泄漏电流密度大的地方会使水膜发热烘干，使绝缘子串表面的压降加大引起局部放电，从而导致整个沿面闪络。由于这种热过程发展缓慢，在雷电冲击波作用下淋雨对绝缘子串的闪络电压无多大影响。工频电压作用下，当绝缘子串不长时，其湿闪电压显著低于干闪电压(低15%～20%)，由于在淋雨情况下沿绝缘子串的电压分布(主要按电导分布)比较均匀，绝缘子串的湿闪电压也基本上按绝缘子串长度的增加而线性增加；而干燥情况下的绝缘子串由于电压分布不均匀，绝缘子串的干闪电压梯度将随绝缘子串长度的增加而下降。这样，随着绝缘子串长度的增加，其湿闪电压将会逐渐接近干闪电压，并会超过干闪电压，两者的比较见图1-27。绝缘子表面被雨淋湿后，其沿面闪络电压大为降低，因此户外的绝缘子具有一些凸出的裙边。下雨时仅裙边的上表面被淋湿，水流到裙边的边缘上，使水膜不能贯通绝缘子的上下电极，以提高绝缘子的沿面闪络电压。而户内的绝缘子则裙边较小。

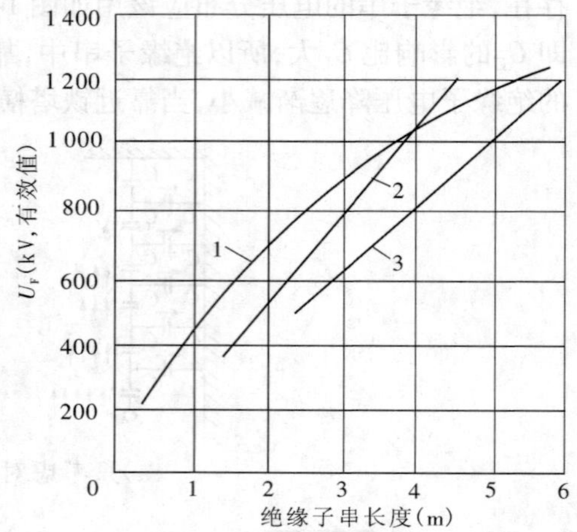


1—干闪电压；2—湿闪电压(ⅡM－4.5型)；
3—湿闪电压(ⅡM－8.5型)

**图1-27　绝缘子串的湿闪电压和干闪电压的比较**

### 1.5.2.3　绝缘子表面污染时的沿面放电

户外绝缘子，特别是在工业区、海边或盐碱地区运行的绝缘子，常会受到工业污秽或自然界盐碱、飞尘、鸟粪等污秽的污染。在干燥情况下，这种污秽尘埃的电阻一般很大，沿绝缘子表面流过的泄漏电流很小，对绝缘子的安全运行没有什么危险。当下大雨时，绝缘子表面的污秽容易被冲掉，但当大气湿度较高，在毛毛雨、雾、霜、雪等不利的天气条件下，绝缘子表面污秽尘埃被润湿时，其表面电导剧增，使绝缘子在工频和操作冲击电压下的闪络电压显著降低，甚至可以使绝缘子在工作电压下发生闪络，这类闪络通常称为污闪。就经济损失而言，污闪在各类事故中位居首位。污闪的次数虽然不像雷电闪络那样多，但它所造成的后果却比雷电闪络严重得多，这是因为：雷电闪络往往发生在一点，且转瞬即逝，即使造成外绝缘闪络引起设备跳闸，其绝缘性能通常都能够迅速自恢复，因而自动重合闸往往都能取得成功，不会造成长时间停电。但在发生污闪时，由于一个地区内的绝缘子积污、受潮状况是差不多的，故在工作电压的作用下，该地区可能会发生多处绝缘子同时大面积污闪的严重事故，而且由于发生污闪时的自动重合闸成功率远低于雷电闪络时的情况，因此往往会导致大面积、长时间的停电。

绝缘子表面污闪机理和发展过程大致如下：污秽绝缘子被润湿后，污秽中的高导电率溶质溶解，在绝缘子表面形成一层薄薄的导电液膜，在润湿饱和时，绝缘子表面电阻能下降几个数量级。在电压作用下，流经绝缘子表面污秽层的泄漏电流显著增加，泄漏电流使润湿的污层加热、烘干。而在电流密度最大且污层较薄的铁脚附近，发热最甚，水分迅速蒸发,表面被逐渐烘干,致使该区的电阻大增,沿面电压分布也随之改变,故大部分电压降落在这些部位。结果在这些部位就可能出现火花放电通道,形成局部电弧。由于火花通道的电阻低于原来干燥部分的表面电阻,使泄漏电流增大,从而又使污层进一步干燥,与此同时,局部电弧根部附近的表面也迅速受热烘干,使电弧伸长。总之,绝缘子全部表面的干燥将使泄漏电流减小,而局部电弧的伸长则使泄漏电流增大。如果总的结果是泄漏电流减小,则局部电弧将熄灭;如果总的结果是泄漏电流增大,则局部电弧将继续伸长,发展为沿整个绝缘表面的闪络。因为局部电弧的产生及其参数与污层的性质、分布以及润湿程度等因素有关,并有一定的随机性,所以污闪也是一种随机过程。如果电压增高,则泄漏电流增大,有利于局部电弧的发展,可使闪络的概率增加;如果绝缘子的沿面泄漏距离或爬电距离增加,则泄漏电流减小,从而使闪络的概率降低。

污闪过程是局部电弧的燃烧和发展过程,需要一定的时间。在短时的过电压作用下,上述过程来不及发展,因此闪络电压要比长时电压作用下高,在雷电冲击电压作用下,绝缘子表面潮湿和污染实际上不会对闪络电压产生影响,即与表面干燥时的闪络电压一致。

对于运行中的线路,为了防止绝缘子的污闪,保证电力系统的安全运行,可以采取以下措施:

(1)对污秽绝缘子定期进行清扫,用干布擦拭或采用带电水冲洗。

(2)在绝缘子表面上涂一层憎水性的防尘材料,如有机硅脂、地蜡涂料等,使绝缘子表面在潮湿天气不易形成连续水膜,表面电阻大,从而减小了泄漏电流,使污闪不易发生。

(3)加强绝缘子的绝缘(如增加悬式绝缘子串中绝缘子的片数),以增大爬电距离。此外,还可采用爬电距离比一般绝缘子大得多的防污绝缘子。

(4)采用半导体釉绝缘子。

(5)采用合成釉绝缘子。

## 1.6 绝缘体的其他性能

前面讨论了各种绝缘体在电场作用下的极化、电导、损耗、击穿等电气性能。除电气性能之外,在实际使用中,绝缘体的其他性能也很重要,现简述如下。

### 1.6.1 绝缘体的热性能

电气设备在运行过程中,导体或磁性材料所发的热都要传到绝缘介质中,并且其自身也因损耗而发热。设备工作在高温环境中,其绝缘介质的工作温度是由其耐热性能决定的。耐热性能是保证可靠运行的最高容许温度,介质在运行中不能超过此温度,可根据材料的耐热性能来确定其工作温度。绝缘材料的耐热等级见表 1-3。

表 1-3 绝缘材料的耐热等级

| 耐 热 等 级 | O | A | E | B | F | H | C |
|---|---|---|---|---|---|---|---|
| 允许长期使用最高温度(℃) | 90 | 105 | 120 | 130 | 155 | 180 | >180 |

使用温度如超过表1-3中规定时，绝缘材料将迅速老化，寿命缩短。

一些材料在低温下使用时，常发生固化、变脆或开裂，所以对运行于低温下的设备，也要注意到它的耐寒性。如选择变压器油时，注意其凝固点应低于环境的最低温度（油的牌号为10#、25#、40#，分别表示其凝固温度为 -10 ℃、-25 ℃、-40 ℃）。

耐弧性能对可能发生沿面闪络情况来说是重要的。有的材料能经受电弧高温而不破坏，有的会留下烧伤痕迹，有的则会被电弧完全破坏。所以，须根据工作条件选择材料。脆性材料（玻璃、陶瓷、硬塑料等）在剧烈变化的温度（热冲击）作用下，由于材料内外层间温差和不均匀的膨胀（或收缩）能形成裂缝。绝缘材料的耐热冲击稳定性对户外装置是很重要的，因为会遇到骤冷骤热的情况，故在电瓷工厂试验中，有冷热试验项目。

其他还有固体的软化温度，液体的黏度等也都属于热性能参数。

### 1.6.2 绝缘体的机械性能与吸潮、生化性能

（1）机械性能：固体绝缘材料可分为脆性、塑性和弹性材料三种。各种材料的抗拉、抗压和抗弯强度可能相差很大，如瓷的抗压强度比抗拉、抗弯强度高很多。所以，在进行结构设置时，应充分发挥材料强度的特点。

应该注意，绝缘结构在运行中不仅受到某些稳态的机械力，还会受到各种暂态的冲击力的作用，如开关操作时的机械冲击力、操作暂态电动力、雷电暂态电动力等。短路故障的电动力常常是很严峻的（特别是对于带有绕组的装置），必须给予足够的重视。

长期的机械振动（如旋转电机）或电磁振动（如变压器、电抗器）对绝缘也是一种严峻的考验，也应予以充分注意。

有些绝缘子（如悬式绝缘子）实际上在始终承受着较大的机械负荷和电压负荷的同时，又要承受一定的温度变化，为了检验这种条件下绝缘子的性能，还需做热机联合试验和机电联合试验。热机联合试验是在绝缘子上施加规定的机械负荷的同时，按一定规则改变环境温度，每24 h循环一次，连续循环4次结束。结束后，再做通常的机械破坏试验或机电联合破坏试验。机电联合试验是在绝缘子上施加规定的机械负荷的同时，施加规定的电压，持续规定时间，被试品不应损坏或击穿。

对于需要进行切削加工的绝缘材料，还应注意这种材料的机械性能是否能顺利地接受所需的这种切削加工。例如，切削加工前，应了解对层压或塑压绝缘制品进行螺纹加工、锯割、剪切、磨削等加工的可能性。

（2）吸潮性：水分被介质吸收后，能影响其他电气性能，在绝缘体运行于湿度大的地区，选用材料时应注意选用吸潮性小的，或对材料进行表面防潮处理。

（3）生化性能：材料的化学稳定性，如固体介质的抗腐蚀性（抗氧、臭氧、酸、碱、盐等的腐蚀）和抗溶剂的稳定性（如耐油性等），又如液体介质的抗氧化性等，应根据工作条件予以重视。工作在湿热地区的绝缘，还应注意其抗生物性（霉菌、昆虫的危害）。

## 习 题

1-1 说明绝缘体电气性质。

1-2　说明介质极化的种类。

1-3　汤逊理论和流注理论的主要区别在哪里？它们各自适用的范围如何？

1-4　阐述沿面放电现象。另外，在电气绝缘中必须注意沿面闪络现象的理由是什么？

1-5　提高气体间隙击穿电压的措施有哪些？

1-6　提高液体间隙击穿电压的措施有哪些？

1-7　提高固体间隙击穿电压的措施有哪些？

1-8　电晕会产生哪些效应？试列举工程上各种防电晕措施的实例。

# 第2章　高电压下的绝缘评估及试验方法

## 2.1　绝缘评估

电气设备的造价和运行的可靠性在很大程度上取决于电气设备的绝缘，当设备电压等级增高时，则更是如此。高压设备能否安全运行是由矛盾的两个方面决定的，即作用在设备绝缘上的电压和绝缘本身耐受电压的能力。作用在绝缘上的电压的破坏作用小于绝缘耐受电压的能力时，设备能安全运行；反之，设备绝缘就会受到破坏。但是在研究设备绝缘时，除要考虑电压的作用外，还应分析机械力、温度和大气环境长期侵蚀等因素对绝缘耐受电压能力的影响。如果忽视了这些因素，那么在一定条件下，它们会转化为破坏绝缘的主要因素。因此，在考虑设备的绝缘时，必须了解设备在运行中的全面情况，这样才能对绝缘提出合理的要求，要求过高会使设备造价增加，要求过低则会使设备运行不可靠。下面从电气性能、机械力、温度和化学稳定性等方面简述高压设备绝缘的工作条件和对绝缘的基本要求，以便对电气设备绝缘质量和水平进行正确的评估。

### 2.1.1　高压设备的绝缘水平

高压设备绝缘能否安全可靠地运行，起主要作用的是其耐受电压的能力，各种额定电压等级的设备的绝缘都需要具有相应的耐受电压的能力。设备绝缘耐受电压能力的大小称为绝缘水平。电气设备的绝缘水平应保证绝缘在最大工作电压的持续作用下和过电压的短时作用下都能安全运行。

在工作电压的持续作用下，绝缘会产生老化（性能逐渐劣化）过程，最终导致绝缘破坏。所以，工作电压常常是决定绝缘使用寿命的主要条件。长期作用在高压设备上的电压不得高于其最大工作电压。另外，电力系统中还可能产生各种过电压。为了检验绝缘在雷电过电压作用下能否安全运行，采用雷电冲击电压模拟雷电过电压进行试验，以判断绝缘的雷电冲击绝缘水平。为了检验绝缘在内过电压作用下运行的可靠性，通常用短时工频电压等效地来进行试验，判断其绝缘水平的高低。各种设备的 1 min 工频耐受电压就是根据电力系统中内过电压的大小制定的。影响绝缘的电气强度的因素很复杂，绝缘在内过电压作用下的电气强度和工频电气强度之间难以得到准确的数量关系，对于超高压和特高压电压等级，这个矛盾尤其突出。所以，对于 330 kV 及以上的设备，在工频运行电压、暂时过电压（持续时间较长、频率较低的内过电压如谐振过电压、工频电压升高）下的绝缘性能以及在操作过电压下的性能需用不同类型的试验予以检验。在工频运行电压及暂时过电压下设备绝缘对老化或对污秽的适应性宜用长时间工频试验检验。在操作过电压下设备的绝缘性能用操作冲击试验检验。

### 2.1.2 机械性能的要求

高压设备的绝缘在承受电场作用的同时还可能受到外界的机械负荷、电动力或机械振动等作用。例如,悬式线路绝缘子要承受导线拉力的作用;隔离开关的支柱绝缘子在分合闸时,承受扭转力矩的作用;变压器绕组在电力系统发生短路时,承受很大的电动力的作用等。机械力的作用可能造成绝缘局部损坏(如产生裂纹),使绝缘的电气强度大大降低,最终导致绝缘击穿。有些绝缘体在设备中同时起着机械支持作用(如线路绝缘子、支柱绝缘子等),如果绝缘体破碎,电气设备也就解体而损坏,这可能在电力系统中造成重大事故。因此,在选择绝缘时必须考虑机械负荷的作用。

### 2.1.3 温度和热稳定的要求

绝缘材料都有一定的耐热能力,温度过高会引起热击穿,导致绝缘能力丧失。例如,电力电容器在运行通风状况不良,绝缘的介质损耗较大时,就有可能发生热击穿。通常有机绝缘材料(如变压器油、油纸绝缘等)在高温下很容易氧化和分解,绝缘性能劣化。因此,给绝缘规定了一定的工作温度,在工作温度下绝缘材料中的老化过程不应发展太快,以便保证有足够的寿命。

绝缘结构中的绝缘材料常常是和金属材料紧密结合在一起的,由于两者的热膨胀系数相差很大,当温度变化时,绝缘材料内部就会产生很大的应力。例如,因气候的变化,运行中绝缘子的温度可能发生剧变,从而产生很大的内应力使瓷件开裂而引起绝缘子的击穿。为此,要求绝缘材料能承受温度的变化。

### 2.1.4 化学稳定性

在户外工作的绝缘应能长期耐受日照、风沙、雨雾、冰雪等大气因素的侵蚀。在高原地区运行的电气设备,必须考虑气压、温度、湿度的改变对绝缘产生的影响。在特殊条件下工作的设备,例如在含有化学腐蚀气体的环境或在湿热带环境工作的电气设备,则应根据具体情况,保证绝缘对各种有害因素有足够的耐受能力。总之,对绝缘应要求有足够的化学稳定性。

## 2.2 绝缘劣化

从普遍意义上来讲,电力设备是由导电材料、导磁材料、结构材料和绝缘材料组成的。常用的导电材料有铜、铝;常用的导磁材料有硅钢片等;常用的结构材料有铸铁、钢板等;这三种材料均属于金属材料。而绝缘材料可以是固体、液体和气体,如发电机的环氧—云母复合绝缘、电缆的塑料绝缘(交联聚乙烯、聚氯乙烯、氟塑料等)、绝缘子与套管的绝缘(电瓷、玻璃、环氧玻璃纤维硅橡胶)、变压器中的绝缘油、充油电缆中的油绝缘、GIS(气体绝缘系统或气体绝缘变电站)中的 $SF_6$ 或 $SF_6$ 混合气体绝缘等。在实际运行中,绝缘结构的电气和机械性能往往决定着整个电气设备的寿命,绝缘材料品质的下降(即通常所说的绝缘劣化)将导致电力设备的损坏。统计表明,电力设备运行中60% ~80%的事故是由绝缘故障导致的。

电力设备在制造、运输、安装和运行过程中不可避免地会产生绝缘缺陷，特别是在长期运行过程中，电力设备受到电场、热场、机械应力、化学腐蚀以及环境条件等的影响，电力设备绝缘的品质逐渐劣化，可能导致绝缘系统的破坏。

绝缘系统中的绝缘缺陷通常可以分为两大类：一类是集中性缺陷，指缺陷集中于绝缘的某一个或几个部分，例如局部受潮、局部机械损伤、绝缘内部气泡、瓷介质裂纹等。它又可分为贯穿性缺陷和非贯穿性缺陷。这类缺陷的发展速度较快，因而具有较大的危险性。另一类是分布性缺陷，指由于受潮、过热、动力负荷及长时间过电压的作用导致的电气设备整体绝缘性能下降，例如绝缘整体受潮、充油设备的油变质等，它是一种普遍性的劣化，是缓慢演变而发展的。绝缘内部有了上述两类缺陷后，它的特性就要发生一定的变化。

绝缘材料和结构在运行中产生的特性劣化，有的是可逆的，例如对于绝缘系统在运行中出现的诸如受潮等情况而导致绝缘性能下降，经过干燥处理可以恢复原有的特性；有的是不可逆的，如绝缘系统在各种因素的长期作用下发生一系列的化学、物理变化，导致绝缘性能和机械性能等不断下降，最终导致电力设备绝缘击穿，这种不可逆的变化过程即为老化。

电力设备绝缘老化是在一定的外界因素的作用下产生的，这些外界因素（如电、热、机械应力、环境因素等）常称为老化因子。运行过程中，在多因子的综合作用下电力设备绝缘系统产生老化，其作用过程极其复杂。目前国内外对单一因子作用下的老化规律有较多的研究，而对多因子顺序作用和同时作用的老化机理研究较少，从而也制约了电力设备绝缘检测水平的提高。

电老化是指在电场长期作用下电力设备绝缘系统中发生的老化。电老化机理很复杂，它包含放电引起的一系列物理和化学效应。随着外施电压的增加，绝缘系统中的放电加强，放电量和放电重复率均增加，导致电老化速度加快，绝缘寿命降低。热老化是指在热的长期作用下电力设备绝缘系统中发生的老化。有机绝缘材料在热的作用下发生热降解，导致绝缘材料的结构变化，使其电气性能和机械性能劣化。随着温度的上升，绝缘的热老化速度迅速增加，不同的绝缘材料受温度的影响程度不一样，在室温下绝缘材料的老化极其缓慢。

机械老化是指固体绝缘系统在运行过程中受到各种机械应力的作用而发生的老化。机械老化过程是绝缘材料在机械应力的作用下微观缺陷发生规则运动，形成微裂缝并逐渐扩大而导致的。机械应力产生的微裂缝在强电场作用下将引发局部放电，从而加速绝缘系统的破坏。

环境老化是指在水分、氧气、阳光辐射、化学尘埃等自然环境条件下和在高海拔地理条件下导致的绝缘系统表面老化，特别是当有机高聚物表面沉积污秽物后，在水和强电场的作用下将产生强烈的污秽放电，导致绝缘表面被破坏。

例如云母带绝缘层的老化就是由于热、电、机械和环境老化诸因素的重叠而复合的老化过程。①初期：云母带之间的树脂漆、云母带与导体之间的接触良好，基本上没有空隙；②老化状态：由于所浸树脂漆的收缩、热分解而造成化学键断裂，由于产生分解气体而形成的空隙，导体和绝缘层的热膨胀系数之差而引起的剥落等，往往使整个绝缘层产生许多小空隙和局部的大空隙;③寿命期:随着绝缘层整体的空隙量增加而云母片断裂,局部产生大空隙,随之局部空隙相互之间形成联系,寿命终止。

表征不同绝缘系统劣化程度有不同特征量。绝缘特征量分为两类:一类是直接表征绝缘剩余寿命的特征量,如耐电强度、机械强度等;另一类是间接表征绝缘剩余寿命的特征量,如绝缘电阻、介质损失角正切、泄漏电流、局部放电量、油中气体含量、油中微水含量等。直接特征量是通过破坏性试验方法得到的,而间接特征量可以通过非破坏性试验得到。随着对不同老化因子作用规律研究的深入,提出了一些新的表征绝缘品质的特征量,如第二电流激增点、直流分量、超高频放电频谱、超声振动特性等。

绝缘老化是时间和老化因子的函数,绝缘老化的程度要根据其性能的变化来确定。当绝缘性能指标达到某些极限值时,绝缘已不能在工作电压下正常使用,其寿命达到使用极限,这些性能指标称为阈值或判据。绝缘检测就是通过各种不同的方法检测电力设备的现有绝缘性能,即通过一些试验,测量表征绝缘性能的有关参数,把隐藏的缺陷检查出来。目前,电力运行部门和电力试验研究部门,对于运行中的电力设备常采用定期检测和在线监测的方法,来判定绝缘系统的当前性能。

## 2.3 绝缘评估的试验方法

电气设备必须在长年使用中保持高度的可靠性,为此必须对设备按设计的规格进行各种试验,在制造厂有:对所用的原材料的试验,制造过程的中间试验,产品定型及出厂试验;在使用场合有:安装后的交接试验,使用中为维护运行安全而进行的绝缘预防性试验等。在此,只讨论电气设备使用中进行的绝缘预防性试验,它是保证设备安全运行的重要措施,一般结合设备的检修进行。通过绝缘预防性试验,可发现电气设备绝缘内部隐藏的缺陷,以便在进行设备检修时加以消除。这样,就可避免运行中的设备绝缘在工作电压或过电压下击穿,造成停电或设备损坏事故。

绝缘预防性试验的方法可分为两类:

第一类是绝缘特性试验或称非破坏性试验,是指在较低的电压下或是用其他不会损伤绝缘的办法来测量绝缘的各种特性,从而判断绝缘内部有无缺陷。例如:测量绝缘电阻和泄漏电流;测量绝缘的介质损失角正切值;测量沿绝缘表面的电压分布等。实践证明,这类方法是有效的,但它不能可靠地判断绝缘的耐压水平。

第二类是绝缘耐压试验或称破坏性试验,这类试验对绝缘的考验是严格的,特别是能揭露那些危险性较大的集中性缺陷,它能保证绝缘有一定的水平或裕度,缺点是可能会在试验中给绝缘造成一定的损伤。对于 35 kV 以上的电气设备,由于现场条件的限制,一般不能进行交流耐压试验。耐压试验是在非破坏性试验之后才进行的,如果非破坏性试验已表明绝缘存在不正常情况,则必须在查明原因并加以消除后再进行耐压试验,以避免不应有的击穿。例如套管大修时,当用非破坏性试验判断出绝缘受潮后,首先进行干燥,待受潮现象消除后才做耐压试验。

### 2.3.1 绝缘电阻的测量

最简单而最常用的非破坏性试验,就是测量被试品的绝缘电阻。当直流电压作用于任何介质上时,通过它的电流可包含三部分:泄漏电流、电容电流(衰减较快)和吸收电流。后两种电流随加压的时间增长而减小,并在一定的时间后趋于零。此时总的电流便趋于恒定值,这个恒定的电流值就是泄漏电流。

通常,电气设备的绝缘都是多层的,例如电机绝缘所用的云母带(用黏合漆将云母片贴在纸带或绸带上制成),电缆、变压器等的绝缘中使用的油浸纸,有的电缆和套管中用的胶和纸等。这些多层介质的绝缘体,在外施直流电压下,就有前述的吸收现象,即电流逐渐减小而趋于某一恒定值(泄漏电流)。图 2-1 中的曲线 1 即为这一电流随时间变化的曲线。因为通过介质的电流与介质电阻的测量值成反比,故可用曲线 2 表示介质加电压后,其电阻的测量值与时间的关系曲线。如被试品绝缘状况愈好,吸收过程进行得愈慢,吸收现象便愈明显。如被试品受潮严重,或其中有集中性的导电通道,由于绝缘电阻显著降低,泄漏电流增大,吸收过程快,吸收现象不明显,如图 2-1 中曲线 3 所示。这样,流过绝缘的电流便迅速地变为一较大的泄漏电流。因此,可根据被试品电流的变化情况来判断被试品绝缘状况。

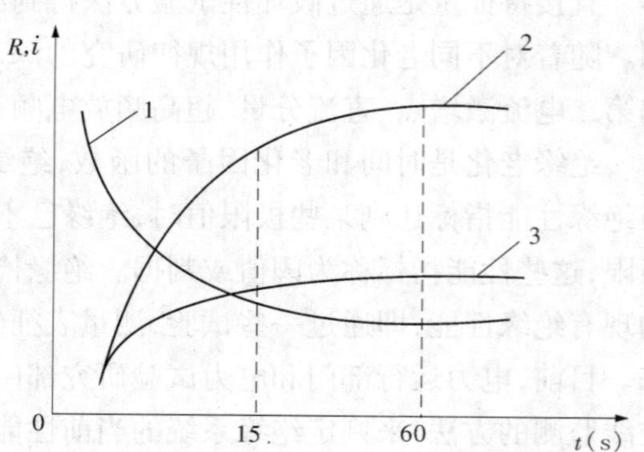


**图 2-1　泄漏电流、绝缘电阻测量值与时间的关系**

在绝缘预防性试验中,为方便计算,不是直接去测量电流的大小,而是用兆欧表去测量绝缘电阻。当被试品绝缘中存在贯穿的集中性缺陷时,反映泄漏电流的绝缘电阻明显下降,在用兆欧表检查时便可发现。例如:变电站中用的针式支持绝缘子,最常见的缺陷是瓷质开裂,开裂后绝缘电阻明显下降,就可用兆欧表检测出来。

但对许多电气设备,例如发电机的绝缘电阻往往变动甚大,它和被试品的体积、尺寸、空气状况等有关,往往难以给出一定的绝缘电阻判断标准。通常是把处于同一运行条件下不同相的绝缘电阻进行比较,或是把这一次测量的绝缘电阻和过去对它曾测得的绝缘电阻值进行比较来发现问题。

对于电容量较大的设备,如电机、变压器、电容器等,可利用吸收现象来测量它们的绝缘电阻(即绝缘电阻的测量值)随时间的变化,以判断绝缘状况。吸收试验反映 B 级绝缘和 B 级浸胶绝缘的局部缺陷及受潮程度比较灵敏。例如,发电机定子绝缘的吸收现象是十分明显的,用吸收比来表示,即

$$K=\frac{R_{60}}{R_{15}} \tag{2-1}$$

式中　$K$——测量绝缘电阻 60 s 时兆欧表的读数与 15 s 时的读数之比。

由于 $K$ 值是两个绝缘电阻之比,故与设备尺寸无关,可有利于反映绝缘状态。例如:

对于干燥的B级绝缘的发电机定子绕组，在10~30 ℃时吸收比远大于1.3；若受潮严重，则绝缘的电阻值显著降低，传导电流增加，吸收电流衰减迅速，使$R_{60}$与$R_{15}$之比大大下降，$K \approx 1$。如$K<1.3$，则可判定为绝缘可能受潮。

当绝缘有严重集中性缺陷时，$K$值也可反映出来。例如当发电机定子绝缘局部发生裂纹，变压器绝缘纸板、支架、线圈上沉积有油泥时，形成了局部性传导电流较大的通道，于是$K$值便大为降低而近于1。

需要注意的是，有时某些集中性缺陷虽已发展得很严重，以致在耐压试验中被击穿，但耐压试验前测出的绝缘电阻值和吸收比均很高，这是因为这些缺陷虽然严重，但还没有贯穿的缘故。因此，只凭绝缘电阻的测量来判断绝缘状况是不可靠的，但它毕竟是一种简单而有一定效果的方法，故使用十分普遍。

通常使用的兆欧表线路如图2-2所示。其电源电压有500 V、1 000 V、2 500 V。兆欧表有三个端子，线路端子L、接地端子E和屏蔽端子G，被试绝缘接于L和E间。

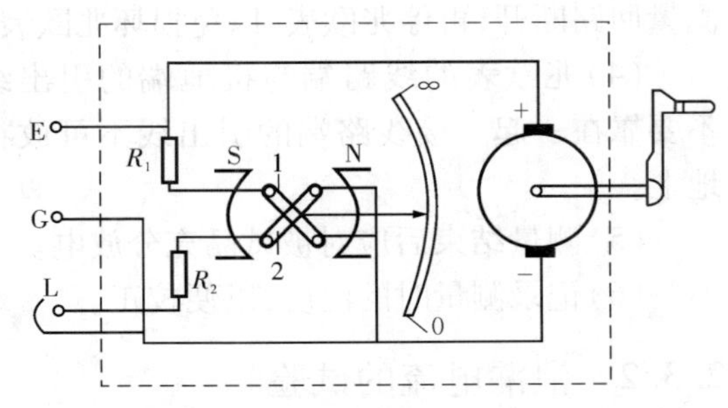

图2-2　兆欧表原理接线图

电压线圈1与电流线圈2绕向相反，并可带动指针旋转。由于没有弹簧游丝，故无反作用力矩。当线圈中无电流通过时，指针可取任一位置。

当线圈1中通过电流$I_1$时，产生力矩$M_1$作用于线圈1上。同样有$I_2$时便有力矩$M_2$作用于线圈2上。

$$M_1 = K_1 I_1 F_1(\alpha), M_2 = K_2 I_2 F_2(\alpha)$$

其中，$F_1(\alpha)$和$F_2(\alpha)$随指针偏转角$\alpha$而变，且与气隙中磁通密度分布有关。当$F_1$与$F_2$平衡时，则$M_1 = M_2$，故有

$$\frac{I_1}{I_2} = \frac{K_2 F_2(\alpha)}{K_1 F_1(\alpha)} = KF(\alpha)$$

或

$$\alpha = f\left(\frac{I_1}{I_2}\right)$$

因为

$$I_1 = \frac{U}{R_1}, I_2 = \frac{U}{R_2 + R_X}$$

故得

$$\alpha = f\left(\frac{I_1}{I_2}\right) = f\left(\frac{R_2 + R_X}{R_1}\right) = f'(R_X) \tag{2-2}$$

即指针读数反映出被试品绝缘电阻$R_X$值。

图2-3为兆欧表测量电瓷试品的情况。被试品两端接在兆欧表L和E两个端子上，在靠近电极L附近的被试品上用铜线绕几匝作为屏蔽电极P，将其接至兆欧表的屏蔽端子G上。从兆欧表电源正极E出发经过被试品内部到兆欧表端子L的体积泄漏电流$i_1$将流经电流线圈2而回到电源负极（参见图2-2）。而从正极出发经被试品表面的泄漏电流$i_2$，则由屏蔽电极经屏蔽端子G直接流回电源负极；同样，兆欧表接线端子E与L之间的泄漏电流$i_3$也将直接经屏蔽端子G到电源负极，$i_2$、$i_3$不流过电流线圈2，也就不会影响

兆欧表的读数。即屏蔽端子消除了表面泄漏电流。

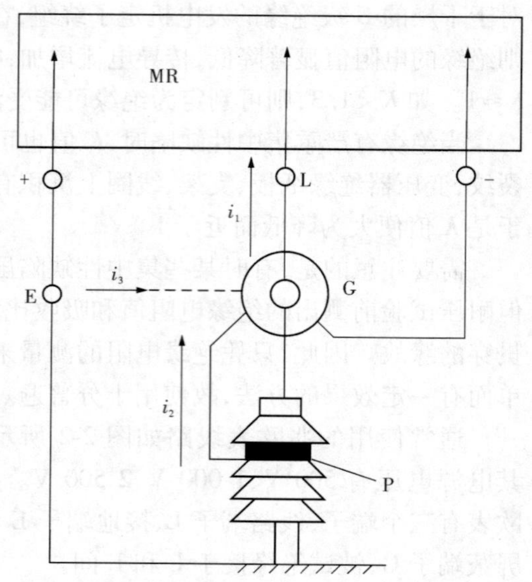

图 2-3 电瓷试品绝缘电阻测量接线

测量绝缘电阻的注意事项如下：

(1)被试品的电源及对外连线应拆除，并充分放电。

(2)在接地端应串联刀闸开关。用约 120 r/min 的转速摇动(不得低于额定转速的 80%)，待转速稳定时，开始读数。

(3)对大容量被试品(如电力电缆、大型变压器等)，在测量结束前必须先把兆欧表从测量回路断开，再停兆欧表，以免损坏兆欧表。

(4)兆欧表的线路端与接地端的引出线不要靠在一起。接线路端的引出线不可放在地上。

(5)测量结束后应对被试品充分放电。

(6)记录测量时的温度，以便校正。

## 2.3.2 泄漏电流的试验

泄漏电流试验与绝缘电阻测量原理相同，只是前者在更高电压下进行(高于 10 kV)，由于在升压过程中便于监测泄漏电流值，因而易于发现集中性缺陷。

泄漏试验需要由直流高压设备供电，用微安表测量泄漏电流值。高压设备绝缘试验所用的直流高压是将交流高压经高压硅堆整流得到的。高压硅堆使用简便，体积小，坚固耐用，且整流电流较大。图 2-4 为发电机绝缘泄漏试验的一些典型电流曲线，对良好的绝缘，泄漏电流随试验电压 $U$ 呈直线上升，且值较小，见曲线 1；当绝缘受潮时，泄漏电流的变化如曲线 2 所示；如绝缘中有集中性缺陷，则泄漏值在超过一定试验电压时将剧烈增加，见曲线 3；缺陷愈严重，泄漏值发生剧增的试验电压值愈低，见曲线 4，此时设备在运行中有击穿的危险。

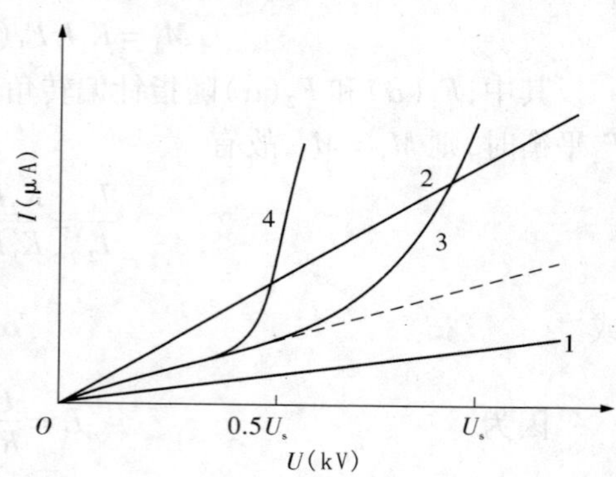

1—良好绝缘；2—绝缘受潮；3—有集中性缺陷；4—有严重缺陷

图 2-4 发电机绝缘泄漏曲线

对设备测出的泄漏电流值，应不大于 DL/T 596—1996《电力设备预防性试验规程》的允许值，并与历年测试数据、同台设备的三相数据进行比较以便于分析和判断。

泄漏电流试验所用接线如图 2-5 所示。当用图 2-5(a)时，其接线的优点是读数方便安全。但由于回路的高压引线等对地的杂散电流(泄流、电晕等电流 $I_g$)以及高压试验变压器对地的泄漏电流等都经微安表，使读数中包含被试品绝缘内部泄漏电流以外的电流，造成测量误差。这时可以利用接入被试品前后的两次读数之差求得泄漏电流,但其误差也往往较大。因此,在实际测量中,如被试品一端不直接接地,则微安表可接在被试品与地之间,如图 2-5(b)所示,则上述误差即可消除。如被试品一端已接地,则可采用图 2-6 所示的试验接线,将微安表接在高压端。为了避免高压引线的电晕电流等经过微安表,可采用屏蔽的方法,使微安表处于屏蔽罩内,并用屏蔽线将微安表接到被试品的高压端,如图 2-6中虚线所示。

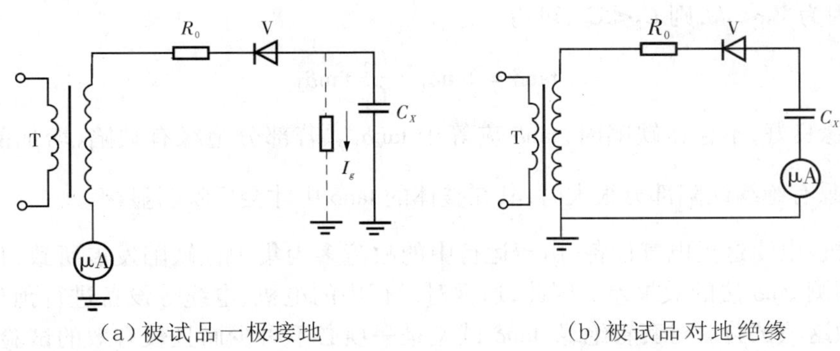


$R_0$—水阻;V—整流元件;T—试验变压器;$C_X$—被试品电容

**图 2-5　微安表处于低压的接线**

被试品在试验中可能出现放电以致击穿,为防止大电流流过微安表,试验回路中还必须对微安表进行保护。一般多采用微安表并联一开关的办法将微安表短路,当读数时把开关打开。

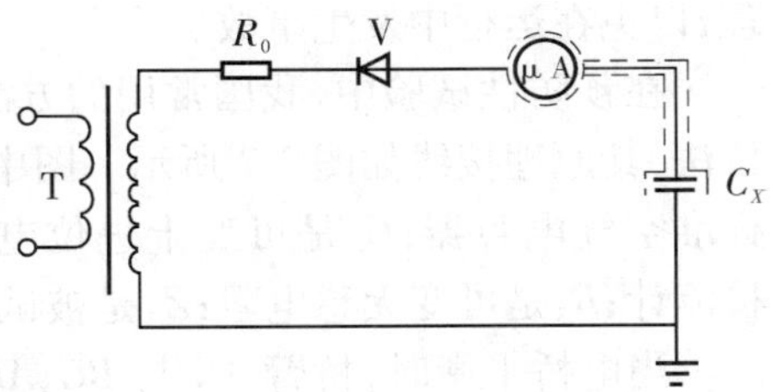


**图 2-6　微安表处于高压的接线**

试验注意事项如下:

(1)用一开关将微安表短路,以保护微安表。

(2)试验完毕,必须将被试品上的剩余电荷放掉。

(3)试验小容量试品时,需接入滤波电容(0.1 μF 左右)以减小电压脉动。

## 2.3.3　介质损失角正切值的测量

如前所述,在交流电压作用下,流过介质的电流由有功及无功分量组成。通常有功分量甚小,故 $\delta$ 很小,$\tan\delta$ 也很小。因此,有时也将 $\delta$ 称为介质损失角。

$\tan\delta$ 是一项表示绝缘内功率损失大小的参数,对于均匀介质,它实际上反映着单位体积介质内的介质损失,与绝缘的尺寸、体积大小均无关。通过测量 $\tan\delta$,可反映出整个绝缘的分布性缺陷,例如运行中绝缘的普遍受潮和老化(如油的劣化、有机固体材料的老化等)。这时流过绝缘的有功电流分量将增大,$\tan\delta$ 也增大。由于这类缺陷是分布性的,可看成是均匀的,测出的 $\tan\delta$ 增大,实际上反映了绝缘中单位体积内功率损耗的增大。用测量 $\tan\delta$ 的方法检查变压器、互感器、套管、电容器等的绝缘状况都有一定效果。

如果绝缘内的缺陷不是分布性而是集中性的,则用测 $\tan\delta$ 法就不灵敏,被试绝缘的体积越大,就越不灵敏。因为带有集中性缺陷的绝缘是不均匀的,可以看成是由两部分介质并联组成的绝缘,其整体的介质损耗为这两部分之和。即

$$\omega CU^2\tan\delta = \omega C_1 U^2\tan\delta_1 + \omega C_2 U^2\tan\delta_2$$

所以

$$\tan\delta = \frac{C_1\tan\delta_1 + C_2\tan\delta_2}{C_1 + C_2}$$

若整体绝缘中有一小部分绝缘有缺陷,$\tan\delta$ 增加,设这部分体积为 $V_2$,而良好部分体积为 $V_1$,因为 $V_2 \ll V_1$,则 $C_2 \ll C_1$,可得

$$\tan\delta = \tan\delta_1 + \frac{C_2}{C_1}\tan\delta_2$$

当绝缘良好,不存在缺陷时,$\tan\delta$ 应等于 $\tan\delta_1$。若部分绝缘有缺陷,增加的部分是 $\frac{C_2}{C_1}\tan\delta_2$。只有绝缘缺陷部分很大时,其在整体的 $\tan\delta$ 中才会反映明显。

对电机、电缆这类电气设备,由于运行中的故障多为集中性缺陷发展所致,且设备体积很大,用测 $\tan\delta$ 法的效果差。因此,通常对运行中的电机、电缆等设备进行预防性试验时,便不做这项试验。对套管绝缘,$\tan\delta$ 试验是一项必不可少而且较有效的试验,因套管体积小,用 $\tan\delta$ 试验法不仅可反映套管绝缘全面情况,而且有时可检查出其集中性缺陷。

在用 $\tan\delta$ 法判断绝缘状况时,必须着重历史的比较以及与处于同样运行条件下的同类型其他设备的比较,即使 $\tan\delta$ 未超过标准,但与过去比较有明显增大时,就必须进行处理,以免在运行中发生事故。

在预防性试验中,我国常用的方法是西林电桥法,其原理接线如图 2-7 所示。图中 $C_N$ 是无损标准空气电容器;$C_4$ 是可变十进位电容箱;P 是检流计;$R_3$ 是可变无感电阻;$Z_X$ 是被试物阻抗。

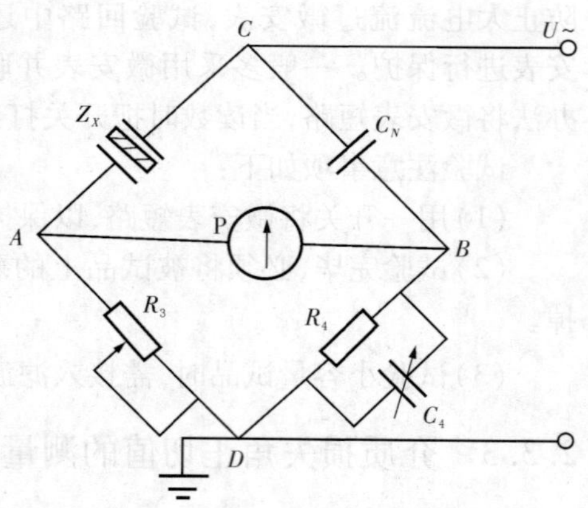

图 2-7　西林电桥原理接线图

当电桥平衡时,桥臂 $AC$ 与 $BC$,$AD$ 与 $BD$ 的电压降相等,故桥臂阻抗关系为

$$\frac{Z_X}{Z_3} = \frac{Z_N}{Z_4} \tag{2-3}$$

式中　$Z_X$、$Z_3$、$Z_N$、$Z_4$——电桥各臂的复阻抗。

当把被试品用 $R_X$ 与 $C_X$ 并联的等值电路代替时,并依电桥平衡条件可得

$$\frac{1}{\frac{1}{R_X} + j\omega C_X}\frac{1}{R_3} = \left(\frac{1}{R_4} + j\omega C_4\right)\frac{1}{j\omega C_N} \tag{2-4}$$

化简式(2-4),并使等式两边的实部与虚部分别相等,即可求得

$$\left.\begin{aligned}\tan\delta &= \frac{1}{\omega C_X R_X} = \omega C_4 R_4\\ C_X &= C_N\frac{R_4}{R_3}\frac{1}{1+\tan^2\delta}\end{aligned}\right\} \tag{2-5}$$

因 $\tan^2\delta \ll 1$,可略去,则

$$C_X = C_N \frac{R_4}{R_3} \tag{2-6}$$

在使用的频率 $f=50$ Hz 时，$\omega=2\pi f=100\pi$，为便于计算，在仪器制造时，将 $R_4$ 的数值定为 10 000/π，那么 $\tan\delta = C_4$，$C_4$ 的单位为 μF。

$C_X$ 的测量对判断绝缘状况也是有价值的，如电容式套管 $C_X$ 明显增加，表示内部电容层间有短路或水分侵入。

试验中常用的接线方式有两种，即正接线与反接线。

#### 2.3.3.1 正接线

图 2-8(a)为西林电桥的正接线，被试品两极对地均应绝缘。在实验室中采用此法进行绝缘材料的试验较准确，试验时对操作人员无危险。在现场如被试设备可以对地绝缘起来，应尽量使用此法以保证测量值的可靠。

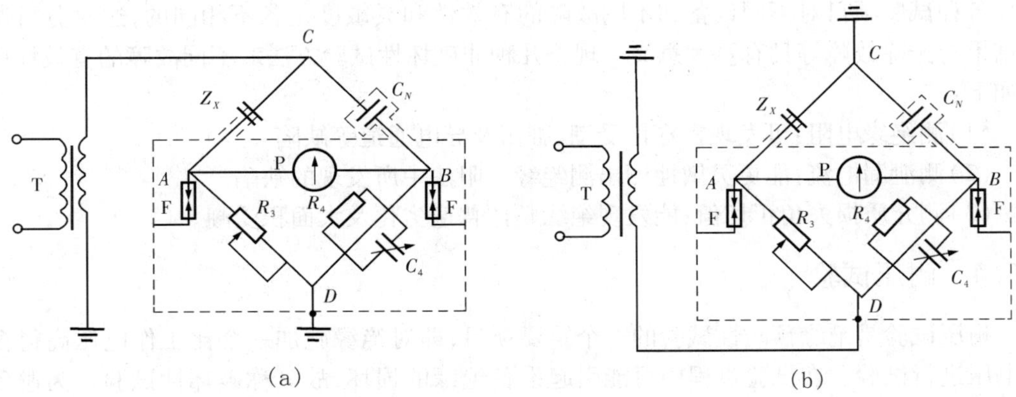


图 2-8 西林电桥接线

#### 2.3.3.2 反接线

图 2-8(b)为西林电桥的反接线，因为现场设备往往一端固定接地，故宜用这种接线方式。此时，$R_3$、$C_4$ 处于高电压下，要保证安全操作，须使电桥和操作者一起处在绝缘板上(即对地绝缘起来)，或置于法拉第笼里面，使操作者与 $R_3$、$C_4$ 处于等电位；或由操作者使用绝缘杆来调节。国产 QS1 型电桥即属此类，其调节手柄能保证人身安全。

为使测量精确，需消除外来的杂散电流的影响。当电桥平衡时，流过 $R_3$ 和被试品的电流是相同的，流过 $R_4$、$C_4$ 及 $C_N$ 的电流是相同的，$U_{DB}$ 等于 $U_{DA}$，此时 $\tan\delta = C_4$。但实际上，桥臂对地有杂散电流，如图 2-8 中 $A$、$B$ 两点有杂散电流流入地中，在正接线时，因 $R_3$、$Z_4$ 值小，故杂散电流的影响较小；反接线时，因被试品电容 $C_X$ 阻抗较大，特别是当 $C_X$ 较小时，杂散电流的影响不能忽略。如采用图 2-8 所示办法，除电桥本体采用屏蔽外，电桥至被试品和 $C_N$ 间的连线采用屏蔽线，屏蔽接在 $D$ 点。这样，由屏蔽流至地的杂散电流由电源直接供给，不会影响电桥的平衡条件。

此外，在 $A$、$B$ 处接有放电管 F，可在试品击穿时，起保护作用，以免在电桥本体上出现高的电位差。

试验时，被试品的表面应当干燥、清洁，以消除表面电导电流的影响。

此外，被试品表面泄漏的影响也必须注意，勿使其影响到反映被试品内部绝缘状况的 $\tan\delta$。这点在被试品电容 $C_X$ 小时更须注意，除被试品表面清洁外，可用加屏蔽法消除泄漏影响。

以上所提到的非破坏性试验方法，都是在较低电压下进行的，它们不如耐压试验对设备的绝缘考验严格并能确定其绝缘水平。但通过非破坏性试验的结果，进行全面对比分析，可判断出被试设备的绝缘状况与缺陷性质。各种非破坏性试验除在设备出厂试验和交接验收试验时作为电气强度试验的准备和复查试验项目外，在设备运行中还作为预防设备绝缘事故的重要监测手段，即绝缘的预防性试验，一般每年一次。试验项目、周期和标准在 DL/T 596—1996《电力设备预防性试验规程》中均有明确规定。

如在试验中发现有与 DL/T 596—1996《电力设备预防性试验规程》规定不符，应查明原因，消除缺陷，还应注意试验条件的影响。

各种试验项目对不同设备和不同故障的有效性和灵敏度是各不相同的，这对分析试验结果与排除故障等具有重大意义。现将几种非破坏性试验方法对不同故障的有效性比较如下：

(1)测绝缘电阻：可发现贯穿性受潮、脏污及导电通道等缺陷。

(2)测泄漏电流：能更灵敏地测出测绝缘电阻法中所发现的缺陷。

(3)测介质损失角正切值：能发现绝缘整体普遍劣化及大面积受潮。

### 2.3.4 耐压试验

耐压试验是绝缘预防性试验的一个重要项目，即对绝缘施加一个比工作电压高得多的电压进行试验。在试验过程中可能引起设备绝缘的损坏，故又称破坏性试验。为避免设备的损坏，耐压试验要在非破坏性试验之后进行，即在非破坏试验合格后方允许进行。

在耐压试验时所加电压有工频交流、直流高压、冲击高压等。在此仅介绍前两种，其他相关内容见第 7 章。

#### 2.3.4.1 工频耐压试验

工频耐压试验的优点是可准确地考验绝缘的裕度，能有效地发现较危险的集中性缺陷。但是交流耐压试验有一重要缺点，即对于固体有机绝缘，在较高的交流电压作用时，会使绝缘中一些弱点更加发展(但在耐压试验中还未导致击穿)。这样，试验本身就引起绝缘内部的累积效应。因此，恰当地选择合适的试验电压值是一个重要问题。一般考虑到运行中绝缘的变化，耐压试验的电压值应取得比出厂试验电压低些，而且不同情况的设备应不同对待，这主要由运行经验确定。例如在大修前发电机定子绕组的试验电压常取 1.3 ~ 1.5 倍额定电压，对于运行 20 年以上的发电机，由于绝缘较老，可取 1.3 倍额定电压来做耐压试验，但对与架空线路有直接连接的运行 20 年以上的发电机，考虑到运行中大气过电压侵袭的可能性较大，为了安全，仍要求用 1.5 倍额定电压来做耐压试验。

电力变压器和互感器全部更换绕组后，也要按出厂试验电压进行试验，其他情况下它们的试验电压值常取出厂试验电压的 85%。其他高压电器常按出厂试验电压的 90% 做耐压试验，只有对纯瓷及充油套管和支持绝缘子，因为几乎无累积效应，就直接按出厂试验电压做耐压试验。

做耐压试验时，常是升压至试验电压后，加压 1 min。规定这个时间是为便于观察被试品的情况；同时也是为使已开始击穿的缺陷来得及暴露出来。耐压时间不能超过 1 min，以免使绝缘击穿。

试验电压的波形应接近正弦，一般用高压试验变压器及调压器产生可调高压。调压器应尽量采用自耦式，它不仅体积小，漏抗也小，因而试验变压器激磁电流中的谐波分量在调压器上产生的压降也小，故试验变压器原边电压波形畸变较小，副边电压波形也就接近正弦。如自耦调压器的容量不够，则可以采用移圈式调压器，不过后者的漏抗较大，会使电压波形发生畸变，为改善波形可在试验变压器原边并联以电感、电容串联组成的滤波器把谐波滤去。

交流耐压试验的接线如图 2-9 所示，将图中球隙 8 的放电电压调至耐压试验电压的 1.1 倍，这是为了防止因误操作或谐振过电压时试品上出现超过试验的电压而被损坏。为使测量准确，通常用电压互感器或高压静电电压表进行测量，原边电压表读数只做参考。为了限制击穿或放电时的短路电流，防止耐压试验时在高压侧出现振荡，回路中串有保护电阻 $R_1$。保护电阻 $R_1$ 的值不应太大或太小，太小起不到保护作用，太大又会使正常工作时由于负载电流而产生较大压降与功率损耗。根据实际经验一般取 $R_1$ 为 0.1 Ω/V，并应有足够的容量。通常可利用线绕电阻或水阻作为保护电阻，与高压试验变压器接地端串联的电流表起监视被试绝缘状况的作用。短路刀闸 6 是保护电流表的。为得到较好的波形，试验电源最好用线电压。调压器 3 应从零升压，在达到 0.5 倍试验电压以下时可以迅速升压，以后则应徐徐均匀升压，一般应在 20 s 内升至试验电压值。

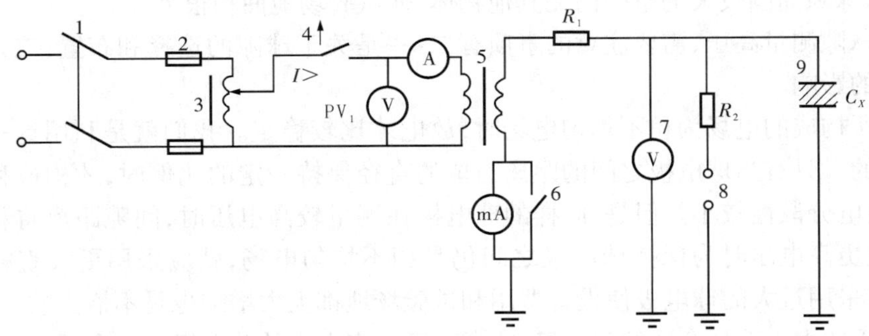


1—刀闸；2—熔丝；3—调压器；4—脱扣开关；5—试验变压器；6—短路刀闸；7—高压静电电压表；8—保护球隙；9—被试品；$R_1$—保护电阻；$R_2$—球隙保护电阻

**图 2-9　交流耐压试验接线**

进行交流耐压试验时，被试品一般均属电容性的，试验变压器在电容性负载下，由于电容电流在线圈上会产生漏抗压降，使变压器高压侧电压发生升高现象，即电容效应。这时变压器高压侧电压高于按变比换算的电压，而且低压侧与高压侧之间的电压有相角差，如果试品的容抗一旦与试验变压器的漏抗发生串联电压谐振，则电压升高现象更为显著。

由电机学知识可知，变压器的简化等值电路如图 2-10 所示。电路中 $r$ 是变压器电阻，$X_L$ 是变压器漏抗，$C_X$ 为被试品电容。这样，电路就成为一简单的 RLC 串联回路。显然，由于 $C_X$ 上的电压和 $X_L$ 上的电压相位差 180°，如图 2-11 所示，可以看出被试品上电压

$U_{CX}$会比电源电压 $U_1$ 高。由于电容效应的存在,就要求直接在被试品两端测量电压。

在被测的电压较高,不能直接用指示仪表测量时,通常采用电容分压器测量,在测量时应对其变比予以校准。

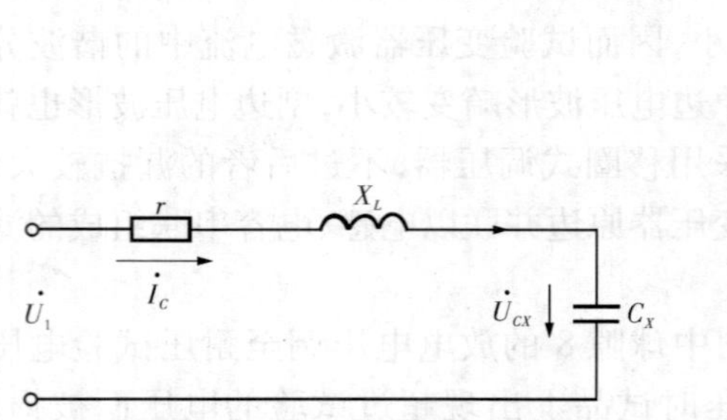


图 2-10 试验变压器在耐压试验时简化等值电路

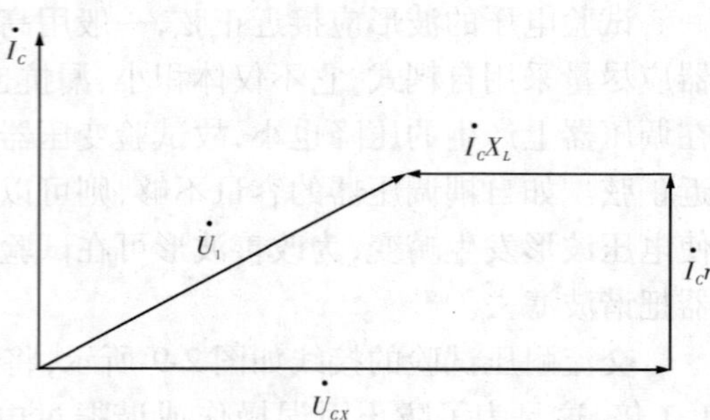


图 2-11 电容效应引起的电压升高

此外还可用球隙测量工频高压,球隙装置简单,能直接测出被测的量,有足够的准确度(误差不超过 ±3%),所以在高压测量中应用得非常普遍。我国的国家标准把球隙作为测量工频高压的基本设备。

球隙测量高压的缺点是:通过放电才能进行测量,由于气体放电的分散性,一般需要几次放电才能获得较准确的数值。放电使高压回路突然短路,对设备和试品都不利。再一点是影响气体放电的因素较多,掌握不好不易得到稳定的结果,而且为使测量结果比较准确,要求球隙周围较大的空间内无其他物体,使试验场地面积很大。

利用球隙测量高压,需要注意的事项有二:一是关于球隙的选择和布置;二是大气条件对放电的影响。

球隙所构成的电场为稍不均匀电场时,放电才比较稳定。我们就是利用这一特点来测量高压的。只有当球电极之间的距离与球的直径保持一定的比例时,才构成稍不均匀电场,使放电分散性较小。但是,同样的球电极在测量较高电压时,间隙距离将相应地增加,在测量更高电压时为保持球电极之间仍是稍不均匀电场,就应采用更大直径的球电极。当然,采用过大的球电极使设备费用和试验场地都大大增加也是不恰当的。所以,根据被测电压的大小选择合适的球电极,或者对于一定大小的球电极有一合适的使用范围,这是相当重要的。通常以 $S/D \leqslant 0.75$ 为限。其中,$S$ 为球电极间距离,$D$ 为球电极直径。在 $S/D \leqslant 0.5$,且满足其他条件时,能使测量准确度在 3% 以内。当 $S/D > 0.75$ 以后,不仅放电分散性增加,而且周围物体对球隙电场的分布也将有较显著的影响。球电极与被测电压上限的关系可参照高电压试验标准。

除球电极使用范围外,对周围物体如地面、墙壁、高压引线及其他物体的距离也有一定要求,通常这个距离与球电极直径大小有关。此外对球电极本身结构如球柄直径、表面状况等都有相应规定。

球隙是利用气体介质放电来进行测量的,所以应注意大气条件对测量结果的影响。标准的球隙放电电压是在标准大气条件,即大气压力 760 mmHg(101.3 kPa),周围气温 20 ℃下测量的。如果实际测量时大气条件与标准条件不同,应予以校正。

由于在均匀或稍不均匀电场中，湿度对放电电压的影响不大，因此一般不需校正。

在使用中，通常由球隙放电时的球隙距离，在相应的放电电压表中查出标准大气条件下的放电电压值 $U_0$，同时由试验时的大气条件算出 $\delta$ 值，由此可得实际测量时，球隙的放电电压 $U=\delta U_0$，该电压即为被测高压值。

此外，球隙周围空气的污染情况也应注意，如放电前球电极表面沉积的尘埃，将会使放电数值不稳定。为此，除应注意试验场地环境清洁外，在利用球隙进行测量之前，应使球隙放几次电直到放电电压达到稳定值，然后开始正式记录数据；测量一个电压时，应在球隙上连续放电三次，每次间隔时间不得少于 1 min；以三次放电电压的算术平均值作为球隙放电电压，每个放电电压值与平均值之差不得大于 3% 等，这些措施都是为了保证测量结果较近于真正的被测电压值。

利用球隙测量高压时，还须在带电球极与高压引线间串入一个电阻，来限制和削弱球隙放电时由于振荡造成的过电压，并且防止球电极表面被烧坏。该电阻值可取 0.1 ~ 0.5 Ω/V。

球隙放电时，绝大部分高压将降落在保护电阻两端，因此它应有足够长度，以防止发生沿面闪络。电阻一般采用水阻，此保护电阻一般不宜拆除或测量时兼作他用。

球隙除用作测量外，还往往被用来保护设备或试品不受过高电压的作用。

在高压试验中球隙常常与测量装置配合使用，以球隙校正分压比。

### 2.3.4.2 直流耐压试验

直流耐压试验也能确定绝缘的电气强度。与交流耐压试验相比，它有以下特点：①可使试验设备轻小，即大容量试品（电缆、电容器等）进行交流耐压试验时，试验设备容量往往过大，为使试验及调压设备轻便，可以采用谐振试验线路以减小电源设备容量。②在绝缘进行直流耐压试验的同时，可通过测量泄漏电流来观察绝缘内部集中性缺陷。试验的接线同前面介绍的泄漏电流试验相同。

图 2-12 为一台 30 MW，10.5 kV 汽轮发电机各相绕组的直流泄漏电流试验曲线，当试验电压升至 14 kV 时，A 相泄漏电流突然急剧增加，经检查，A 相端部对绑环有一处放电。

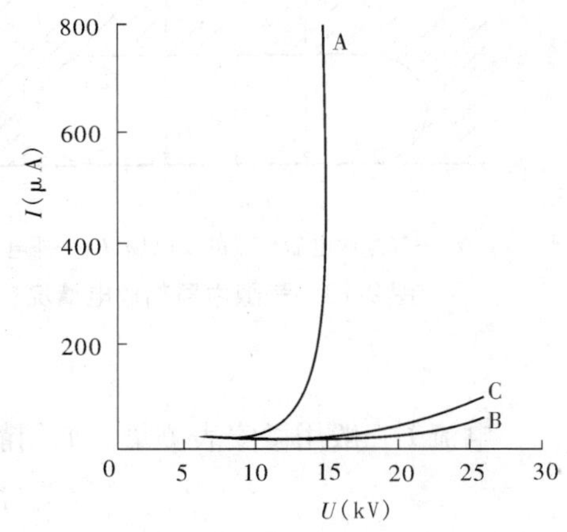

图 2-12 某汽轮发电机定子绕组各相的泄漏电流试验曲线

直流耐压试验比交流耐压试验更能发现电机端部的绝缘缺陷。其原因是直流下没有电容电流从线棒流出，因而无电容电流在半导体防晕层上造成的压降，故端部绝缘上的电压较高，有利于发现绝缘缺陷。

在电力电缆进行直流耐压试验时，通常也利用泄漏值寻找缺陷。当测得三相泄漏值相差过大或增长较快时，可依具体情况提高试验电压或延长耐压时间来发现缺陷。

直流耐压试验对绝缘损伤较小，如果被试绝缘中有气泡，在直流电压作用下，当作用电压较高，以至于在气泡中发生局部放电后，在电场作用下，气泡中的正、负电荷将分别反向移动，停留在气泡壁上，如图 2-13 所示。这样，便使得外电场在气泡里的强度不断减弱，从而抑制了气泡内部的局部放电过程，当正、负电荷慢慢地通过周围的泄漏电阻中和后，才会再发生一次放电。如果在交流电场中，每当电压改变一次方向，空间电荷非但不减弱，反而会加强气泡里的电场强度，因而加强了局部放电的发展。不仅如此，做交流耐压试验时，每个半波里都要发生局部放电。这种局部放电会促使油和有机绝缘材料的分解与老化、变质等，并使其绝缘性能降低，扩大其局部缺陷。因此，直流耐压试验加压时间可以较长，一般采用 5~10 min。

与交流耐压试验相比，直流耐压试验的缺点是：对绝缘的考验不如交流下接近实际和准确。

直流耐压试验电压的选取，应参考交流耐压试验电压和交直流下击穿强度之比，并主要根据运行经验来确定。例如，对发电机定子绕组取 2~2.5 倍额定电压；对电力电缆，3 kV、6 kV、10 kV 的取 5~6 倍额定电压；20 kV、35 kV 的取 4~5 倍额定电压；35 kV 及以上的则取 3 倍额定电压。直流耐压的时间可以比交流耐压长些，例如发电机试验时是按每级 1/2 额定电压分段升高，每阶段停留 1 min，以观察并读取泄漏电流值。电力电缆试验时，在额定电压下持续 5 min，以观察并读取泄漏电流值。

直流高压的测量，可以用球隙、静电电压表或用如图 2-14 所示的方法进行。图中 $R_1$、$R_2$ 组成的电阻分压器，在直流电压作用下没有电容电流，所以电阻分压器 $R_1$ 中只有电流 $I$ 流过。若 $R_1$ 为分压器的高压臂电阻，$R_2$ 为低压臂电阻，则

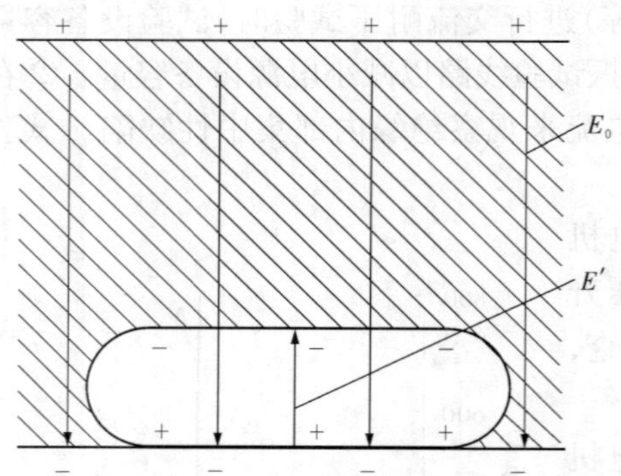

$E'$—气隙放电后形成的反电场；$E_0$—外电场

**图 2-13　气隙中局部放电情况**

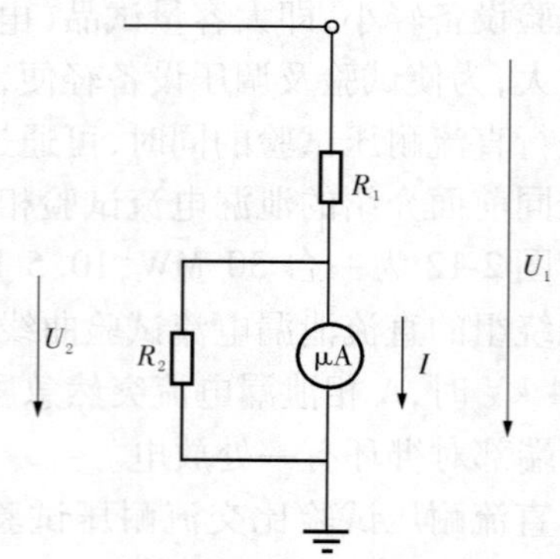

**图 2-14　直流高压测量线路**

$$U_1 = IR_1 \tag{2-7}$$

电流 $I$ 一般用微安表测量。如用静电电压表测量，则

$$U_1 = U_2 \frac{R_1 + R_2}{R_2} \tag{2-8}$$

其中，分压比是 $\frac{R_1 + R_2}{R_2}$。

$R_1$ 数值的选择视被测电压大小而定，一般取流过 $R_1$ 的电流为数百微安至 1 mA。

$R_1$值太高会造成测量误差,因高电压下高压臂会有电晕电流、沿绝缘材料的泄漏电流等(均是微安级)使式(2-7)、式(2-8)发生误差。若 $R_1$ 中的工作电流大大超过杂散电流,则这种杂散电流的影响便可不计。

## 2.4 电气设备状态监测与故障诊断

常规的电气设备预防性试验一般以一年为一周期,电力设备虽然都按规定、按时做了常规预防性试验,但事故仍然时有发生,主要原因之一是现有的试验项目和方法往往难以保证在一个周期内不发生故障。定期进行绝缘预防性试验固然可以发现一些缺陷,但由于要停电后才能试验,就难以根据设备绝缘状况灵活地选择试验周期。另外,电力设备的运行电压已达 110 ~ 500 kV,而现行的预防性试验其施加的试验电压仍然很低,例如测量在 10 kV 下的 $\tan\delta$ 值,就不能反映真实运行电压下的绝缘性能。由于绝大多数故障事前都有先兆,这就要求发展一种连续或选时的监测技术,在线监测就是在这种情况下产生的。

电力设备在线监测技术是一种利用运行电压来对高压设备绝缘状况进行试验的方法,它可以大大提高试验的真实性与灵敏度,及时发现绝缘缺陷。采用在线监测的方法可以根据设备绝缘状况的好坏来选择不同的监测周期,使试验的有效程度明显提高。在线监测可以积累大量的数据,将被试设备的当前试验数据(包括停电及带电监测)和以往的监测数据相结合,用各种数值分析方法进行及时、全面的综合分析判断,就可以发现和捕捉早期缺陷、确保安全运行,从而减小由于预防性试验间隔长所带来的误差。

通常,一种电力设备的在线监测仪器或系统由传感器系统、数据采集和预处理系统、数据处理系统、诊断决策系统组成,如图 2-15 所示。传感器系统用于感知所需要的电气参量或非电气参量,目前常用的传感器有电磁传感器、力学量传感器、声参数传感器、热参数传感器、化学量传感器等;数据采集和预处理系统是将传感器得到的模拟量转换成数字量进行传输,应用数字滤波技术对采集到的信号进行滤波处理,抑制和消除外界干扰和背景噪声,提取真实信号,并进行信号的还原,光电转换和光纤传输的引入有效地解决了高压隔离的问题;数据处理是设备监测、诊断中重要的一环,它往往是由各种分析仪、信号处理仪或计算机来完成的;诊断决策系统利用小波分析技术、神经网络技术、模糊诊断技术、专家分析技术等方法对所采集信号进行分析、处理和诊断,得到所测电力设备绝缘的当前状况,并根据需要进行绝缘诊断和寿命评估。

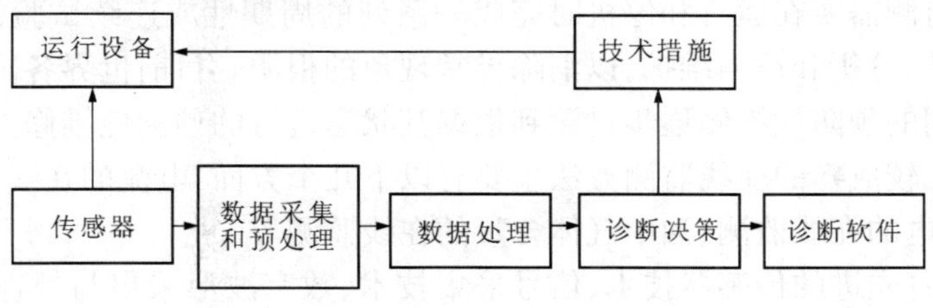


图 2-15 设备监测、诊断过程框图

在线监测可分为集中式实时在线监测系统和便携式在线监测系统。集中式实时在线监测系统通常是由安装在设备上的传感器、信号转换装置、信号传输电缆、信号显示和信号分析装置组成的。为了实现整座变电站的在线监测，常常将各种监测信号集中传送到一台微机，由微机来承担各类数据的采集、处理、分析、显示和报警等方面的工作。便携式在线监测系统可以由安装在运行设备上的传感器、信号转换器和专用便携式信号接收机组成。某些便携式在线监测仪还可以自成系统，独立完成对运行设备的探测，无需在运行设备上安装传感器。集中式实时在线监测系统和便携式在线监测系统所取得的实际效果相近，但在经济效益、稳定性和运行维护等方面，便携式在线监测技术具有明显的优势，因此在同等的情况下，目前宜大力推广便携式在线监测技术和监测装置。

对运行中的电力设备实施在线监测具有相当大的难度。首先，尚无统一的标准，各研究单位、各仪器制造商开发的在线监测仪所采用的监测方法、监测参量、判定标准均不相同，导致不同在线监测装置之间不具有可比性。其次，对电力设备绝缘特征量研究不够，现在普遍采用监测绝缘电阻、泄漏电流、局部放电等传统监测量，且各监测量与绝缘剩余寿命也没有明确的数值关系。再次，在线监测时干扰抑制十分困难，运行环境下存在的各种干扰直接影响监测结果的正确性。目前采用了硬件滤波、数字滤波等许多方法，起到了一定的效果。

在线监测的推广还有利于从定期维修制过渡到更合理的状态维修制。按事先制订的检修周期按期进行停机检修，虽对提高设备可靠性起了一定作用，但由于未考虑设备的具体状况，且制订的周期往往比较保守，以至于出现了过多不必要的停机及维修，甚至因拆卸、组装过多而出现过早损坏。我国目前执行的大多是定期维修制，一般都要求“到期必修”，没有充分考虑设备实际状态如何，以致超量维修，造成了人力及物力的大量浪费。状态维修制的基础就在于绝缘监测及诊断技术，既要通过各种监测手段来正确诊断被试设备的目前状况，又要根据其本身特点及变化趋势等来确定能否继续运行或是否停电检修。

电力设备的状态监测按其监测的作用可分为保护性监测和维护性监测两类。保护性监测也就是故障监测，通过对常规运行参数(如电流、电压、功率、温度、流量、压力等)的监测，提供电力设备的正常运行工况。同时，还在故障敏感的部件设置一些专用监测器，通过对反应异常现象的特征量的监测，帮助运行人员及时了解这些部件的状态，在故障发生之前发出报警，以便采取必要的措施，避免严重事故的发生。维护性监测是通过在线监测、离线检查和试验，发现缺陷、监视缺陷的发展趋势并预测发展的后果，以指导制订维修策略。维护性监测需要在运行和停机时完成一系列的周期性或连续试验，当发现有异常现象时，进行原因分析和适当维护，以消除异常现象的根源。目前世界各国普遍认为电气设备应当从定期的预防性维修逐步过渡到根据其状态进行的预测性维修。

目前已经比较成熟的在线监测方法主要有以下几个方面：电流的在线监测、$\tan\delta$ 的在线监测、局部放电的在线监测、油中气体含量的在线监测等。

近年来，随着先进的传感器技术、信号采集技术、数字波形采集与处理及计算机技术的发展和应用，在线监测技术得到了飞速发展。在线监测将在很多方面弥补定期停电预防性试验的不足之处，它将成为绝缘监测中的一个重要组成部分，并向更高阶段发展，实现全自动在线监测系统与专家诊断系统的完美结合，从而构成智能化高压电气设备绝缘及特性的在线监测与诊断系统，并可纳入整个电网的自动化系统。但目前尚不能认为在线监测将全面替代停电预防性试验，一方面在线监测理论和技术尚不完善，必须开展进一步的研究；另一方面，在线监测测量的是工频电压下的电力设备绝缘参数，对电力系统内时常发生的过电压情况下的绝缘品质无法进行测量。

## 习　题

2-1　绝缘的缺陷可分为几类？什么是绝缘的老化？

2-2　绝缘预防性试验可分为几类？各有何特点？

2-3　测量绝缘电阻、泄漏电流时分别有哪些注意事项？

2-4　介质损失角正切值的测量接线有哪两种？各适用在什么场合？

2-5　工频耐压试验和直流耐压试验的优、缺点是什么？

2-6　什么是电力设备在线监测技术？它有何优点？

2-7　简述电力设备的在线监测仪器或系统的组成及其各部分的作用。

# 第3章　线路和绕组中的波过程

## 3.1　行波在无损单导线上的传播

### 3.1.1　波动方程

设有一无限长单导线,线路被看成由无数个长度为 dx 的小段组成。若每个单位长度导线的电感和电阻分别为 $L_0$ 和 $r_0$;每单位长度导线对地的电容和电导分别为 $c_0$ 和 $g_0$,则长度为 dx 线段的参数应为 $L_0\mathrm{d}x$、$r_0\mathrm{d}x$、$c_0\mathrm{d}x$ 和 $g_0\mathrm{d}x$,线路的等值电路如图 3-1 所示。

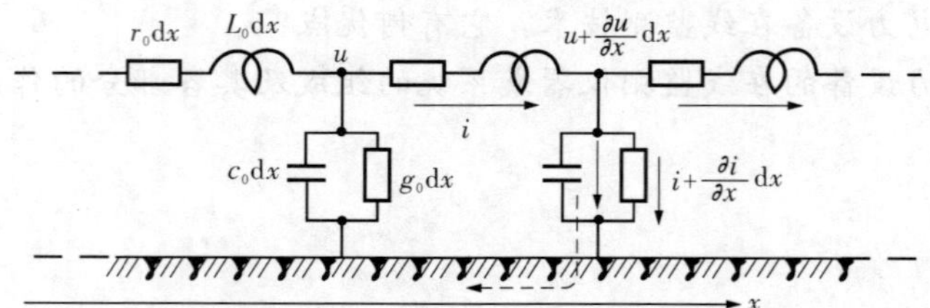


图 3-1　单导线线路的等值电路

实际上,$L_0$、$r_0$、$c_0$ 和 $g_0$ 这些参数都和频率有关,当线路发生电晕时尚与电压有关,在分析波过程的基本规律时,假定它们都是常数。这样根据等值电路图就可列出下面的方程

$$\left.\begin{aligned} u-\left(u+\frac{\partial u}{\partial x}\mathrm{d}x\right) &= -\frac{\partial u}{\partial x}\mathrm{d}x=r_0\mathrm{d}x i+L_0\mathrm{d}x\ \frac{\partial i}{\partial t} \\ i-\left(i+\frac{\partial i}{\partial x}\mathrm{d}x\right) &= -\frac{\partial i}{\partial x}\mathrm{d}x=g_0\mathrm{d}x\left(u+\frac{\partial u}{\partial t}\mathrm{d}x\right)+c_0\mathrm{d}x\ \frac{\partial\left(u+\frac{\partial u}{\partial x}\mathrm{d}x\right)}{\partial t} \end{aligned}\right\} \tag{3-1}$$

忽略式(3-1)中的二阶无限小$(\mathrm{d}x)^2$ 各项,整理后得:

$$-\frac{\partial u}{\partial x}=r_0 i+L_0\ \frac{\partial i}{\partial t} \tag{3-2}$$

$$-\frac{\partial i}{\partial x}=g_0 u+c_0\ \frac{\partial u}{\partial t} \tag{3-3}$$

一般情况下,输电线路的对地电阻很小,可以忽略不计。而以地为回路的线路电阻要引起波的衰减和变形,其影响将随波的传播距离而增加。为了简化分析,在本节中只讨论行波在无损耗的单导线上的传播,忽略 $r_0$ 和 $g_0$。式(3-2)和式(3-3)可以简化为:

$$-\frac{\partial u}{\partial x}=L_0\ \frac{\partial i}{\partial t} \tag{3-4}$$

$$-\frac{\partial i}{\partial x}=c_0\frac{\partial u}{\partial t} \tag{3-5}$$

对式(3-4)关于 $x$ 两边求导,对式(3-5)关于 $t$ 两边求导,消去变量 $i$,并用类似的方法消去变量 $u$ 得

$$-\frac{\partial^2 u}{\partial x^2}=L_0c_0\frac{\partial^2 u}{\partial t^2} \tag{3-6}$$

$$-\frac{\partial^2 i}{\partial x^2}=L_0c_0\frac{\partial^2 i}{\partial t^2} \tag{3-7}$$

式(3-4)和式(3-5)称为无损传输线方程,而式(3-6)和式(3-7)称为无损单导线的波动方程。

### 3.1.2 波动方程的解

利用拉普斯变换(也称拉氏变换)法,将 $u(x,t)$ 变换为 $U(x,S)$,$i(x,t)$ 变换为 $I(x,S)$,并假定线路上的电压和电流的初始条件均为零,根据拉氏变换的时域导数性质,将式(3-6)和式(3-7)变换为

$$\frac{\partial^2 U(x,S)}{\partial x^2}=L_0c_0S^2U(x,S) \tag{3-8}$$

$$\frac{\partial^2 I(x,S)}{\partial x^2}=L_0c_0S^2I(x,S) \tag{3-9}$$

令 $v=\frac{1}{\sqrt{L_0c_0}}$,$R(S)=\pm\frac{S}{v}$,代入式(3-8)和式(3-9)中得

$$\frac{\partial^2 U(x,S)}{\partial x^2}-R^2(S)U(x,S)=0 \tag{3-10}$$

$$\frac{\partial^2 I(x,S)}{\partial x^2}-R^2(S)I(x,S)=0 \tag{3-11}$$

式(3-10)和式(3-11)属于自变量为 $x$ 的二阶齐次线性微分方程组,其解的形式可写为

$$U(x,S)=U_q(S)\mathrm{e}^{-\frac{S}{v}x}+U_f(S)\mathrm{e}^{\frac{S}{v}x} \tag{3-12}$$

$$I(x,S)=I_q(S)\mathrm{e}^{-\frac{S}{v}x}+I_f(S)\mathrm{e}^{\frac{S}{v}x} \tag{3-13}$$

其中,$U_q(S)$,$U_f(S)$,$I_q(S)$,$I_f(S)$ 函数的具体形式由线路的初始条件和边界条件决定。

由拉氏逆变换的延迟定理,将式(3-12)和式(3-13)频域解的形式变换到时域解的形式,为

$$u(x,t)=u_q(t-\frac{x}{v})+u_f(t+\frac{x}{v}) \tag{3-14}$$

$$i(x,t)=i_q(t-\frac{x}{v})+i_f(t+\frac{x}{v}) \tag{3-15}$$

式(3-14)和式(3-15)就是均匀无损单导线线路的波动方程的解,其中

$$v=\frac{1}{\sqrt{L_0c_0}}$$

将式(3-4)进行拉氏变换,得

$$-\frac{\partial U(x,S)}{\partial x}=SL_0I(x,S) \tag{3-16}$$

将式(3-12)两边对 $x$ 求导代入式(3-16),整理得

$$I(x,S)=\frac{1}{\sqrt{\frac{L_0}{c_0}}}U_q\mathrm{e}^{-\frac{S}{v}x}+\frac{1}{-\sqrt{\frac{L_0}{c_0}}}U_f\mathrm{e}^{\frac{S}{v}x} \tag{3-17}$$

令 $z=\sqrt{\frac{L_0}{c_0}}$,得

$$I(x,S)=\frac{1}{z}U_q\mathrm{e}^{-\frac{S}{v}x}+\frac{1}{-z}U_f\mathrm{e}^{\frac{S}{v}x} \tag{3-18}$$

对式(3-18)进行拉氏逆变换,得

$$i(x,t)=\frac{1}{z}u_q(t-\frac{x}{v})-\frac{1}{z}u_f(t+\frac{x}{v}) \tag{3-19}$$

比较式(3-15)和式(3-19),得

$$i_q(t-\frac{x}{v})=\frac{1}{z}u_q(t-\frac{x}{v}) \tag{3-20}$$

$$i_f(t+\frac{x}{v})=-\frac{1}{z}u_f(t+\frac{x}{v}) \tag{3-21}$$

式中

$$z=\sqrt{\frac{L_0}{c_0}} \tag{3-22}$$

综上所述,我们可以得出如下结论,无损单导线线路波过程的基本规律由下面 4 个方程所决定。

$$\left.\begin{aligned}u&=u_q+u_f\\ i&=i_q+i_f\\ u_q&=zi_q\\ u_f&=-zi_f\end{aligned}\right\} \tag{3-23}$$

## 3.1.3 波动方程解的物理意义

### 3.1.3.1 前行波和反行波

下面利用行波的概念来分析波动方程的物理意义。

首先讨论式(3-14),以 $u_q(t-\frac{x}{v})$ 为例,$u_q(t-\frac{x}{v})$ 表示 $u_q$ 是变量 $t-\frac{x}{v}$ 的函数,其定义是:当 $t<\frac{x}{v}$ 时,$u_q(t-\frac{x}{v})=0$;当 $t\geqslant\frac{x}{v}$ 时,$u_q(t-\frac{x}{v})$ 有值,假定当 $t=t_1$ 时,线路上位置为 $x_1$ 的这一点的电压函数值为 $U_a$,如图 3-2 所示,则当时间由 $t_1$ 变到 $t_2$ 时,具有相同电压值 $U_a$ 的点,必须满足:

$$t_1-\frac{x_1}{v}=t_2-\frac{x_2}{v} \tag{3-24}$$

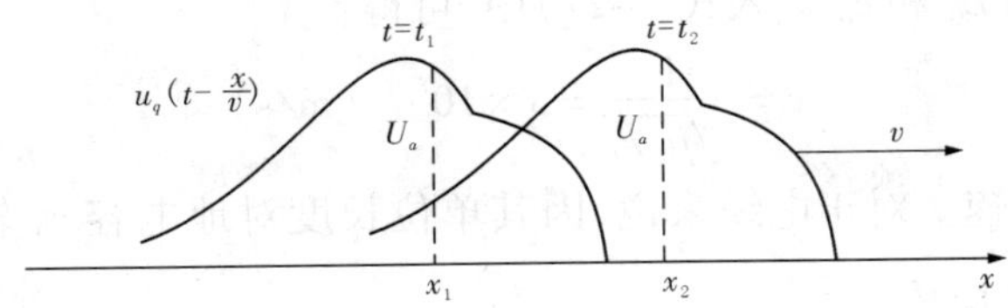


**图 3-2　前行电压波 $u_q(t-\frac{x}{v})$ 流动的示意图**

即
$$x_2-x_1=v(t_2-t_1)$$
即必须使
$$t-\frac{x}{v}=常数 \tag{3-25}$$

将式(3-25)微分得：
$$\frac{\mathrm{d}x}{\mathrm{d}t}=v \tag{3-26}$$

式(3-26)表明，式(3-14)和式(3-15)中的 $v$ 实际上是一个速度。对固定的电压 $U_a$ 而言，它在导线上的坐标是以速度 $v$ 向 $x$ 正方向移动，因此 $u_q(t-\frac{x}{v})$ 代表一个以速度 $v$ 向 $x$ 正方向行进的电压波。同样，可以说明 $u_f(t+\frac{x}{v})$ 代表一个以速度 $v$ 向 $x$ 负方向行进的电压波。我们通常称 $u_q$ 为前行电压波，$u_f$ 为反行电压波。同理，$i_q$ 为前行电流波，$i_f$ 为反行电流波。

3.1.3.2　**波速与波阻抗**

下面进一步讨论波动方程解的物理意义并说明波速与波阻抗的概念。

以前行电压波为例，见图 3-2，任意前行电压波 $u_q$，由任一点 $x_1$，经过 $t_2-t_1$ 的时间，传播到 $x_2$，传播速度为
$$v=\frac{x_2-x_1}{t_2-t_1}=\frac{1}{\sqrt{L_0c_0}} \tag{3-27}$$

式(3-27)表示了行波的传播速度 $v$ 与线路参数 $L_0$ 和 $c_0$ 的关系，用反行电压波也可以得到同样的结果。式(3-27)说明，波速只与单位长度的参数有关，而与线路的长度无关。对于架空单导线而言，$L_0$ 和 $c_0$ 如下：
$$L_0=\frac{\mu_0}{2\pi}\ln\frac{2h}{r}\quad(\mathrm{H/m}) \tag{3-28}$$
$$c_0=\frac{2\pi\varepsilon_0}{\ln\frac{2h}{r}}\quad(\mathrm{F/m}) \tag{3-29}$$

式中　$h$——导线离地面的平均高度，m；

$r$——导线的半径，m；

$\mu_0$、$\varepsilon_0$——空气的导磁系数、介电系数。

将架空单导线的 $L_0$ 和 $c_0$ 代入式(3-27)中,可得:

$$v=\frac{1}{\sqrt{\mu_0\varepsilon_0}}=3\times10^8\quad(\mathrm{m/s})$$

即 $v$ 等于空气中的光速。对于电缆来说,因其单位长度对地电容 $c_0$ 较大,故电缆中的波速一般为($\frac{1}{2}\sim\frac{2}{3}$)光速。

由式(3-20)、式(3-21)和式(3-22)可知,同一线路中,相同方向传播的电压波与电流波的比值是恒定的,且只与线路单位长度的参数有关,此比值具有阻抗的量纲,称为波阻抗。

将单导线线路的参数 $L_0$ 和 $c_0$ 代入式(3-22)得

$$z=\frac{1}{2\pi}\sqrt{\frac{\mu_0}{\varepsilon_0}}\ln\frac{2h}{r}=60\ \ln\frac{2h}{r}=138\ \lg\frac{2h}{r}\quad(\Omega)\tag{3-30}$$

一般对于架空单导线而言,$z=500\ \Omega$ 左右,计及电晕影响时取 $400\ \Omega$ 左右。由于分裂导线和电缆的 $L_0$ 较小,$c_0$ 较大,故分裂架空导线和电缆的波阻抗都较小,电缆的波阻抗为十几欧姆至几十欧姆不等。

波阻抗 $z$ 表示了线路中同方向传播的电流波和电压波的数值关系,但不同极性的行波向不同的方向传播,需要规定一定的正方向。电压波的符号只取决于导线对地电容上相应电荷的符号,和运动方向无关。而电流波的符号不但与相应的电荷符号有关,而且与电荷运动方向有关,根据习惯规定,沿 $x$ 正方向运动的正电荷相应的电流波为正向。这样可以得出,在规定行波电流正方向的前提下,前行波 $u_q$ 与 $i_q$ 总是同号,而反行波 $u_f$ 与 $i_f$ 总是异号,与式(3-20)和式(3-21)所表示的相同。

必须指出,分布参数线路的波阻抗与集中参数电路的电阻虽然有相同的量纲,但物理意义有着本质上的区别:

(1)波阻抗表示向同一方向传播的电压波和电流波之间比值的大小;电磁波通过波阻抗为 $z$ 的无损线路时,其能量以电磁能的形式存储在周围介质中,而不像通过电阻那样被消耗掉。

(2)为了区别不同方向的行波,$z$ 的前面应有正负号。

(3)如果导线上既有前行波,又有反行波,两波相遇时,总电压与总电流的比值不等于波阻抗 $z$,即

$$\frac{u}{i}=\frac{u_q+u_f}{i_q+i_f}=z\,\frac{u_q+u_f}{u_q-u_f}\neq z$$

(4)波阻抗的数值 $z$ 只与导线单位长度的电感 $L_0$ 和电容 $c_0$ 有关,与线路长度无关。

### 3.1.3.3 波在传播过程中的能量关系

设有一前行电压波 $u_q$ 与电流波 $i_q$,在单位时间内,波传播的距离 $x=v\times1=v(\mathrm{m})$,这段导线的电感和电容分别为 $xL_0$ 和 $xc_0$,导线电感中流过的电流 $i_q$ 在导线周围建立起磁场,相应的磁场能量为 $\frac{1}{2}xL_0i_q^2$,又由于电流对导线电容充电,使导线获得电位 $u_q$,在导线周围建立起电场,其电场能量为 $\frac{1}{2}xc_0u_q^2$。用反行电压波 $u_f$ 与电流波 $i_f$ 会得到同样的结果。

所以,可以看出,同方向传播的电压波与电流波在导线周围空间获得的电场能和磁场能相等。因此,电压波和电流波沿导线传播的过程,就是电磁能的传播过程。

综上所述,可以得出以下几点:

(1)作用在无损单导线上的电压波和电流波可以分解为两个波,一个沿 $x$ 轴正方向运动,一个沿 $x$ 轴反方向运动。

(2)波的传播速度为 $v=\dfrac{1}{\sqrt{L_0c_0}}$,由线路单位长度上的参数决定。

(3)$\dfrac{u_q}{i_q}=z,\dfrac{u_f}{i_f}=-z$。

(4)两个异向传播的波相遇时可以算术叠加,即

$$u=u_q+u_f,i=i_q+i_f$$

以上(3)和(4)中的方程是反映无损单导线波过程基本规律的4个方程,从这4个方程出发,加上初始条件和边界条件,就可以计算出导线上的电压和电流。

# 3.2 行波的折射和反射

在电力系统中,我们常常遇到以下的情况:线路末端与另一不同波阻抗的线路相连,例如一架空线路与电缆相连接;线路末端接有集中参数阻抗(如电阻、电容、电感或它们的组合)等。在这些情况下,当线路上有行波传播且到达两个不同波阻抗线路的连接点或到达接有集中参数阻抗的结点时将会发生怎样的情况呢?这便是本节所要讨论的主要问题,下面我们以两条不同波阻抗线路相连接的情况为例来讨论。

## 3.2.1 行波的折射和反射规律

具有不同波阻抗的两条线路相连,连接点为 $A$。现将线路 $z_1$ 合闸于直流电源 $U_0$,合闸后沿线路 $z_1$ 有一与电源电压相同的前行电压波 $u_{1q}(u_{1q}=U_0)$,自电源向结点 $A$ 传播,到达结点 $A$ 遇到波阻抗为 $z_2$ 的线路,根据3.1节所述,在结点 $A$ 前后都必须保持单位长度导线的电场能与磁场能相等的规律。但是,由于线路 $z_1$ 和 $z_2$ 的单位长度电感与对地电容都不相同,当 $u_{1q}$ 到达 $A$ 点时必然发生电压、电流的变化,也就是说,在结点 $A$ 处要发生行波的折射和反射,反射电压波 $u_{1f}$ 自结点 $A$ 沿线路 $z_1$ 返回传播,折射电压波则自结点 $A$ 沿线路 $z_2$ 继续向前传播。显然,此折射电压波也就是线路 $z_2$ 上的前行电压波,以 $u_{2q}$ 表示。

我们假设折射电压波 $u_{2q}$ 尚未到达线路 $z_2$ 的末端,即线路 $z_2$ 上尚未出现反行电压波,简单地说,就是 $u_{2q}$ 虽然已到达线路 $z_2$ 的末端,线路 $z_2$ 上也已出现反行电压波,但此反行电压波尚未到达结点 $A$。于是,根据式(3-23)有

对于线路 $z_1$:

$$u_1=u_{1q}+u_{1f},i_1=i_{1q}+i_{1f}$$

$$u_{1q}=z_1i_{1q},u_{1f}=-z_1i_{1f}$$

对于线路 $z_2$,因 $z_2$ 的反行电压波 $u_{2f}=0$,故

$$u_2 = u_{2q}, i_2 = i_{2q}$$

$$u_{2q} = z_2 i_{2q}(\text{也即 } u_2 = z_2 i_2)$$

在结点处只能有一个电压和电流，故

$$u_1 = u_2, i_1 = i_2$$

于是得

$$u_{1q} + u_{1f} = u_{2q} \tag{3-31}$$

$$i_{1q} + i_{1f} = i_{2q} \tag{3-32}$$

式中，$i_{1q} = \frac{u_{1q}}{z_1}, i_{1f} = -\frac{u_{1f}}{z_1}, i_{2q} = \frac{u_{2q}}{z_2}$，代入式(3-32)得

$$\frac{u_{1q}}{z_1} - \frac{u_{1f}}{z_1} = \frac{u_{2q}}{z_2} \tag{3-33}$$

整理式(3-31)和式(3-33)，得

$$u_{2q} = \frac{2z_2}{z_1 + z_2} u_{1q} = \alpha_u u_{1q} \tag{3-34}$$

$$u_{1f} = \frac{z_2 - z_1}{z_1 + z_2} u_{1q} = \beta_u u_{1q} \tag{3-35}$$

由电压波与电流波的关系可得

$$i_{2q} = \frac{2z_1}{z_1 + z_2} i_{1q} = \alpha_i i_{1q} \tag{3-36}$$

$$i_{1f} = \frac{z_1 - z_2}{z_1 + z_2} i_{1q} = \beta_i i_{1q} \tag{3-37}$$

式(3-34)、式(3-35)、式(3-36)和式(3-37)分别表示在结点 $A$ 折射波、反射波和入射波间的关系。其中，$\alpha_u$、$\beta_u$ 和 $\alpha_i$、$\beta_i$ 分别称为电压波和电流波的折、反射系数，且

$$\left.\begin{aligned} \alpha_u &= \frac{2z_2}{z_1 + z_2} \\ \beta_u &= \frac{z_2 - z_1}{z_2 + z_1} \\ \alpha_i &= \frac{2z_1}{z_1 + z_2} \\ \beta_i &= \frac{z_1 - z_2}{z_1 + z_2} \end{aligned}\right\} \tag{3-38}$$

折射系数的值永远为正值，这说明折射电压波 $u_{2q}$ 总和入射电压波 $u_{1q}$ 同极性，当 $z_2 = 0$ 时，$\alpha_u = 0$；当 $z_2 \to \infty$ 时，$\alpha_u \to 2$，因此 $0 \leqslant \alpha_u \leqslant 2$。反射系数的值可正可负，当 $z_2 = 0$ 时，$\beta_u = -1$，当 $z_2 \to \infty$ 时，$\beta_u \to 1$，因此 $-1 \leqslant \beta_u \leqslant 1$。同理可知，$0 \leqslant \alpha_i \leqslant 2$；$-1 \leqslant \beta_i \leqslant 1$。折射系数 $\alpha$ 与反射系数 $\beta$ 之间满足以下关系：

$$\alpha = 1 + \beta \tag{3-39}$$

需要指出，以上波的折反射规律虽然是根据两段不同波阻抗的线路推导出来的，但是也适用于线路末端接有不同负载的情况。

### 3.2.2 几种特殊情况的讨论

#### 3.2.2.1 线路末端开路($z_2 \to \infty$)

沿线路 $z_1$ 有一无限长直角波 $u_{1q}$ 向前传播,如图 3-3 所示。线路 $z_1$ 末端开路,相当于末端接有一条 $z_2 \to \infty$ 的线路,因此可根据式(3-38)得到

$$u_{1f} = u_{1q}, u_{2q} = u_2 = 2u_{1q}$$

$$i_{1f} = -i_{1q}, i_{2q} = i_2 = 0$$

即

$$\alpha_u = 2, \beta_u = 1$$

$$\alpha_i = 0, \beta_i = -1$$

这表明,当 $u_{1q}$ 达到末端时将发生折、反射,反射电压波等于入射电压波,折射电压波即末端电压将上升一倍,末端电流为零,反射电压波将自末端返回传播,所到之处将使电压上升一倍,电流将为零值。反射电压波到达处的全部磁场能量将转变为电场能量,从而使电压上升一倍。

#### 3.2.2.2 线路末端短路接地($z_2 = 0$)

假设线路 $z_1$ 末端接地,如图 3-4 所示,线路 $z_1$ 末端短路相当于在末端接有一条 $z_2 = 0$ 的线路,根据式(3-38)可得到

$$u_{1f} = -u_{1q}, u_{2q} = u_2 = 0$$

$$i_{1f} = i_{1q}, i_2 = 2i_{1q}$$

即

$$\alpha_u = 0, \beta_u = -1$$

$$\alpha_i = 2, \beta_i = 1$$

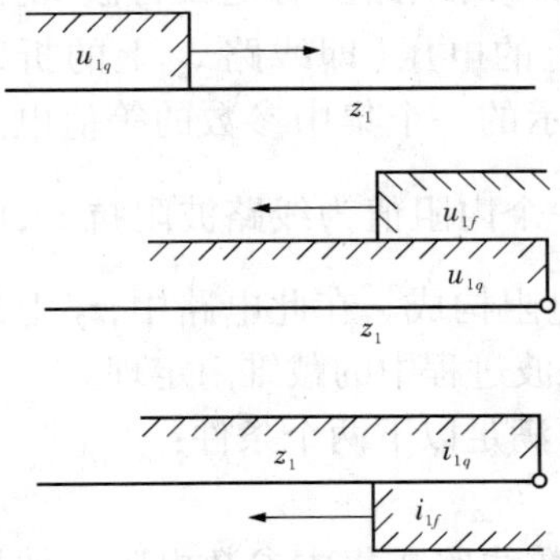

图 3-3 线路末端断开时的折、反射

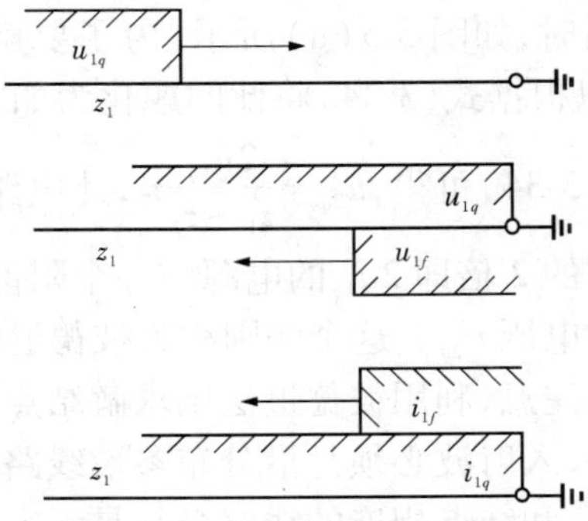

图 3-4 线路末端短路时的折、反射

这表明,当 $u_{1q}$ 达到末端时将发生折、反射,反射电压波与入射电压波数值相等,符号相反,末端电压降为零,而电流将上升一倍,反射电流波将自末端返回传播,所到之处将使电流上升一倍,电压将为零值。反射电流波到达处的全部电场能量将转变为磁场能量,从而使电流上升一倍。

#### 3.2.2.3 线路末端接有集中参数负载阻抗

如图 3-5(a)所示,$u_{1q}$ 到达电阻 $R$ 处发生折、反射,折射电压等于电阻 $R$ 上的电压,此

时电压的折、反射系数分别为

$$\alpha_u = \frac{2R}{z_1 + R}$$

$$\beta_u = \frac{R - z_1}{z_1 + R}$$

电阻 $R$ 上的电压 $u_R$ 为

$$u_R = \alpha_u u_{1q} = \frac{R}{z_1 + R} 2u_{1q} \tag{3-40}$$

式(3-40)的等值电路如图 3-5(b)所示。

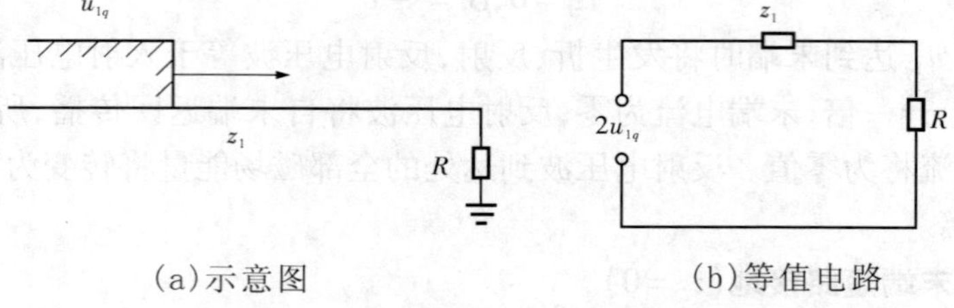


**图 3-5　线路末端接有电阻 $R$**

如果末端电阻 $R$ 等于线路波阻抗 $z_1$，则 $\alpha_u = 1$，$\beta_u = 0$，即 $u_{1q}$ 到达 $R$ 处，将不发生折、反射。

### 3.2.3　彼德逊等效电路

在两条不同波阻抗线路相连的情况下，波阻抗为 $z_1$ 的线路上有电压行波 $u_{1q}$ 向连接点 $A$ 传播时，如图 3-5(a)所示，为了要解决结点 $A$ 上的电压(即线路 $z_2$ 上的折射电压 $u_{2q}$)，可以根据式(3-34)将此问题化为如图 3-5(b)所示的一个集中参数的等值电路来求解，按式(3-34)可得，$u_{2q} = \frac{2u_{1q}}{z_1 + z_2} z_2$，此电路可看成由一个内阻值为线路波阻抗 $z_1$，电动势为入射波的 2 倍即 $2u_{1q}$ 的电源与一个阻值等于 $z_2$ 的电阻构成。在此电路中，$z_2$ 上的电压即为折射电压 $u_{2q}$。这个法则称为彼德逊法则，也就是波过程中的戴维南定理。

必须注意，利用彼德逊法则求解结点电压时，需要满足以下两个条件：

第一，入射波必须是沿分布参数线路传来的。

第二，和结点相连的线路必须是无穷长的分布参数线路或集中参数电阻。如果是有限长线路的波阻抗，只适用于它们在线路末端的反射波未返回结点的时间内。

**【例 3-1】**　某变电所母线上接有 $n$ 条线路，其中某一条线路落雷，电压幅值为 $U_0$、波头陡度为 $a$ 的雷电波沿该线路侵入变电所，如图 3-6(a)所示，求母线和其他线路上的电压。

**解**：在非落雷线路上线路末端的反射波未达到之前，图 3-6(a)所示电路的等效电路如图 3-6(b)所示。

(1)在波前(波头)时间内 $t < \tau_t$，$\tau_t = \frac{U_0}{a}$，$U = at$，则

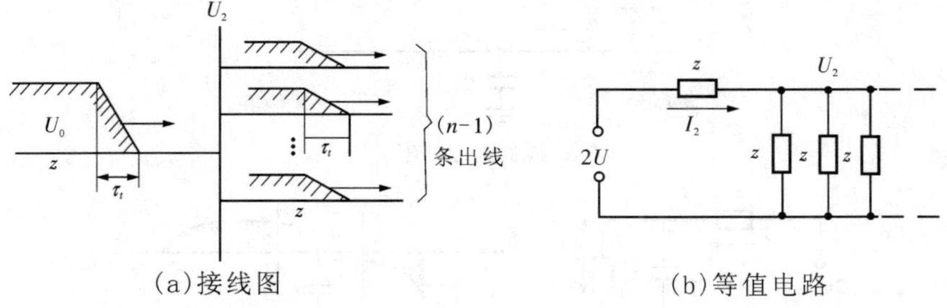


(a)接线图　　　　　　　　　　(b)等值电路

**图 3-6　例 3-1 图**

$$i_2=\frac{2at}{z+\frac{z}{n-1}}$$

$$U_2=i_2\frac{z}{n-1}=\frac{2at}{n}$$

(2)在波前时间之后,$t\geqslant\tau_t$,$U=U_0$。

$$i_2=\frac{2U_0}{z+\frac{z}{n-1}}$$

$$U_2=i_2\frac{z}{n-1}=\frac{2U_0}{n}$$

从以上分析可知,连在母线上的线路愈多,则母线上的电压即陡度就愈低。

## 3.3　行波通过并联电容和串联电感

在电力系统中常常会遇到线路和电容、电感各种方式的连接。在线路上并联电容和串联电感是最常见的方式,电容和电感的存在将使线路上的行波及其幅值发生变化,下面分析其影响。

### 3.3.1　无限长直角波通过并联电容

图 3-7(a)所示为一无限长直角波 $u_{1q}$ 投射到并联电容 $C$ 的线路上,若 $z_2$ 中的反行波尚未到达两线连接点,根据彼德逊法则可得图 3-7(b)所示的集中参数等效电路,由此可得

$$2u_{1q}=i_1z_1+i_{2q}z_2$$

$$i_1=i_{2q}+C\frac{\mathrm{d}u_{2q}}{\mathrm{d}t}=i_{2q}+Cz_2\frac{\mathrm{d}i_{2q}}{\mathrm{d}t}\tag{3-41}$$

从式(3-41)可解得

$$i_{2q}=\frac{2u_{1q}}{z_1+z_2}(1-\mathrm{e}^{-\frac{t}{T}})\tag{3-42}$$

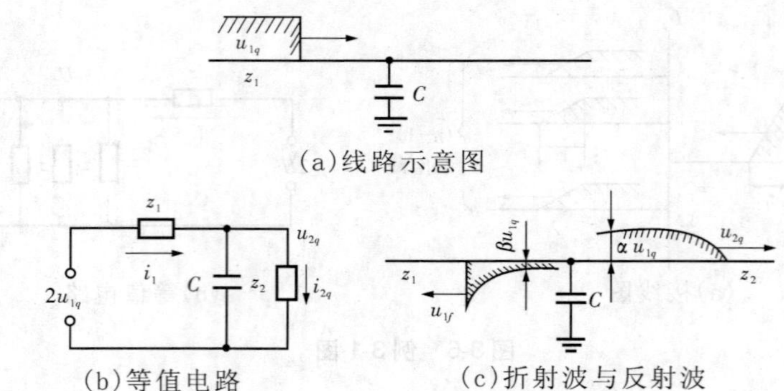


**图 3-7 行波通过并联电容**

$$u_{2q}=i_{2q}z_2=\frac{2z_2}{z_1+z_2}u_{1q}(1-e^{-\frac{t}{T}})=\alpha u_{1q}(1-e^{-\frac{t}{T}}) \tag{3-43}$$

式(3-42)中 $T=\frac{z_1z_2}{z_1+z_2}C$,为该电路的时间常数。式(3-43)中 $\alpha=\frac{2z_2}{z_1+z_2}$为电压折射系数。

因
$$u_1=u_{1q}+u_{1f}=u_{2q}$$

故
$$u_{1f}=u_{2q}-u_{1q}=\frac{z_2-z_1}{z_1+z_2}u_{1q}-\frac{2z_2}{z_1+z_2}u_{1q}e^{-\frac{t}{T}} \tag{3-44}$$

式(3-44)表明,当 $t=0$ 时,$u_{1f}=-u_{1q}$,这是由于电容上的电压不能突变,初始瞬间全部电场能量转变为磁场能量,相当于断路的缘故,随后则根据时间常数按照指数规律变化,如图 3-7(c)所示。当 $t\to\infty$ 时,$u_{1f}\to\beta u_{1q}$($\beta=\frac{z_2-z_1}{z_1+z_2}$)。

在线路 $z_2$ 中的折射电压 $u_{2q}$随时间按照指数规律增长。如图 3-7(c)所示,当 $t=0$ 时,$u_{2q}=0$,当 $t\to\infty$ 时,$u_{2q}\to\alpha u_{1q}$。这表明并联电容可以使入侵波的波头变平缓。

从式(3-43)可得 $u_{2q}$的波头陡度为

$$\frac{du_{2q}}{dt}=\frac{2}{z_1C}u_{1q}e^{-\frac{t}{T}} \tag{3-45}$$

当 $t=0$ 时,波头陡度最大

$$\left.\frac{du_{2q}}{dt}\right|_{\max}=\left.\frac{du_{2q}}{dt}\right|_{t=0}=\frac{2u_{1q}}{z_1C} \tag{3-46}$$

这表明,最大波头陡度取决于电容 $C$ 和 $z_1$,而与 $z_2$ 无关。

## 3.3.2 无限长直角波通过串联电感

图 3-8(a)所示一无限长直角波 $u_{1q}$ 投射到具有串联电感 $L$ 的线路上,$L$ 前后两线路的波阻抗分别为 $z_1$ 和 $z_2$,当 $z_2$ 中的反行波尚未到达两线连接点时,根据彼德逊法则可得图 3-8(b)所示的集中参数等效电路,由此可得

$$2u_{1q}=i_{2q}(z_1+z_2)+L\frac{di_{2q}}{dt} \tag{3-47}$$

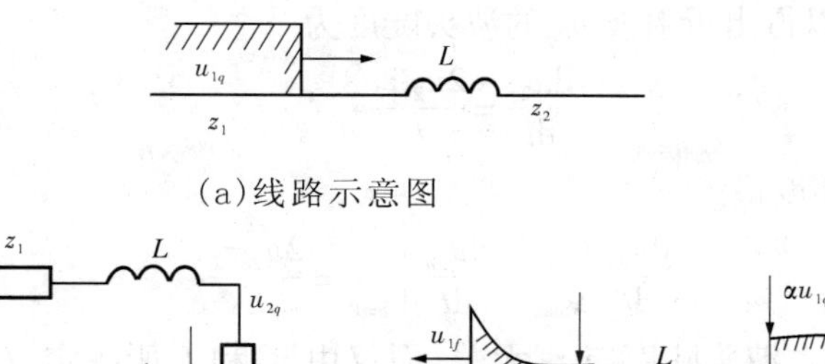

(a)线路示意图

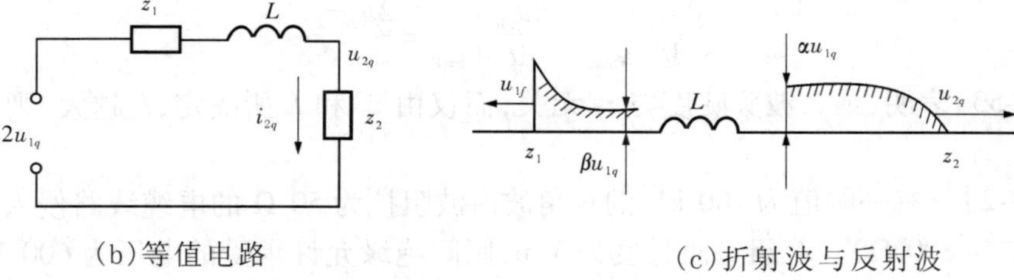

(b)等值电路　　　　(c)折射波与反射波

**图 3-8　行波通过串联电感**

式中 $i_{2q}$ 为线路 $z_2$ 中的前行电流波，解之得：

$$i_{2q}=\frac{2u_{1q}}{z_1+z_2}(1-e^{-\frac{t}{T}}) \tag{3-48}$$

沿线路 $z_2$ 传播的折射电压波 $u_{2q}$ 为

$$u_{2q}=i_{2q}z_2=\frac{2z_2}{z_1+z_2}u_{1q}(1-e^{-\frac{t}{T}})=\alpha u_{1q}(1-e^{-\frac{t}{T}}) \tag{3-49}$$

式中　$T$——该电路的时间常数，$T=\frac{L}{z_1+z_2}$；

$\alpha$——电压折射系数，$\alpha=\frac{2z_2}{z_1+z_2}$。

从式(3-49)可知，$u_{2q}$ 由强制分量 $\alpha u_{1q}$ 和自由分量 $-\alpha u_{1q}e^{-\frac{t}{T}}$ 所组成，自由分量的衰减速度由电路时间常数 $T$ 所决定。

因线路 $z_1$ 和 $z_2$ 串联，故 $z_1$ 中的电流 $i_1$ 与 $z_2$ 中的电流 $i_2$ 相等，即

$$i_1=\frac{u_{1q}}{z_1}-\frac{u_{1f}}{z_1}=i_2=\frac{u_{2q}}{z_2} \tag{3-50}$$

式中 $u_{1f}$ 为 $z_1$ 中的反射电压波，可解得：

$$u_{1f}=\frac{z_2-z_1}{z_1+z_2}u_{1q}+\frac{2z_1}{z_1+z_2}u_{1q}e^{-\frac{t}{T}} \tag{3-51}$$

从式(3-51)可知，当 $t=0$ 时，$u_{1f}=u_{1q}$，这是由于电感中的电流不能突变，初始瞬间电感相当于开路的缘故，全部磁场能量转变为电场能量，使电压升高一倍，随后根据时间常数按照指数规律变化，如图 3-8(c)所示。当 $t\to\infty$ 时，$u_{1f}\to\beta u_{1q}$($\beta=\frac{z_2-z_1}{z_1+z_2}$)。

在线路 $z_2$ 中的折射电压 $u_{2q}$ 随时间按照指数规律增长。如图 3-8(c)所示，当 $t=0$ 时，$u_{2q}=0$，当 $t\to\infty$ 时，$u_{2q}\to\alpha u_{1q}$。这表明无限长直角波通过串联电感后改变为一指数波头的行波，串联电感起了降低来波上升速率的作用。在以后我们将会看到，降低行波的上升速率(即波头陡度)对电力系统的防雷保护具有重要的意义。

从式(3-51)中可以得出折射波 $u_{2q}$ 的波头陡度为

$$\frac{\mathrm{d}u_{2q}}{\mathrm{d}t}=\frac{2u_{2q}z_2}{L}\mathrm{e}^{-\frac{t}{T}} \tag{3-52}$$

当 $t=0$ 时,波头陡度最大

$$\left.\frac{\mathrm{d}u_{2q}}{\mathrm{d}t}\right|_{\max}=\left.\frac{\mathrm{d}u_{2q}}{\mathrm{d}t}\right|_{t=0}=\frac{2u_{2q}z_2}{L} \tag{3-53}$$

式(3-53)表明,最大波头陡度与 $z_1$ 无关,而仅由 $z_2$ 和 $L$ 所决定,$L$ 越大,则波头陡度降低越多。

**【例 3-2】** 有一幅值为 100 kV 的直角波沿波阻抗为 50 Ω 的电缆线路侵入发电机绕组(波阻抗为 800 Ω)。绕组每匝长度为 3 m,匝间绝缘允许承受的电压为 600 V,绕组中波的传播速度为 $6\times10^7$ m/s,求用电容器来保护匝间绝缘时所需的电容值。

**解**:根据匝件允许承受的电压及匝长可计算发电机允许承受的入侵波最大陡度为

$$\left.\frac{\mathrm{d}u_2}{\mathrm{d}x}\right|_{\max}=\frac{600}{3}=200(\mathrm{V/m})$$

但是,这是空间波的陡度,如果为了应用前面讲过的计算公式,还必须把它变成时间波的陡度。

$$\left.\frac{\mathrm{d}u_2}{\mathrm{d}t}\right|_{\max}=\left.\frac{\mathrm{d}u_2}{\mathrm{d}x}\right|_{\max}\frac{\mathrm{d}x}{\mathrm{d}t}=200\times6\times10^7=12\times10^9(\mathrm{V/s})$$

根据式(3-46),保护匝间绝缘所需的电容值为

$$C=\frac{2u_{1q}}{z_1\left.\frac{\mathrm{d}u_2}{\mathrm{d}t}\right|_{\max}}=\frac{2\times10^5}{50\times12\times10^9}=0.33\times10^{-6}(\mathrm{F})=0.33\ \mu\mathrm{F}$$

若用串联电感来保护,则根据式(3-53),所需的电感值为

$$L=\frac{2z_2u_{1q}}{\left.\frac{\mathrm{d}u_2}{\mathrm{d}t}\right|_{\max}}=\frac{2\times800\times10^5}{12\times10^9}=13.3\times10^{-3}(\mathrm{H})=13.3\ \mathrm{mH}$$

显然 0.33 μF 的电容器比 13.3 mH 的电感线圈造价低得多。

## 3.4 行波的多次折射和反射

前面我们讨论了行波在阻抗发生变化的结点上发生折射和反射的情况。在电网中,常常会遇到行波在线路两个结点间来回多次折、反射的情况,例如直配电机往往通过电缆段然后接到架空线路上,当雷电波入侵时,行波将在电缆段两结点间发生多次折、反射。

下面以两条无限长线路之间接入一段有限长线路为例,来讨论用网格法研究行波的多次折、反射问题,如图 3-9 所示。

所谓网格法,就是用各结点的折、反射系数算出结点的各次折、反射波,按时间的先后次序表示在网格图上,然后用叠加的方法求出各结点在不同时刻的电压值。

假设行波通过结点 1,从 $z_1$ 线路到 $z_l$ 线路的折射系数为 $\alpha_1$,通过结点 2,从 $z_l$ 线路到 $z_2$ 线路的折射系数为 $\alpha_2$,行波从 $z_l$ 线路入射到结点 1 的反射系数为 $\beta_1$,行波从 $z_l$ 线路入射

到结点 2 的反射系数为 $\beta_2$。根据相邻线路的波阻抗，上述折反射系数为

$$\alpha_1=\frac{2z_l}{z_1+z_l},\alpha_2=\frac{2z_2}{z_l+z_2}$$

$$\beta_1=\frac{z_1-z_l}{z_1+z_l},\beta_2=\frac{z_2-z_l}{z_2+z_l}$$

入侵波 $U_0$ 沿线路 $z_1$ 传播到达结点 1，在结点 1 上发生折、反射，折射波 $\alpha_1 U_0$ 沿线路 $z_l$ 继续向结点 2 传播。

由结点 1 向结点 2 传播的前行波在 $t=\frac{l_0}{v}$ 时到达结点 2（以行波到达结点 1 时刻为计时起点 $t=0$，行波在中间线路上的传播速度为 $v$），在结点 2 又发生波的折、反射，折、反射的前行波和反行波各为 $\alpha_1\alpha_2 U_0$ 和 $\alpha_1\beta_2 U_0$。

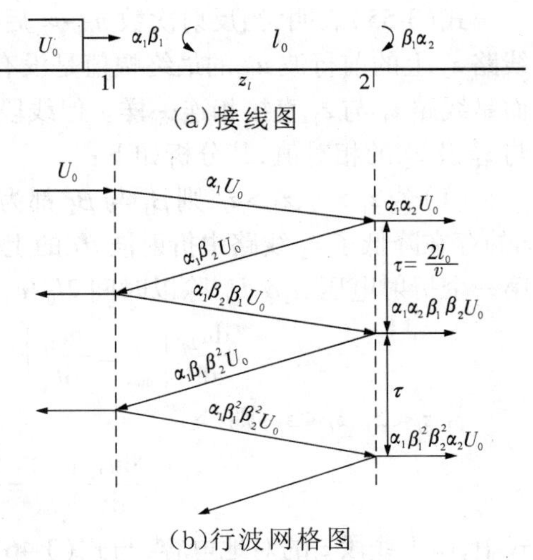

图 3-9 行波的多次折射和反射

反射波 $\alpha_1\beta_2 U_0$ 由结点 2 向结点 1 传播，在 $t=\frac{2l_0}{v}$ 时到达结点 1，形成新的反射波 $\alpha_1\beta_2\beta_1 U_0$ 和折射波（向线路 $z_1$ 传播），反射波则由结点 1 向结点 2 传播。

当反射波 $\alpha_1\beta_2\beta_1 U_0$ 到达结点 2 后，将在结点 2 再次发生折射和反射，形成 $\alpha_1\beta_2\beta_1\alpha_2 U_0$ 的前行波和 $\alpha_1\beta_1\beta_2^2 U_0$ 的反射波，如此等等。

根据网格图可以容易地写出结点 2 在不同时刻的前行波 $u_{2q}$ 如下：

当 $0\leqslant t<\frac{l_0}{v}$ 时，$u_{2q}=0$

当 $\frac{l_0}{v}\leqslant t<\frac{3l_0}{v}$ 时，$u_{2q}=\alpha_1\alpha_2 U_0$（第一次折、反射后）

当 $\frac{3l_0}{v}\leqslant t<\frac{5l_0}{v}$ 时，$u_{2q}=\alpha_1\alpha_2(1+\beta_1\beta_2)U_0$（第二次折、反射后）

当 $\frac{5l_0}{v}\leqslant t<\frac{7l_0}{v}$ 时，$u_{2q}=\alpha_1\alpha_2[1+\beta_1\beta_2+(\beta_1\beta_2)^2]U_0$（第三次折、反射后）

…

而当 $\frac{(2n-1)l_0}{v}\leqslant t<\frac{(2n+1)l_0}{v}$ 时，即 $n$ 次折、反射后，结点 2 上的前行波将为

$$u_{2q}=\alpha_1\alpha_2 U_0[1+\beta_1\beta_2+(\beta_1\beta_2)^2+\cdots+(\beta_1\beta_2)^{n-1}]=\alpha_1\alpha_2 U_0\frac{1-(\beta_1\beta_2)^n}{1-\beta_1\beta_2} \tag{3-54}$$

由式(3-54)可知，经过 $n$ 次反射且 $n\to\infty$ 时，$u_{2q}$ 的幅值 $U_{2q}\Big|_{n\to\infty}$ 为

$$U_{2q}\Big|_{n\to\infty}=\alpha_1\alpha_2 U_0\frac{1}{1-\beta_1\beta_2}=\frac{2z_2}{z_1+z_2}U_0=\alpha U_0 \tag{3-55}$$

式(3-55)表明，当反射次数 $n\to\infty$ 后，线路 $z_l$ 已经不再起作用了，也就是说，线路 $z_l$ 对线路 $z_2$ 上的前行波 $u_{2q}$ 的最终幅值是没有影响的，从 $u_{2q}$ 的最终幅值来看，犹如无线段 $z_l$，而是线路 $z_1$ 与 $z_2$ 直接相连一样。但线段 $z_l$ 的存在将对 $u_{2q}$ 的波形有影响，其影响取决于 $z_l$ 与 $z_1$ 及 $z_2$ 的相对值，其分析如下：

(1)若 $z_1>z_l, z_2>z_l$，则 $\beta_1$ 与 $\beta_2$ 都为正值，$u_{2q}$ 的波形如图 3-10 所示。由图可知，线段 $z_l$ 的存在降低了 $z_2$ 线路中折射波 $u_{2q}$ 的上升速率，可以近似认为，$u_{2q}$ 的最大波头陡度等于第一个折射电压 $\alpha_1\alpha_2U_0$ 除以时间 $2l_0/v$，如下式：

$$\left.\frac{\mathrm{d}u_{2q}}{\mathrm{d}t}\right|_{\max}=\left.\frac{\mathrm{d}u_{2q}}{\mathrm{d}t}\right|_{t=0}=U_0\frac{2z_l}{z_1+z_l}\cdot\frac{2z_2}{z_l+z_2}\cdot\frac{v}{2l_0}$$

若 $z_l\ll z_1, z_l\ll z_2$，则

$$\left.\frac{\mathrm{d}u_{2q}}{\mathrm{d}t}\right|_{\max}=\frac{2U_0}{z_1}\cdot z_l\cdot\frac{v}{l_0}=\frac{2U_0}{z_1C_l} \tag{3-56}$$

式中，$C_l$ 为线段 $z_l$ 的对地电容，与式(3-46)相对照，可以把中间线路的作用近似为一并联电容。

(2)若 $z_1<z_l, z_2<z_l$，此时 $\beta_1$ 与 $\beta_2$ 都为负值，$u_{2q}$ 的波形与图 3-10 相同。

若 $z_l\gg z_1, z_l\gg z_2$，则

$$\left.\frac{\mathrm{d}u_{2q}}{\mathrm{d}t}\right|_{\max}=\left.\frac{\mathrm{d}u_{2q}}{\mathrm{d}t}\right|_{t=0}=\frac{2U_0z_2}{z_l}\cdot\frac{v}{l_0}=\frac{2U_0z_2}{L_l} \tag{3-57}$$

式中，$L_l$ 为线段 $z_l$ 的电感值，与式(3-53)相对照，可以把中间线路的作用近似为一串联电感。

(3)若 $z_1>z_l>z_2$ 或 $z_1<z_l<z_2$，此时 $\beta_1$ 与 $\beta_2$ 符号相反，$u_{2q}$ 的波形如图 3-11 所示，为一振荡波，但其最终幅值仍为 $\frac{2z_2}{z_1+z_2}U_0$，振荡周期为 $\frac{4l_0}{v}$。

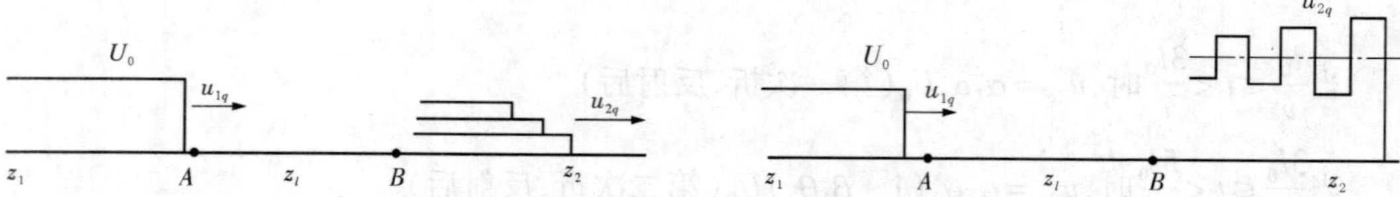


**图 3-10　中间线路 $z_l$ 对 $z_2$ 上折射波的影响**

($z_1>z_l<z_2$ 或 $z_1<z_l>z_2$ 时的折射波)

**图 3-11　中间线路 $z_l$ 对 $z_2$ 上折射波的影响**

($z_1>z_l>z_2$ 或 $z_1<z_l<z_2$ 时的折射波)

综上所述，当中间线路的波阻抗处于两侧线路波阻抗值之间时，中间线路的存在将使前行波发生振荡，产生过电压。增大中间线路波阻抗使之大于两侧线路的波阻抗，或者减小中间线路的波阻抗使之小于两侧线路的波阻抗，均可消除前行波的振荡，削减前行波的平均陡度。

应当指出，虽然减小 $z_l$ 和增大 $z_l$ 都可起到削减前行波(平均)陡度的作用，但是它们的机理是不用的。减小 $z_l$ 时，由线路 $z_l$ 传来的电压行波将在结点 1 发生负反射，限制了由结点 1 进入中间线路的电压波，使由结点 2 传出的前行波电压得到降低，从而前行电压波的平均陡度也减小了。同时结点 1 和整个中间线路的电压都是不高的，和前述并联电容的

情况类似。如果增大 $z_l$，则进入中间线路的前行波电压将增大，但这一前行电压波到结点 2 时将发生负反射，所以由结点 2 向前的折射电压波也降低。在这种情况下，结点 1 和整个中间线路都具有较高的电压，和前述波通过串联电感的情况类似。

## 3.5 变压器绕组中的波过程

电力变压器经常受到雷电或其他暂时过电压的作用。这时，在绕组内部将出现很复杂的电磁振荡过程，使绕组各点对地绝缘和绕组各点之间的绝缘（如匝间、层间或线盘间）上出现很高的过电压。实际上，鉴于绕组结构的复杂性和由于铁芯的存在而引起的绕组参数的非线性性质，为了求取在不同波形的冲击电压作用下，绕组各点对地电压及各点间电位差（即电位梯度）随时间而变化的分布规律，多借助于能产生低压重复冲击波并能显示各点电压波形的瞬变分析仪，在变压器实体模型上进行试验分析，或者选取较为复杂的等效电路模型用计算机求解。尽管如此，通过简化的网络模型进行研究，从而找出变压器绕组中波过程的基本规律，还是很必要的。

### 3.5.1 变压器绕组的等效电路

单绕组变压器的波过程比较简单，物理概念清楚，具有变压器绕组波过程的典型特征，可以作为定性分析各种实际变压器波过程的基础。所以，暂时略去二次绕组的影响，来研究变压器绕组中的波过程。

当冲击波侵入变压器绕组时，一部分电流经绕组导线流过；一部分经过绕组的匝间、线盘间电容；一部分流过绕组各点对地电容。因此，绕组各部分导线中的电流分布不同。绕组各部分之间有互感，导磁率变化也很大（含铁芯饱和），所以变压器绕组中的电磁联系非常复杂。为了简化计算，找到波在绕组中的基本规律，作如下假设：

（1）绕组没有损耗。忽略电阻对电流分布的影响。

（2）各部分之间互感为零。

（3）绕组的电感、纵向电容（匝间电容）和绕组对地电容是均匀分布的。

由以上假设可以得到变压器绕组的等效电路，如图 3-12 所示。

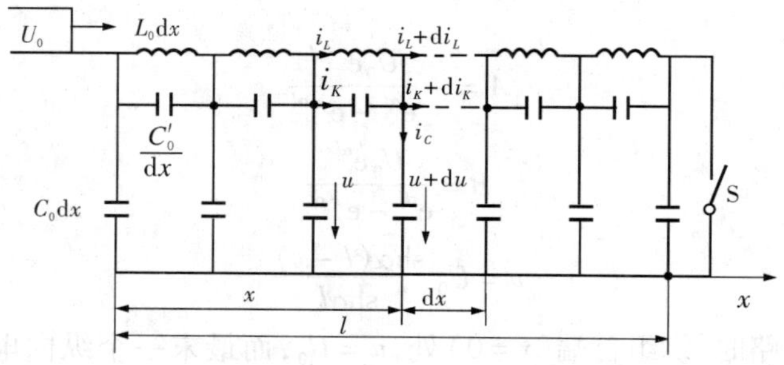


图 3-12 变压器绕组的等效电路

图中，$L_0$ 为绕组单位长度的电感；$C_0'$ 为绕组单位长度的纵向电容；$C_0$ 为绕组单位长度的对地电容；$l$ 为绕组的长度，S 为绕组末端的状态开关。

### 3.5.2　长直角波作用下绕组初始电压分布

仍以长直角波作用为例。由图 3-12 可知，在 $U_0$ 加上的瞬间，由于电感中电流不能突变，$L_0\mathrm{d}x$ 可以看成开路，电流通过匝间和对地电容，绕组中的初始电压将按照图 3-13 电路中的电容分布。

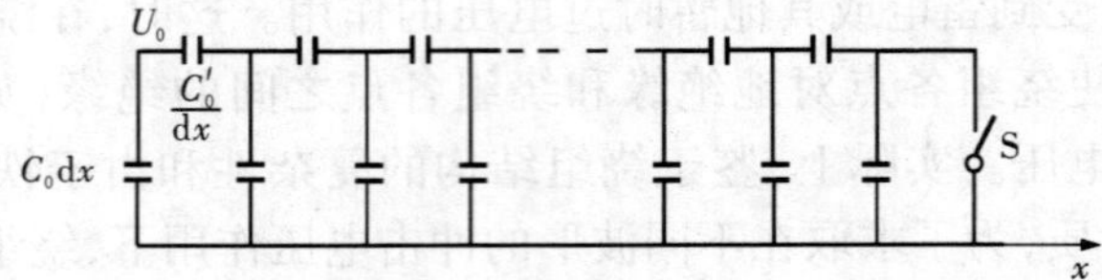


图 3-13　$t=0$ 瞬间绕组的等效电路

设距离首端为 $x$ 点上的电荷和电压分别为 $Q$ 和 $u$，则在纵向电容 $C_0'/\mathrm{d}x$ 上的电荷为

$$Q=\left(\frac{C_0'}{\mathrm{d}x}\right)(-\mathrm{d}u) \tag{3-58}$$

而在对地电容 $C_0\mathrm{d}x$ 上的电荷就等于 $Q$ 电荷在 $x$ 方向增量的负数，即

$$-\mathrm{d}Q=(C_0\mathrm{d}x)u \tag{3-59}$$

对式(3-58)微分后代入式(3-59)得

$$\frac{\mathrm{d}^2u}{\mathrm{d}x^2}-\frac{C_0}{C_0'}u=0 \tag{3-60}$$

由二阶常系数线性微分方程的通解形式，式(3-60)的解的形式可写成

$$u=A\mathrm{e}^{\alpha x}+B\mathrm{e}^{-\alpha x} \tag{3-61}$$

其中

$$\alpha=\sqrt{\frac{C_0}{C_0'}}$$

$A$、$B$ 是由边界条件决定的待定系数，下面根据不同的情况讨论绕组中电压的初始分布。

在绕组首端($x=0$)处，$u=U_0$；当绕组末端接地时，在绕组末端($x=l$)处，$u=0$，由此可得

$$A=-\frac{U_0\mathrm{e}^{-\alpha l}}{\mathrm{e}^{\alpha l}-\mathrm{e}^{-\alpha l}}$$

$$B=\frac{U_0\mathrm{e}^{\alpha l}}{\mathrm{e}^{\alpha l}-\mathrm{e}^{-\alpha l}}$$

于是

$$u=U_0\frac{\mathrm{sh}\alpha(l-x)}{\mathrm{sh}\alpha l} \tag{3-62}$$

当绕组末端开路时，绕组首端($x=0$)处，$u=U_0$，而最末一个纵向电容 $C_0'/\mathrm{d}x$ 的极板上的电荷必定为零，即 $Q\Big|_{x=l}=0$，由式(3-58)可得 $\frac{\mathrm{d}u}{\mathrm{d}x}\Big|_{x=l}=0$，由此即可求出

$$u=U_0\frac{\mathrm{ch}\alpha(l-x)}{\mathrm{ch}\alpha l} \tag{3-63}$$

式(3-62)和式(3-63)分别为绕组末端接地和开路时,在长直角波 $U_0$ 的作用下,绕组各点电压的初态分布。式中 $\alpha l=\sqrt{\frac{C_0 l}{C_0'/l}}=\sqrt{\frac{C}{C'}}$,$C$ 和 $C'$分别为绕组的总对地电容及总纵向电容,可见 $\alpha l$ 是与绕组有关的特性参数。对于未采取特殊措施的连续式绕组,$\alpha l$ 的值为 5 ~ 15,由于当 $\alpha l>5$ 时,$\mathrm{sh}\alpha l\approx\mathrm{ch}\alpha l=\frac{1}{2}e^{\alpha l}$;而且当$\frac{x}{l}<0.8$ 时,$\mathrm{sh}\alpha(l-x)$ 与 $\mathrm{ch}\alpha(l-x)$ 也很接近,可以认为 $\mathrm{sh}\alpha(l-x)\approx\mathrm{ch}\alpha(l-x)=\frac{1}{2}e^{\alpha(l-x)}$。由此可见,不管绕组末端接地与否,绕组的大部分($\frac{x}{l}<0.8$)初始电压分布都可近似地用下式表示:

$$u=U_0 e^{-\alpha x} \tag{3-64}$$

式(3-64)说明,对于普通的连续绕组来说,不论其末端接地或开路,其初始电压分布可以近似看成相同的;绕组中的初始电压是很不均匀的,其程度与 $\alpha l$ 值有关,$\alpha l$ 愈大,分布愈不均匀;愈靠近首端($x$ 愈小时)电位梯度愈大。初始电压分布如图 3-14 中曲线 1 所示。根据式(3-64)可得

$$\frac{\mathrm{d}u}{\mathrm{d}x}=-\alpha U_0 e^{-\alpha x}$$

$$\left.\frac{\mathrm{d}u}{\mathrm{d}x}\right|_{\max}=\left.\frac{\mathrm{d}u}{\mathrm{d}x}\right|_{x=0}=-\alpha U_0=-\left(\frac{U_0}{l}\right)(\alpha l) \tag{3-65}$$

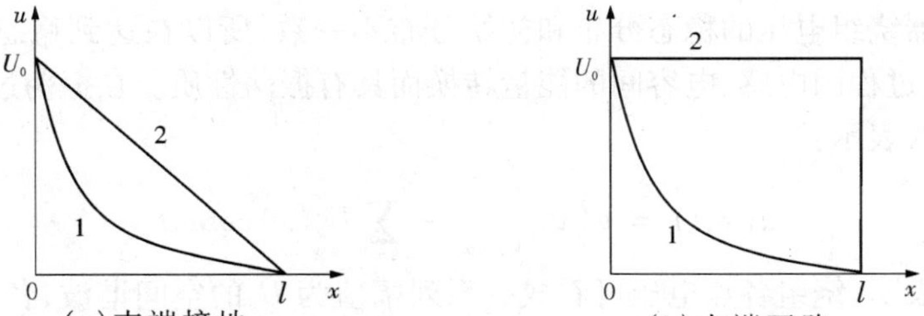

(a)末端接地


(b)末端开路

**图 3-14 绕组中的电压分布**

式中,$U_0/l$ 为绕组的平均电位梯度。式(3-65)表明,在 $t=0$ 瞬间,绕组首端的电位梯度最大,其值为绕组的平均电位梯度($U_0/l$)的 $\alpha l$ 倍,因此对绕组首端的绝缘应采取一定的保护措施。

绕组首端电荷与作用电压之比称为变压器的入口电容 $C_T$,可以用下式表示:

$$C_T=\frac{Q|_{x=0}}{U_0}=\frac{1}{U_0}C_0'\left.\frac{\mathrm{d}u}{\mathrm{d}x}\right|_{x=0}=\frac{1}{U_0}C_0'U_0\alpha=C_0'\alpha$$

$$=C_0'\sqrt{\frac{C_0}{C_0'}}=\sqrt{C_0C_0'}=\sqrt{C_0 l\frac{C_0'}{l}}=\sqrt{CC'} \tag{3-66}$$

电容 $C_T$也就是图 3-13 中电容链的等效电容。在雷电冲击波作用下分析变电所的防雷保护时,若电压作用时间在不超过几个微秒的情况下,由于变压器绕组电感中的电流还来不及增加,因此变压器对变电所中波过程的影响可以用它的入口电容 $C_T$来代替。$C_T$值

随电压等级和容量的不同而变化,对于连续式绕组,如缺乏确切数据,则高压绕组的入口电容 $C_T$可参考表 3-1。对纠结式绕组,其入口电容要比表 3-1 中所列数据大很多。此外,还应注意同一台变压器不同电压等级的绕组,其入口电容也是不同的。

**表 3-1 变压器高压绕组的入口电容**

| 高压绕组的额定电压(kV) | 35 | 110 | 220 | 330 |
|---|---|---|---|---|
| 高压绕组的入口电容(pF) | 500 ~ 1 000 | 1 000 ~ 2 000 | 1 500 ~ 3 000 | 2 000 ~ 5 000 |

## 3.5.3 稳态电压分布和振荡过程

### 3.5.3.1 稳态电压分布

在直流电压 $U_0$ 作用下,当绕组末端接地时,其稳态($t\to\infty$)电压分布将按绕组的电阻分布,可以看做是均匀分布的,即

$$u_\infty = U_0(1 - \frac{x}{l}) \tag{3-67}$$

当绕组末端不接地时,稳态电压分布为

$$u_\infty = U_0 \tag{3-68}$$

绕组中稳态电压分布如图 3-14 中曲线 2 所示。

### 3.5.3.2 变压器绕组中电压的振荡过程

由于变压器绕组电压的稳态分布和初始分布不一致,所以在达到稳态前必然经过一个过渡过程,此过程因电感、电容间的能量转换而具有振荡性质。在振荡过程中绕组各点的电压可用下式表示:

$$u(x,t) = u(x)\Big|_{t\to\infty} - \sum_{k=1}^{k=\infty} U_k(x)\cos\omega_k t \tag{3-69}$$

式(3-69)表明,绕组各点电压可看成一系列幅值为 $U_k$的空间谐波,各以角频率 $\omega_k$振荡叠加在稳态分布 $u(x)\Big|_{t\to\infty}$ 上,当 $t=0$ 时,式(3-69)变为

$$\sum_{k=1}^{k=\infty} U_k(x) = u(x)\Big|_{t\to\infty} - u(x)\Big|_{t=0} \tag{3-70}$$

式(3-70)说明各谐波幅值之和就等于稳态分布和初始分布的差值。在已知初始电压分布与稳态电压分布的情况下,这个差值很容易确定。应用谐波分析的方法就可以求得各次空间谐波的幅值。

由于这些谐波是围绕着稳态分布而振荡的,在振荡过程中,绕组各点上必然会出现高于稳态值的电压。因此,围绕各点的最高电压可以近似看成在稳态分布上叠加各次谐波幅值之和,如下式所表示:

$$U_{\max}(x) \approx u(x)\Big|_{t\to\infty} + \sum_{k=1}^{k=\infty} U_k(x) \tag{3-71}$$

式(3-71)中的值是一个粗略的值,因为在振荡过程中,各次谐波的幅值并不是在同一时刻出现的。此外,由于损耗引起的衰减也会使幅值减小。但利用式(3-71)可做出绕组

中各点最大电压包络线,如图 3-15 所示。

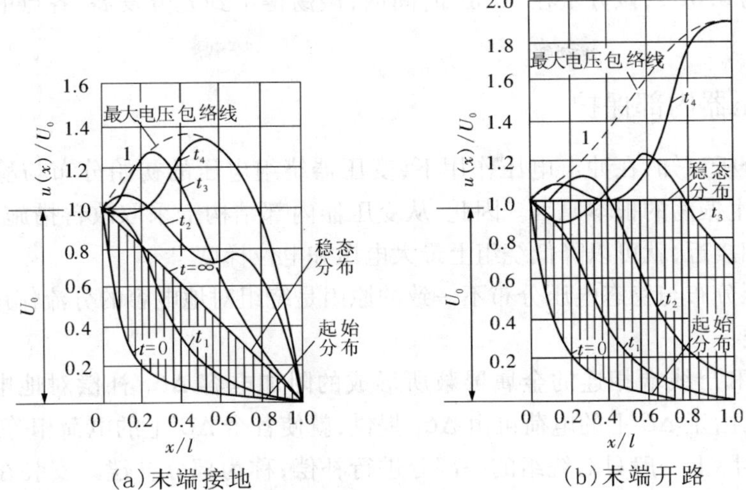


(a)末端接地　　(b)末端开路

**图 3-15　不同时刻绕组各点的电压分布**

图 3-15 显示了在不同时刻绕组的对地电压分布。其中曲线 1 为最大电压包络线,$t_0 < t_1 < t_2 < t_3 < t_4 < t_\infty$。可见,由于振荡电压的存在,不但在首端,而且在绕组其他部分,特别是接地的末端附近,也会出现较大的电位梯度。通常把出现在匝间、线段间纵向绝缘上的电压称为梯度电压。

以上是无穷直角电压波作用下的情况。若作用的电压波头较长,即陡度较低,则当电压达到幅值时电感中已开始有电流流过。此时的分布更接近于稳态分布。因此,振荡的发展就会缓和一些,绕组各点电压和电位梯度的最大值也有所降低。

在运行中,变压器绕组可能受到截波作用。如图 3-16 所示,在变电所内由于其他电气设备的绝缘闪络而使侵入波突然截断,这时变压器的入口电容 $C_T$ 与线路段 $l$ 的电感将会形成振荡电路。此截波可以看成两个分量 $u_1$ 与 $u_2$ 叠加,$u_2$ 的幅值接近 $u_1$ 的 2 倍,而且陡度很大,这就会使绕组中的电压分布产生很大的梯度。实测表明,截波作用下绕组内的最大梯度电压远比全波作用时大,因此截波对于变压器绕组的纵向绝缘是极为不利的。

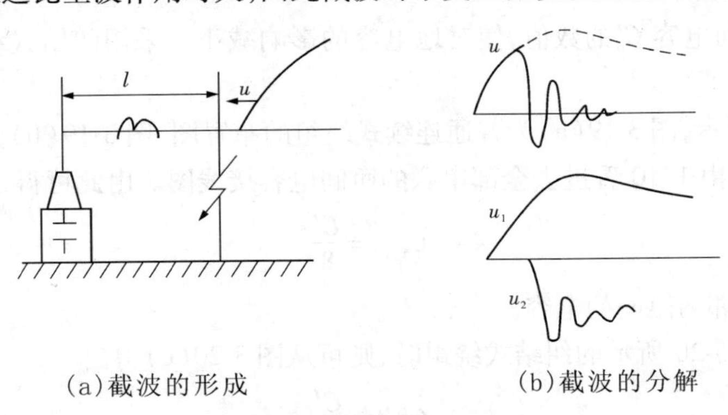


(a)截波的形成　　(b)截波的分解

**图 3-16　作用于变压器截波的形成**

当作用电压波长不是无穷长时，例如在波长为 50 μs 间的标准波作用下，由于绕组基波振荡周期为 0.02 s，该分量在 50 μs 时间内，振荡得不到充分发展，各点的最大电压也会有所降低。

### 3.5.4 变压器内部保护

由以上分析可知，在冲击电压作用下，变压器绕组电压的初始分布与稳态分布不一致，是绕组产生振荡的根本原因。因此，从变压器内部结构上采取改善措施，使起始分布与稳态分布相接近，就可以降低绕组上最大电压和电位梯度。

初始电压分布与稳态电压分布不一致的原因是绕组对地电容的分流作用。措施可以分为以下两类：

(1)利用和出线端相连的金属屏蔽所形成的附加电容 $\Delta C_1$ 补偿对地电容 $\Delta C$ 的作用，见图 3-17，由于 $\Delta C$ 上的电荷可由 $\Delta C_1$ 提供，就使各个 $\Delta C'$上的电荷相等或接近相等。

在生产实际上一般只对绕组的一部分进行补偿，称为部分补偿。安装在变压器高压绕组端部的静电环（见图 3-18），就是部分补偿的一个例子。静电环是一个有一定厚度的开口金属环。由于静电环的补偿作用，使第一个线段的匝间电压分布得以改善。此外，它还能改善绕组端电场的分布，能使主绝缘的厚度有所减小。

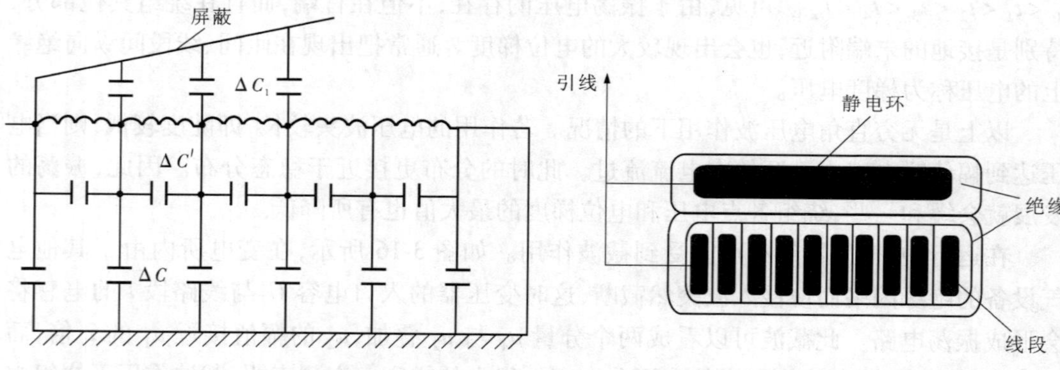


**图 3-17 屏蔽对绕组对地电容的补偿作用** **图 3-18 安装在绕组端部的静电环**

(2)加大纵向电容 $C_0'$的数值，使对地电容的影响减小。采用纠结式绕组就可以达到这个目的。

如图 3-19 所示，图 3-19(a)为普通连续式绕组的布置图，图 3-19(b)是它的电气接线图，图 3-19(c)是由 1、10 看进去全部串联的匝间电容接线图。由此可得

$$C'_{1,10}=\frac{C'}{8} \tag{3-72}$$

式中 $C'$——相邻两匝间的电容。

当采用如图 3-20 所示的纠结式绕组时，则可从图 3-20(c)得出

$$C'_{1,10}=\frac{C'}{2} \tag{3-73}$$

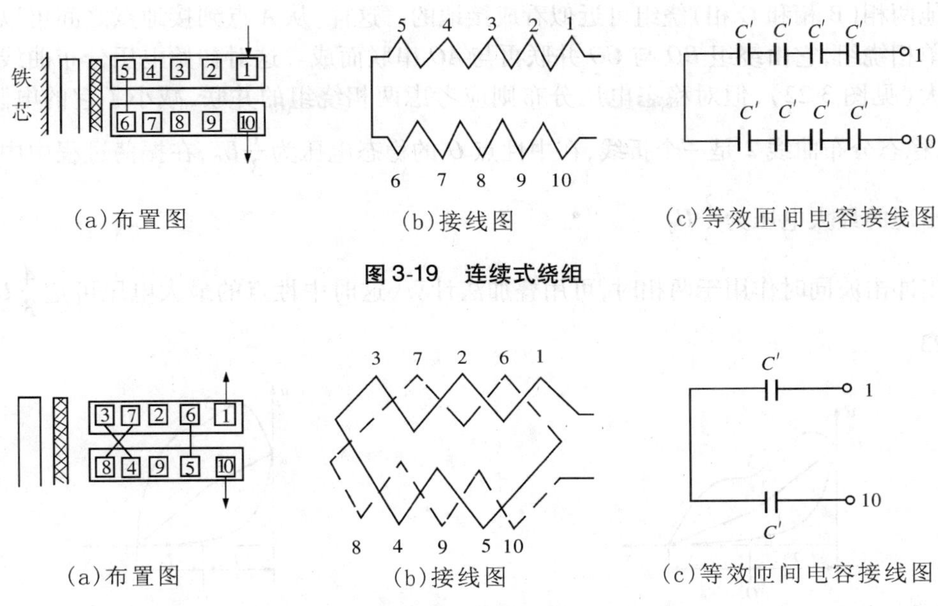


**图 3-19　连续式绕组**



**图 3-20　纠结式绕组**

这样,可使等效的全部串联匝间电容大为增加。因此,在采用纠结式绕组的变压器中,$\alpha l$ 可减小。

如图 3-21 所示为在无限长直角波电压作用下,在普通连续式绕组和纠结式绕组上的初始及稳态电压分布,曲线 1 为稳态电压分布,曲线 2 为纠结式初始电压分布($\alpha l = 1.5$),曲线 3 为连续式初始电压分布($\alpha l = 10$)。由此可见,采用纠结式绕组的初始电压已接近于均匀分布。

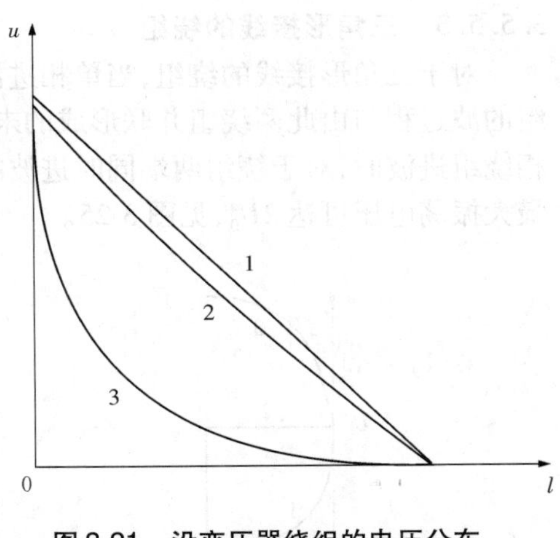


**图 3-21　沿变压器绕组的电压分布**

### 3.5.5　三相变压器中的波过程

前面讨论了单相变压器绕组中的波过程。对于三相变压器,分析方法与单相变压器相同,但由于三相变压器绕组有不同的接线方式,进波的相数也可能不同,所以在绕组中出现的最大过电压的值也有所区别。

#### 3.5.5.1　中性点直接接地的星形接线的三相绕组

对于中性点接地的星形接法,每一相绕组都可以看成是一个末端接地的独立绕组,其分析方法和过电压值与单相绕组相同。

#### 3.5.5.2　中性点不接地的星形接线的三相绕组

对三相绕组接成中性点不接地的星形绕组,当雷电冲击电压波从单相(如 A 相)侵入绕组时(假设入侵波为直角波),因为绕组对冲击电压的阻抗远远大于线路的波阻抗,所以其他两相(B 相和 C 相)绕组可近似看成接地的。这样,从 $A$ 点到接地点之间可以看成一个单相绕组,它由绕组 $BO$ 与 $CO$ 并联再与 $AO$ 串联而成。这对初始电压分布曲线 1 影响不大(见图 3-22),但对稳态电压分布则应考虑两相绕组的并联,减小了它的电阻值。所以,稳态分布曲线 2 是一个折线,在中性点 $O$ 的稳态电压为$\frac{1}{3}U_0$,在振荡过程中中性点可能出现的最大电压为$\frac{2}{3}U_0$。

当冲击波同时作用于两相时,可用叠加法计算,这时中性点的最大电压可达$\frac{4}{3}U_0$,见图 3-23。

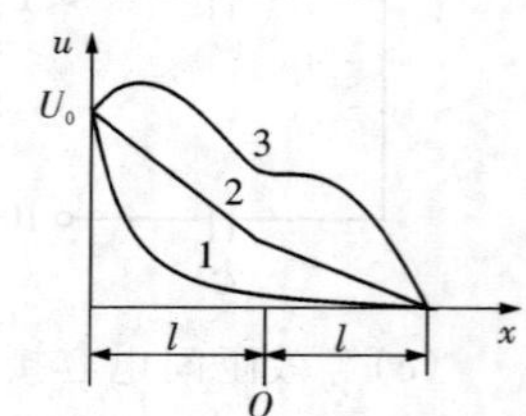


图 3-22　星形接线一相进波时绕组的电压分布

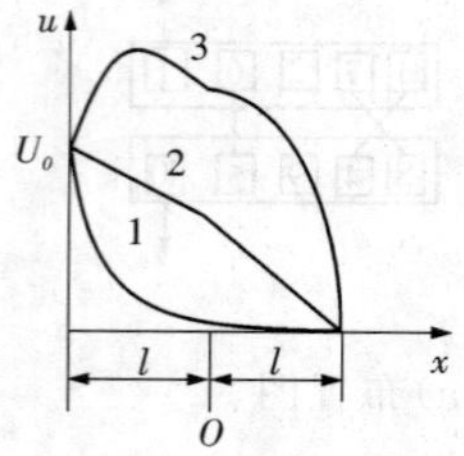

图 3-23　星形接线两相进波时绕组的电压分布

当三相同时进波时,中性点的最大电压可达 $2U_0$,与末端不接地的单相绕组一样,见图 3-24。

#### 3.5.5.3　三角形接线的绕组

对于三角形接线的绕组,当单相进波时,其中两相绕组有电压侵入。此时,这两个绕组的波过程与由此两绕组并联形成的末端接地的单相绕组的波过程相同。当有两相或三相绕组进波时,对于绕组两端同时进波的相可采用叠加的方法计算,此时绕组的中点处的最大振荡电压可达 $2U_0$,见图 3-25。

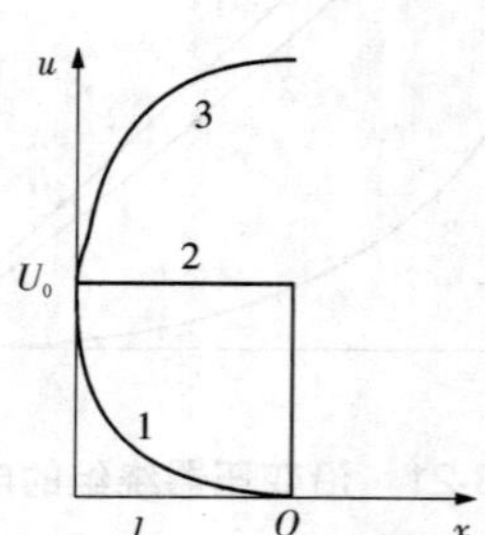


图 3-24　星形接线三相进波时绕组的电压分布

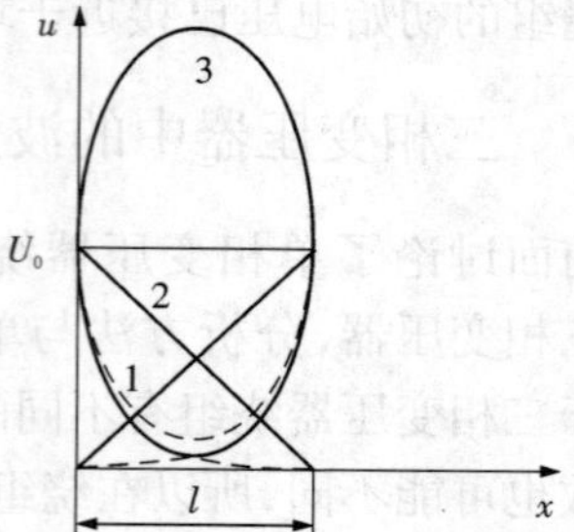


图 3-25　三角形接线两相或三相进波时两端进波的绕组中的电压分布

## 3.6　旋转电机绕组中的波过程

这里涉及的旋转电机主要是指经过电力变压器或直接与电网相连的发电机、同期调相机和大型电动机等。对于通过电力变压器与电网相连的旋转电机，当线路中有冲击电压波传来时，将通过变压器绕组间的传递再传到旋转电机，实践证明对旋转电机危害性不大。但对于直接与电网相连的旋转电机，线路中传来的冲击电压波将直接侵入旋转电机的绕组，对电机的危害很大，需要采取相应的保护措施。为了能够正确地制订旋转电机的防护措施，需要掌握旋转电机在冲击电压作用下波过程的基本规律。

旋转电机的绕组可分为单匝和多匝两大类。通常情况下，高速大容量电机是单匝的，低速小容量电机是多匝的。

当冲击波侵入旋转电机时，电机绕组原则上也可以像变压器绕组那样，用 $L_0$、$C_0$ 和 $C_0'$组成的链型等效电路来分析。但是必须特别注意的不同点是，由于电机的绕组分别嵌放在绝缘的各个铁芯槽里，其匝间电容 $C_0'$要比变压器小得多。对于大容量的单匝电机来说，同相绕组的槽中部分不存在匝间电容，只有露在槽外的绕组端接部分才有不大的电容耦合，因此通常忽略匝间电容的作用，而将电机绕组中的波过程看做如同线路的波过程那样。对于小容量电机的多匝绕组，匝间电容虽然存在，但是考虑到电网中的电机大都采用了限制来波陡度的措施，使侵入电机绕组的冲击波陡度很低，流过匝间电容的电流很小，因此忽略其匝间电容 $C_0'$的作用，也不会引起明显的误差。所以，通常都把旋转电机绕组近似看做是具有一定波阻抗和波速的线路来分析其波过程。由于槽内部分与端接部分的参数不同，其波阻抗与波速也不同，因而电机绕组的波阻抗和波速是指平均值。

电机绕组的波阻抗与电机的额定电压、容量和转速等有关，一般随容量的增大而减小，随额定电压的提高而增加。同时，电机绕组中的波速也随容量的增加而下降。根据大量测量数据，可绘出汽轮发电机组的波阻抗与电机容量、额定电压的关系曲线，如图 3-26 所示。如缺乏确切数据，在估计汽轮发电机波阻抗时，可参考图中数据；对低速电机，其波阻抗值可以近似地估计为图中值的 2 倍。同时，还可根据测量数据绘得电机中波速与电机容量的关系曲线，如图 3-27 所示，可作为分析时的参考。

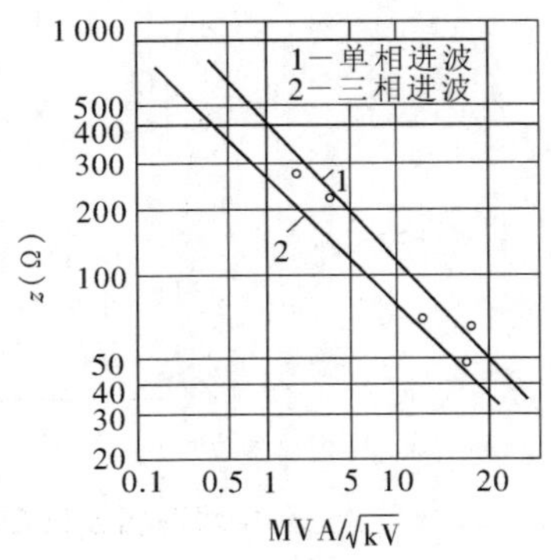


**图 3-26 汽轮发电机绕组的波阻抗与电机容量、额定电压的关系曲线**

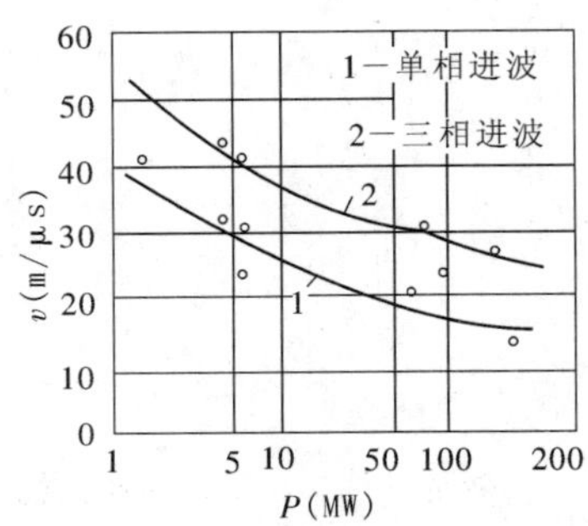


**图 3-27 汽轮发电机绕组中的平均波速与电机容量的关系曲线**

由于当波到达绕组中性点再返回时，其幅值已大大衰减，陡度也已变缓，所以在估计绕组中最大纵向电位差（匝间电压）时，可以近似地认为是由侵入绕组的前行电压波造成的，并且将出现在绕组的首端。

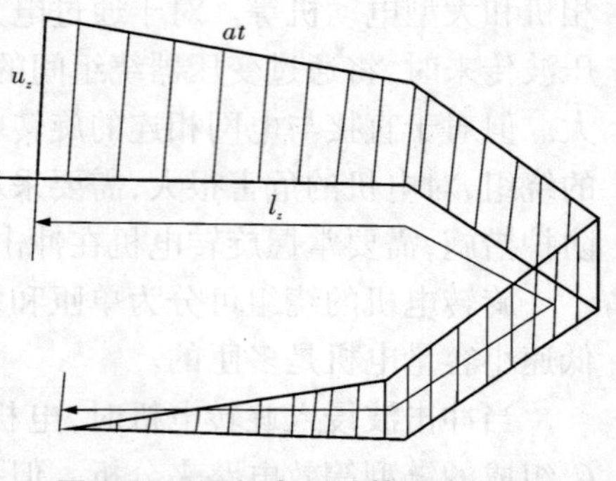

图 3-28　匝间电压计算示意图

若侵入波的陡度为 $a$，绕组一匝长度为 $l_z$，平均波速为 $v$，则作用在匝间绝缘上的电压 $u_z$（见图 3-28）可写为

$$u_z = a\frac{l_z}{v} \tag{3-74}$$

由式(3-74)可知，匝间电压与侵入波的陡度成正比。陡度很大时，匝间电压可能超过电机匝间绝缘的冲击耐压值，而使绝缘损坏。试验结果表明，为使一般电机的匝间绝缘不致损坏，应将侵入波的陡度限制在 5 kV/μs 以下。

# 习　题

3-1　试论述彼德逊法则的使用范围。

3-2　在何种情况下应使用串联电感来降低浸入波陡度？在何种情况下应使用并联电容？试举例说明。

3-3　冲击电晕对两导线间耦合系数有何影响？对波形陡度有何影响？

3-4　行波波速 $v$ 及波阻抗 $z$ 是否与线路的几何尺寸有关？$z$ 与集中参数电阻 $R$ 有什么不同？$z$ 与线路长度有没有关系？

3-5　变压器绕组的内部保护措施有哪些？试述其保护原理。

3-6　当冲击电压作用于变压器绕组时，在变压器绕组内将出现振荡过程，试分析出现振荡的根本原因，并由此分析冲击电压波形对振荡的影响。

3-7　为什么说冲击截波比全波对变压器绕组的影响更为严重？

# 第4章　电力系统过电压及保护设备

## 4.1　电力系统的过电压

电力系统的过电压通常可分为两类:外部过电压和内部过电压。外部过电压也称为大气过电压,是指雷电引起的电力系统过电压,即雷云放电时电气设备由于外部的影响而产生的过电压。内部过电压则是指电力系统中进行某些操作例如切合空载线路、切除空载变压器等,或发生故障时(如单相接地)引起的过电压。

### 4.1.1　外部过电压

外部过电压可分为直击雷过电压和感应雷过电压两种。

直击雷过电压是由流经被击物的很大的雷电流所造成的。直击雷过电压的数值是雷电流在被击物阻抗(包括接地电阻)上的压降值。此值取决于被击物阻抗的性质、参数,雷电流的幅值、上升速度、波形。外部过电压对电气设备绝缘是有害的,所以对直击雷过电压必须给予防护措施。当雷击线路附近大地时,由于电磁感应,在线路的导线上会产生感应过电压。

感应雷过电压的幅值通常不超过500 kV,但对35 kV的线路是危险的,应采取措施加以保护,而对于110 kV以上的设备,其绝缘的最小冲击耐压水平通常已高于此值,所以已无危险。

### 4.1.2　内部过电压

当电力系统中进行某些操作时,在设备或线路上会有过电压出现,代表设备绝缘的电容上就获得与过电压值相对应的静电场能量,即产生过电压需一定的能源。显然这些能量均来自系统内部,为与前面的电压相区别,称其为内部过电压。内部过电压类型较多,通常把操作、故障时过渡过程中出现的持续时间较短的过电压称为操作过电压。在某些情况下,操作(正常或故障后的操作)后形成的回路的自振荡频率与电源的频率相等或接近时,会发生谐振现象而且持续时间长,波形有周期性重复,这类过电压叫谐振过电压。为满足电力系统安全、经济地运行,须对内部过电压进行研究,分析其产生的原因及影响因素,从而找出限制内部过电压的措施。

无论操作过电压或谐振过电压,在产生过渡过程或谐振时,其电源电压的大小都与系统最大工作相电压有关,故内部过电压的幅值与最大工作相电压有一定的比例关系,通常用与之相比的倍数来表示内部过电压(峰值)的大小。

## 4.2 大气过电压保护设备

大气过电压保护设备有避雷针、避雷线和避雷器。避雷针一般用于保护发电厂和变电所,可根据不同情况或装设在配电构架上,或独立架设。避雷线主要用于保护线路,也可用以保护发电厂和变电所。

发电厂和变电所采用避雷针或避雷线能防止电气设备不遭受直接雷击,但与它们相连的输电线路一旦遭受雷击,雷电波将沿线路侵入发电厂、变电所危及电气设备,此外设备还可能受到内部过电压的危险,这些都是避雷针(或线)所不能解决的问题。为了保护电气设备,将过电压限制在电气设备的耐压值之内,可用避雷器来达到此目的。避雷器与被保护物并联。正常运行时,避雷器内部的间隙保持对地绝缘,当过电压幅值达到一定值(放电电压)时,间隙动作放电将过电压波泄入大地,从而保护了设备。过电压之后,避雷器又自动地截断在工频电压作用下的工频短路电流(通称续流),使系统恢复正常工作。

### 4.2.1 避雷针及其保护范围

为了保护电气设备,防止直击雷,通常采取装设避雷针(或避雷线,下同)的措施,避雷针高于被保护物,其作用是将雷电吸引到避雷针本身上来,并安全地将雷电流引入大地,从而保护了设备。

在雷电先导的初始发展阶段,因为离地面较高,故先导发展的方向不受地面物体的影响。但当先导发展到某一高度时,地面上的避雷针将会影响先导的发展方向,使先导向避雷针定向发展。这是因为避雷针较高并有良好的接地,在避雷针上因静电感应而积聚了与先导极性相反的电荷使其附近的电场强度显著增强的缘故,此时先导放电电场即开始被避雷针所歪变,其将先导放电的途径引向避雷针本身,随着先导定向向避雷针发展,避雷针上的电场强度又将大大增加。而产生自避雷针向上发展的迎面先导,更增强了避雷针的引雷作用。因此,避雷针有“引雷”、“泄雷”的作用。

避雷线同样有此作用,不过它的保护效果较避雷针差。

避雷针由接闪器(避雷针的针头)、接地引下线、接地体(接地极)组成。独立避雷针还有支持物。避雷针需有足够截面的接地引线和良好的接地装置,以便将雷电流安全引入大地。

#### 4.2.1.1 单支避雷针的保护范围

避雷针的保护范围可以由模拟试验和运行经验来确定,由于雷电的途径受很多偶然因素的影响,因此要保证被保护物绝对不受直接雷击是不现实的,就保护范围而言,实践证明,雷击概率一般不大于0.1%。

单支避雷针的保护范围可按下法确定(见图4-1):在高度为 $h_x$ 的水平面上的保护范围的半径 $r_x$ 可按式(4-1)计算。

$$\left.\begin{aligned}&\text{当 } h_x \geqslant \frac{h}{2} \text{ 时}, r_x = (h - h_x)p \\ &\text{当 } h_x < \frac{h}{2} \text{ 时}, r_x = (1.5h - 2h_x)p\end{aligned}\right\} \tag{4-1}$$

式中　$h$——避雷针高度，m；

$p$——高度影响系数，$h \leqslant 30$ m 时，$p=1$，30 m $< h \leqslant 120$ m 时，$p=\frac{5.5}{\sqrt{h}}$。

#### 4.2.1.2　两支等高避雷针的保护范围

两支等高避雷针的保护范围可按下法确定（见图 4-2）：两针外侧的保护范围可按单针计算方法确定，两针间的保护范围应按通过两针顶点及保护范围上部边缘最低点 $O$ 的圆弧来确定，$O$ 点的高度 $h_0$ 按式（4-2）计算：

$$h_0 = h - \frac{D}{7p} \tag{4-2}$$

式中　$D$——两针间的距离，m。

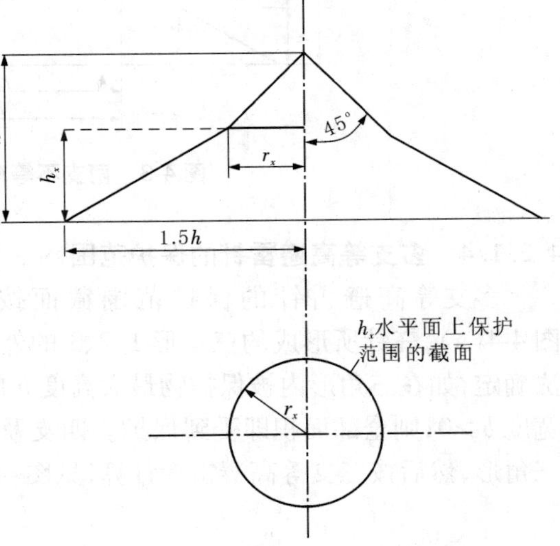


图 4-1　单支避雷针保护范围

两针间高度为 $h_x$ 的水平面上的保护范围截面见图 4-2（b），在 $O—O'$ 截面中高度为 $h_x$ 的水平面上保护范围的一侧宽度 $b_x$ 可按式（4-3）计算，见图 4-2（c）。

$$b_x = 1.5(h_0 - h_x) \tag{4-3}$$

一般两针间的距离与针高之比 $D/h$ 不宜大于 5。

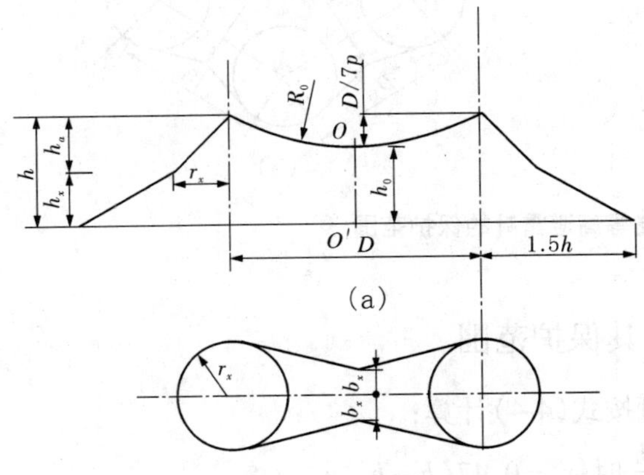


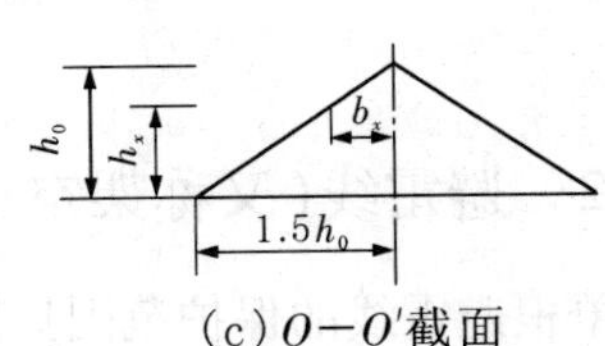


（c）$O-O'$截面

图 4-2　两支等高避雷针的保护范围

#### 4.2.1.3　两支不等高避雷针的保护范围

两支不等高避雷针的保护范围按下法确定（见图 4-3）：两针内侧的保护范围先按单针作出高针 1 的保护范围，然后经过较低针 2 的顶点作水平线与之交于点 3，再设点 3 为一假想的顶点，作出两等高针 2 和 3 的保护范围，图 4-3 中 $f=\frac{D'}{7p}$。两针外侧的保护范围仍按单针计算。

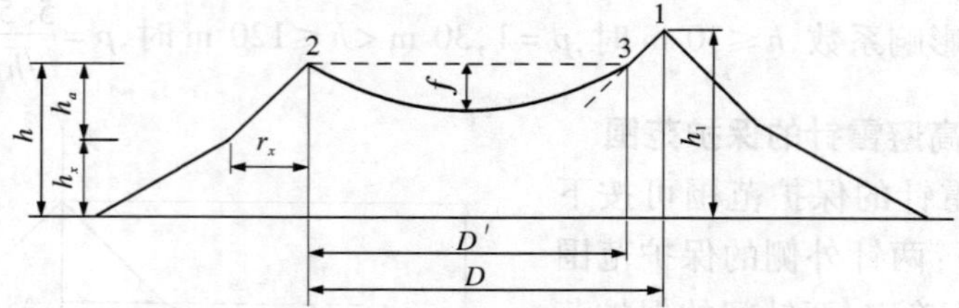

图 4-3　两支不等高避雷针的保护范围

#### 4.2.1.4　多支等高避雷针的保护范围

多支等高避雷针的保护范围截面按下法确定：三支等高避雷针的保护范见图 4-4(a)，三针所形成的三角形 1、2、3 的外侧保护范围分别按两支等高避雷针的计算方法确定，如在三角形内被保护物最大高度 $h$ 的水平面上各相邻避雷针间保护范围的外侧宽度 $b \geqslant 0$，则全部面积即受到保护。四支及以上等高避雷针，可先将其分成两个或几个三角形，然后按三支等高避雷针计算，见图 4-4(b)。

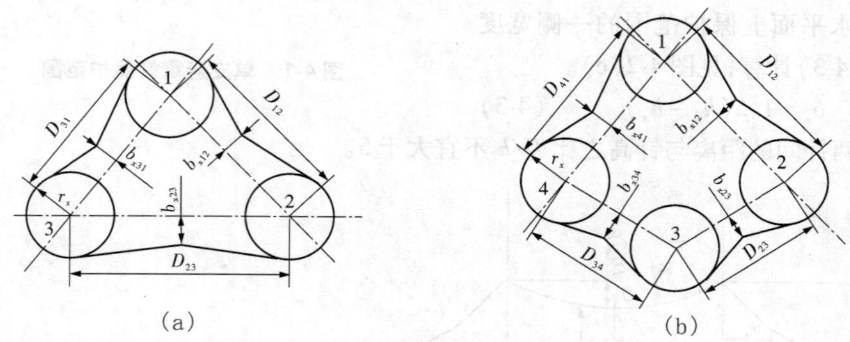

图 4-4　多支等高避雷针的保护范围

### 4.2.2　避雷线(又称架空地线)及其保护范围

单根避雷线的保护范围见图 4-5，可按式(4-4)计算：

$$\text{当 } h_x \geqslant \frac{h}{2} \text{ 时}, r_x = 0.47(h - h_x)p$$
$$\text{当 } h_x < \frac{h}{2} \text{ 时}, r_x = (h - 1.53h_x)p \qquad (4\text{-}4)$$

式中系数 $p$ 意义同前。

两根平行避雷线的保护范围按下法确定(见图 4-6)：两线外侧的保护范围应按单线计算，两线间的保护范围可以通过两线顶点及保护范围上部边缘最低点 $O$ 的圆弧所确定，$O$ 点高度按式(4-5)计算：

$$h_0 = h - \frac{D}{4p} \qquad (4\text{-}5)$$

式中　$D$——两线间距离，m。

两不等高避雷线的保护范围可按不等高的保护范围的确定原则求得。

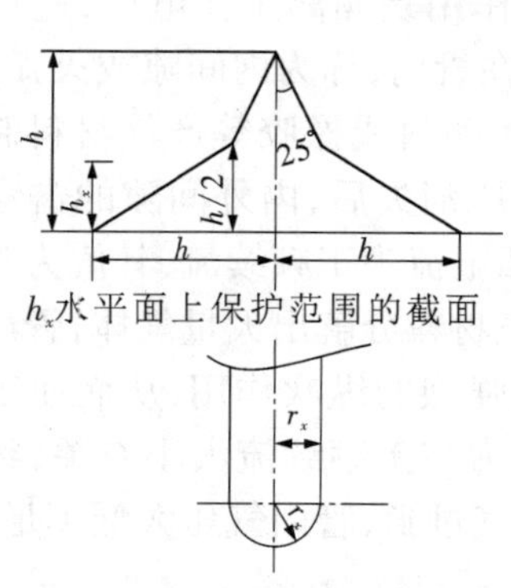


图 4-5　单根避雷线的保护范围

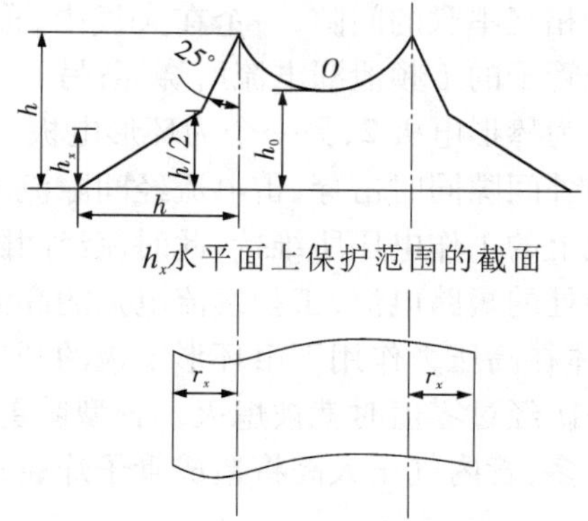


图 4-6　两根避雷线的保护范围

### 4.2.3　避雷器

为保证电力系统的安全运行，必须限制作用于设备上的过电压，在与雷害事故斗争的过程中，人们利用了空气间隙在一定电压下会发生放电的特性，发明了保护间隙，它就是最先出现的“避雷器”。当保护间隙在大气过电压作用下发生击穿，将雷电流引入大地后，系统还有工频电压的作用，于是保护间隙随即流过工频短路电流，如工频电弧不能熄灭，就会使供电中断。由此可见，对任何一个避雷器都应有两个基本要求：

(1)当过电压超过一定值时，避雷器发生放电(动作)，将导线直接或经电阻接地。

(2)在过电压作用过去后，能迅速截断在工频电压作用下的电弧，使系统恢复正常运行，避免供电中断。

避雷器的类型主要有保护间隙、管型避雷器、阀型避雷器和氧化锌避雷器等几种。保护间隙和管型避雷器主要用于限制大气过电压，一般用于配电系统、线路和发电厂、变电所进线段的保护。阀型避雷器用于变电所和发电厂的保护，在 220 kV 及以下系统主要用于限制大气过电压，在超高压系统中还将其用来限制内部过电压或作内部过电压的后备保护。

氧化锌避雷器的保护性能对变压器或其他电气设备的绝缘水平的确定有着直接的影响，因此改善它们的保护性能具有很重要的经济意义。

#### 4.2.3.1　保护间隙与管型避雷器

保护间隙由两个电极(即主间隙和辅助间隙)组成，常用的角形间隙及其与保护设备并联的接线如图 4-7 所示。为使被保护设备得到可靠保护，间隙的伏秒特性上限应低于被保护设备绝缘的冲击放电伏秒特性的下限并有一定的安全裕度。当雷电波入侵时，间隙先击穿，工作母线接地，避免了被保护设备上的电压升高，从而保护了设备。过电压消失后，间隙仍有由工作电压所产生的工频电弧电流(称为续流)，此电流是间隙安装处的短路电流，由于间隙的熄弧能力较差，往往不能自行熄灭，将引起断路器的跳闸。这样一来，虽然保护间隙限制了过电压，保护了设备，但将造成线路跳闸事故，这是保护间隙的主要缺点。为此可将保护间隙配合自动重合闸使用,以增加系统供电可靠性。

管型避雷器实质上是一种具有较高熄弧能力的保护间隙,其原理结构见图 4-8。它有两个相互串联的间隙,一个在大气中,称为间隙 $S_2$,作用是隔离工作电压,避免产气管被流经管子的工频泄漏电流所烧坏;另一个间隙 $S_1$ 装在管内,称为内间隙或灭弧间隙,其电极一为棒形电极 2,另一个为环形电极 3。管由纤维、塑料或橡胶等产气材料制成。雷击时内外间隙同时击穿,雷电流经间隙流入大地;过电压消失后,内外间隙的击穿状态将由导线上的工作电压所维持,此时流经间隙的工频电弧电流为工频续流,其值为管型避雷器安装处的短路电流,工频续流电弧的高温使管内产气材料分解出大量气体,管内压力升高,气体在高压力作用下由环形电极的开口喷出,形成强烈的纵吹作用,从而使工频续流在第一次经过零值时就被熄灭。管型避雷器的熄弧能力与工频续流大小有关,续流太大产气过多,管内气压太高将造成管子炸裂;续流太小产气过少,管内气压太低不足以熄弧。管型避雷器熄灭工频续流有上下限的规定,通常在型号中表明,例如 GXS $\dfrac{u_e}{I_{\min} \sim I_{\max}}$,分子为额定电压,分母为熄弧电流上下限(有效值)范围。管型避雷器的熄弧能力还与管子材料、内径和内间隙大小有关。使用时必须核算安装在各种运行情况下短路电流的最大值与最小值,管型避雷器的熄弧电流上下限应分别大于和小于短路电流的最大值和最小值。

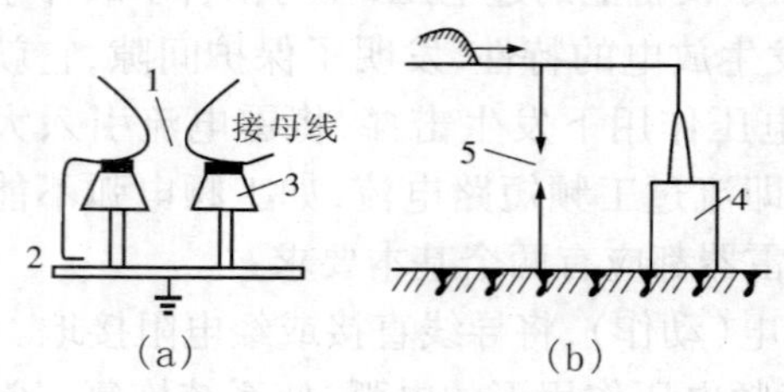


1—主间隙;2—辅助间隙;3—瓷瓶;4—设备;5—间隙

**图 4-7 角形保护间隙及其与保护设备的接线**

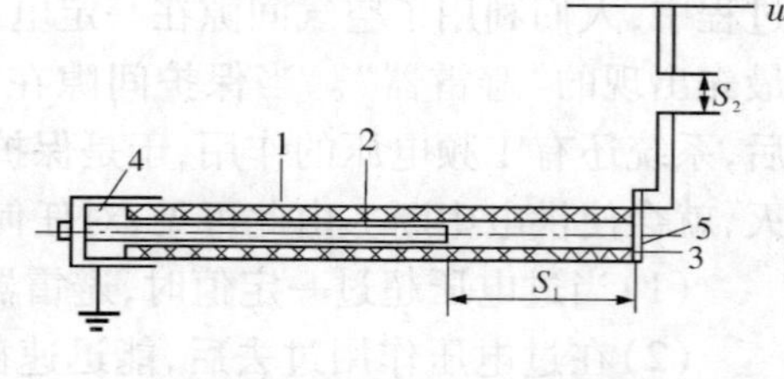


1—消弧管;2—棒电极;3—环形电极;

4—贮气室;5—开口

**图 4-8 管型避雷器**

管型避雷器的主要缺点为:

(1)伏秒特性较陡且放电分散性较大,而一般变压器和绝缘的冲击放电伏秒特性较平,二者不能很好地配合。

(2)管型避雷器动作后工作母线直接接地形成截波,对变压器纵绝缘不利(保护间隙也有上述缺点)。

此外,其放电特性受大气条件影响较大,因此管型避雷器目前只用于线路保护(如大跨越和交叉档距以及发电厂和变电所的进线保护)。

#### 4.2.3.2 金属氧化物 MOA(Metal Oxide Arrester)避雷器

20 世纪 70 年代初期出现了金属氧化物避雷器,其阀片以少量精选过的金属氧化物,在高温下烧结而成。MOA 阀片具有很理想的非线性伏安特性,图 4-9 所示是 SiC 避雷器与 MOA 避雷器的伏安特性曲线。图中假定 MOA、SiC 电阻阀片在 10 kA 电流下的残压相同,但在额定电压(灭弧电压)下 MOA 曲线所对应的电流一般在 $10^{-5}$A 以下,可近似认为其续流为零,而 SiC 曲线所对应的续流却是 100 A 左右。也就是说,在工作电压下 MOA

阀片实际上相当于一绝缘体。

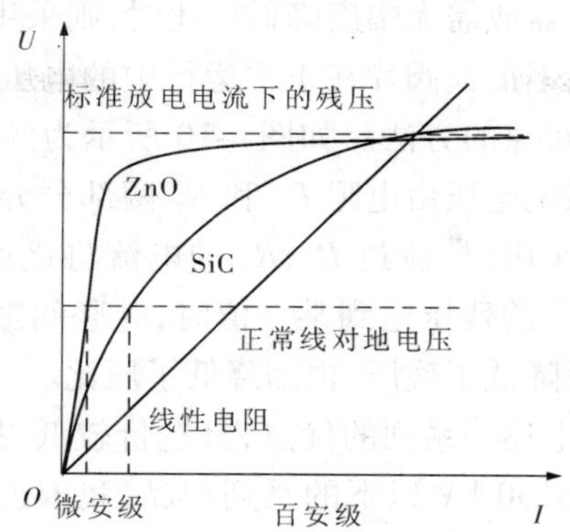


**图 4-9　SiC 避雷器与 MOA 避雷器的伏安特性曲线**

与 SiC 避雷器相比,MOA 避雷器除有较理想的非线性伏安特性外,其主要优点是:

(1)无间隙。在工作电压作用下,MOA 实际上相当于一绝缘体,因而工作电压不会使 MOA 阀片烧坏,所以可以不用串联间隙来隔离工作电压(SiC 阀片在正常工作电压下有几十安电流,会烧坏阀片,因此不得不串联间隙)。由于无间隙,当然也就不存在传统的 SiC 避雷器那样因串联间隙而带来的一系列问题,如污秽、内部气压变化使串联间隙发电电压不稳定等。同时,因无间隙,大大改善了陡波下的响应特性。

(2)无续流。当作用在 MOA 阀片上的电压超过某一值(其值称为起始动作电压)时,将发生"导通",其后,MOA 阀片上的残压受其良好的非线性特性所控制,当系统电压降至起始动作电压以下时,MOA 的"导通"状态终止,又相当于一绝缘体,因此不存在工频续流。而 SiC 避雷器却不同,它不仅要吸收过电压的能量,而且要吸收因系统工作电压作用下的工频续流所产生的能量,MOA 避雷器因无续流,故只要吸收过电压能量即可,这样,对 MOA 的热容量的要求就比 SiC 低得多。

(3)电气设备所受过电压可以降低。虽然 10 kA 雷电流下的残压 MOA 避雷器与 SiC 避雷器相同,但后者只在串联间隙放电后才可将电流泻放,而前者在整个过电压过程中都有电流流过,因此降低了作用在变电站电气设备上的电压。

(4)通流容量大。MOA 避雷器的通流容量较大,可以用来限制内部过电压。

此外,由于无间隙和通流容量大,故 MOA 避雷器体积小,重量轻,结构简单,运行维护方便,使用寿命也长。由于无续流,故也可使用于直流输电系统。

MOA 避雷器的主要特性有起始动作电压及压比等。起始动作电压又称转折电压,从这一点开始,电流将随电压升高而迅速增加,也即其非线性系数 $\alpha$ 将迅速进入 0.02 ~ 0.05的区域。通常是以 1 mA 电流下的电压作为起始动作电压,其值为最大允许工作电压峰值的 105% ~115%。

压比是指 MOA 避雷器通过大电流时的残压与通过 1 mA 直流电流时的电压之比。例如 10 kA 时的残压与 1 mA(直流)时电压之比,压比越小,意味着通过大电流时残压越低,则 MOA 的保护性能越好,目前,此值为 1.6 ~2.0。

目前,各国生产的 MOA 避雷器,在电压等级较低时(110 kV 及以下),大部分是采用无间隙的。对于超高压避雷器或需大幅度降低压比时,则采用并联或串联间隙的方法;为了降低大电流时的残压而又不加大阀片在正常运行中的电压负担以减轻 MOA 阀片的老化,往往也采用并联或串联间隙的方法。如图 4-10 所示为并联间隙的原理图,在正常情况下,间隙 $g$ 是不导通的,系统电压由电阻 $R_1$ 和 $R_2$ 两部分分担,单位阀片上的电压负荷较低;当雷击或操作过电压作用时,流过 $R_1$、$R_2$ 的电流将迅速增加,$R_1$、$R_2$ 上的电压(残压)也随之迅速增加,当 $R_2$ 上的残压达到某一值时,并联间隙 $g$ 动作,$R_2$ 被短接,避雷器上的残压仅由 $R_1$ 决定,从而降低了残压,也即降低了压比。

由于 MOA 避雷器具有上述一系列的优点,且造价较低,故其取代 SiC 避雷器已是大势所趋。目前已有额定电压 750 kV 以下的系列产品,我国也已生产 500 kV 以下电压等级的 MOA 避雷器,见图 4-11。各种用途的 MOA 避雷器参数见表 4-1。

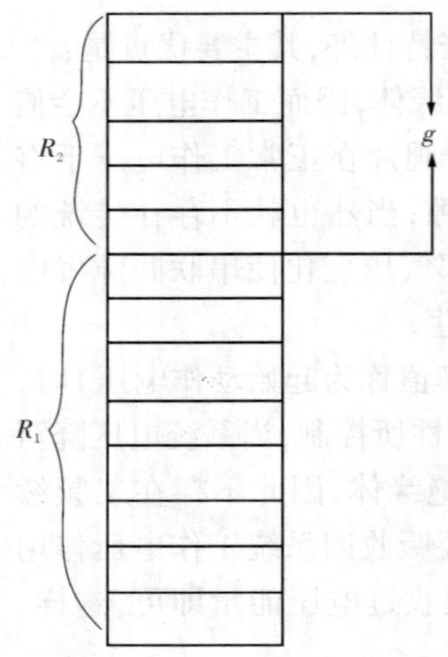


**图 4-10　并联间隙原理图**

**图 4-11　YH 型 MOA 避雷器**

根据依据 JB/T 8459—1996《避雷器产品型号编制方法》,MOA 避雷器产品型号说明如下:

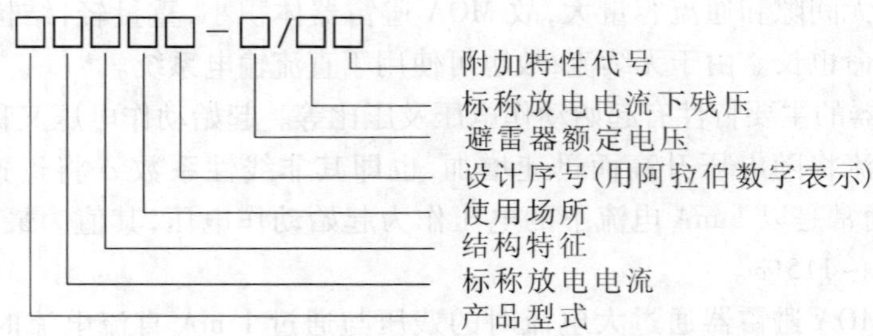

表 4-1　MOA 避雷器的用途及参数

| 用途 | 产品型号 | 系统标称电压（有效值）(kV) | 避雷器额定电压（有效值）(kV) | 避雷器持续运行电压（有效值）(kV) | 直流 1 mA 最小参考电压（有效值）(kV) | 2 ms 方波通流容量 (A) | 最大残压（峰值）(kV) | | |
|---|---|---|---|---|---|---|---|---|---|
| | | | | | | | 雷电冲击电流下 | 陡波冲击电流下 | 操作冲击电流下 |
| 配电型 | Y5WS－17/50<br>YH5WS－17/50 | 10 | 17 | 13.6 | 25.0 | 100 | 50.0 | 57.5 | 42.5 |
| 电站型 | Y5WZ－17/45<br>YH5WZ－17/45 | 10 | 17 | 13.6 | 24.0 | 150 | 45.0 | 51.8 | 38.3 |
| | Y5WZ－51/134<br>YH5WZ－51/134 | 35 | 51 | 40.8 | 73 | 400 | 134 | 154 | 114.0 |
| | YH5WZ－100/260 | 110 | 100 | 78 | 145 | 600 | 260 | 291 | 221 |
| | YH10WZ－100/260 | 110 | 100 | 78 | 145 | 600 | 260 | 291 | 221 |
| | YH10WZ－102/266 | 110 | 102 | 80 | 148 | 600 | 266 | 305 | 226 |
| 补偿电容器用 | YH5WR－10/27 | 6 | 10 | 8.0 | 14.4 | 400 | 27.0 | | 21.0 |
| | YH5WR－17/45 | 10 | 17 | 13.6 | 24.0 | 400 | 45.0 | | 35.0 |
| | YH5WR－51/134 | 35 | 51 | 40.8 | 73.0 | 400 | 134 | | 105.0 |
| 电机型 | YH2.5WD－8/18.7 | 6.3 | 8.0 | 6.3 | 11.2 | 200 | 18.7 | 21.0 | 15.0 |
| | YH2.5WD－13.5/31 | 10.5 | 13.5 | 10.5 | 18.6 | 200 | 31.0 | 34.7 | 25.0 |
| 变压器中性点用 | YH1.5W－72/186 | 110 | 72 | 58 | 103 | 400 | 186 | | 174 |
| | Y1.5W－144/320 | 220 | 144 | 116 | 205 | 600 | 320 | | 299 |

产品型式：Y—瓷套式 MOA 避雷器；YH(HY)—复合外套 MOA 避雷器

结构特征：W—无间隙；C—串联间隙

使用场所：S—配电型；Z—电站型；R—并联补偿电容器用；D—电机用；T—电气化铁道用

附加特性：W—防污型；G—高原型；TH—湿热带地区用

为监视 MOA 避雷器的运行情况，常需装设避雷器运行监测器。JCQ 型适用于 330 kV 及以下电压等级的各种 MOA 避雷器的动作计数和泄漏电流监测，使用的环境条件与相连接的避雷器相同，见图 4-12。

图 4-12　JCQ 型避雷器运行监测器

正常使用情况下，避雷器的动作次数由具备计数进位功能的双指针电磁计数器指示，计数指示准确，自动回零循环累计计数工作，不清零。

避雷器的泄漏电流通过电流测量回路由指针式电流表直接指示反映出来，测量指示范围：0～3 mA，当泄漏电流接近 1.5 mA 和超过 1.5 mA 时报警指示灯由白变红，发出报警指示，JCQ－C 系列同时输出报警触点动作发出报警指示。运行监测器的基本参数见表 4-2。

**表 4-2　$JCQ_1$ 避雷器运行监测器基本参数**

| 产品型号 | $JCQ_1$－10/600 | $JCQ_1$－10/800 | $JCQ_1$－10/1000 | $JCQ_1$－20/1500 | $JCQ_1$－20/2000 |
|---|---|---|---|---|---|
| 系统额定电压（kV） | 6～110 | 110～220 | 330 | 500 | 500 |
| 标称放电电流 8/20 μs（kA） | 10 | | | 20 | |
| 动作电流范围（A） | 50～10 000 | | | 50～20 000 | |
| 标称电流残压最大值（kV） | 2.5 | | | | |
| 2 ms，20 次方波冲击电流耐受能力（A） | 600 | 800 | 1 000 | 1 500 | 2 000 |
| 4/10 μs，2 次大冲击电流耐受能力（A） | 65 | 100 | | | |
| 正常泄漏电流下监测器端电压最大值（V） | 250 | | | | |
| 工频泄漏电流过载能力（有效值）（mA） | 350～400（2 s） | | | | |
| 直流毫安表量程（mA） | 2 | | | 10 | |
| 毫安表安全电流整定值（mA） | 1.68 | | | 8 | |

# 4.3　防雷接地

各种防雷保护设备的接地是否良好，对保护作用的发挥有着直接的影响，其接地电阻值的大小，对电力系统的安全运行有着密切的关系。对防雷接地来说，其允许的接地电阻为 5～30 Ω，一般小于 10 Ω。

## 4.3.1　冲击电流作用下的接地电阻

由于雷电流幅值很大，作用时间短暂，故接地装置在冲击大电流作用下呈现的电阻与工频接地电阻不同。

当大幅值冲击电流从接地体流入地中时，在接地体附近会出现很大的电流密度和很高的电场强度。土壤中的电场强度 $E$ 可由式（4-6）决定：

$$E=\delta\rho \tag{4-6}$$

式中　$\delta$——冲击电流密度；

$\rho$——土壤电阻率。

实验证明：$E$ 的值在 3～6 kV/cm 时，就开始发生火花放电。在产生火花放电时，接地装置周围像被良好导电介质包围,相当于将接地极的尺寸加大,于是使接地电阻减小。由于 $E=\delta\rho$,故当 $\delta$、$\rho$ 愈大时,$E$ 愈大,土壤中火花放电也愈强烈,冲击下接地电阻的降低就愈多。

当工频电流流过接地装置时,因为频率不高,接地装置本身电感不起作用,此时,沿接地装置全长的电流扩散密度是相同的,接地装置的利用程度最高。当冲击电流流过接地装置时,由于雷电流作用时间短暂,变化快,接地装置本身的电感的作用就不能不考虑。特别是对伸长的接地体(在土壤电阻率很高时采用),电感对电流的阻力不能忽略。电感的作用使冲击接地电阻大于工频接地电阻,冲击接地电阻 $R_{ch}$ 与工频接地电阻 $R$ 的关系如下:

$$R_{ch}=\alpha R \tag{4-7}$$

式中 $\alpha$——接地电阻的冲击系数。

接地电阻的冲击系数 $\alpha$ 体现着上述冲击时土壤及接地体特性的变化。它与雷电流幅值、土壤电阻率 $\rho$ 及接地装置形式、尺寸等有关。$\alpha$ 可能大于1,也可能小于1。当主要考虑土壤中火花放电及 $\rho$ 的下降效应时,$\alpha<1$,对伸长接地体来说,$\alpha$ 则可能大于1。

## 4.3.2 复式接地装置的冲击接地电阻

为了得到较小的接地电阻,接地装置往往由很多单一接地体并联组成,称为复式接地装置。在复式接地装置中,由于各接地体之间相互屏蔽的效应,以及各接地体与连接用的水平电极之间互相屏蔽的影响,使接地体的利用情况恶化,故总的接地电导要较各个单独接地电导之和为低。图4-13为三个垂直接地极组成的接地装置,可以看出,相互屏蔽作用妨碍了接地体向土壤中扩散电流,因此复式接地装置的总接地电阻就不能由各单个接地电阻并联求得,而要除以利用系数 $\eta$。

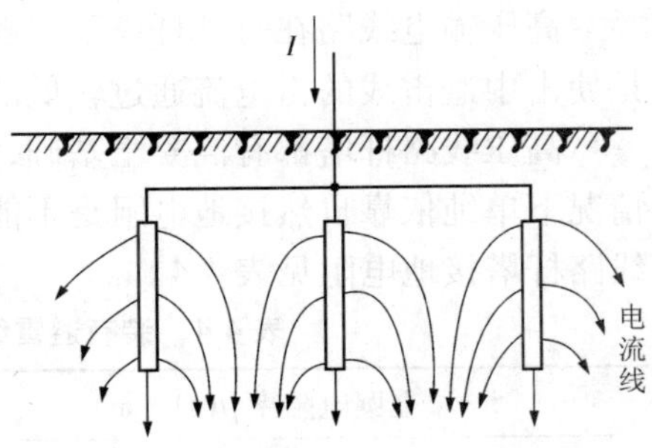

图4-13 三垂直接地极的电流分布

由 $n$ 个相邻水平射线接地体所组成的接地装置,其冲击接地电阻 $R_{ch}$ 可由式(4-8)表示:

$$R_{ch}=\frac{R'_{ch}}{n}\cdot\frac{1}{\eta} \tag{4-8}$$

式中 $R'_{ch}$——单一接地体冲击接地电阻,由式(4-7)决定;

$\eta$——考虑到接地装置各射线相互影响的利用系数,一般小于1,为0.65~0.8。

## 4.3.3 土壤电阻率的计算

土壤电阻率 $\rho$ 是决定接地电阻的一个重要原始参数,工程上采用的 $\rho$ 值,是先通过一些简单的接地极接地电阻的测量,然后换算得到的。土壤中常含有酸、盐及水分,对 $\rho$ 值均有影响,故在计算时,应取一年内最大的电阻率,但在测量时可能在不同季节,为此需根据土质,接地体类型乘以一大于1的系数(季节系数),将测得的电阻率值换算至一年内可能出现的最大 $\rho$ 值,以它作为设计用 $\rho$ 值,即

$$\rho = \psi\rho_0 \tag{4-9}$$

式中 $\rho$——设计时所用土壤电阻率值；

$\rho_0$——测量条件下土壤电阻率值；

$\psi$——季节系数，见表4-3。

表4-3 防雷接地装置季节系数

| 接地极型式 | 埋入深度(m) | 季节系数 |
|---|---|---|
| 水平接地体 | 0.6<br>0.8～1.0 | 1.4～1.8<br>1.2～1.45 |
| 2～3 m垂直接地体 | 0.6<br>0.8～1.0 | 1.2～1.4<br>1.15～1.3 |

## 4.3.4 输电线路的防雷接地

高压输电线路在每一杆塔下一般都设有接地装置，并通过引线与避雷线相连，其目的是使击中避雷线的雷电流通过较低的接地电阻而进入大地。

高压线路杆塔都有混凝土基础，它也起着接地体的作用，称为自然接地电阻。大多数情况下单纯依靠自然接地电阻是不能满足要求的，需要装设人工接地装置。规程规定的线路杆塔接地电阻见表4-4。

表4-4 装有避雷线的线路杆塔工频接地电阻值(上限)

| 土壤电阻率$\rho$(Ω·m) | 工频接地电阻(Ω) |
|---|---|
| ≤100 | 10 |
| 100～500 | 15 |
| 500～1 000 | 20 |
| 1 000～2 000 | 25 |
| >2 000 | 30，或敷设6～8根总长不超过500 m的放射线，或用两根连续伸长接地线，阻值不作规定 |

## 4.3.5 发电厂和变电所的防雷接地

发电厂和变电所内需要有良好的接地装置以满足工作、安全和防雷保护的接地要求。一般的做法是根据安全和工作接地要求敷设一个统一的接地网，然后在避雷针和避雷器下面增加接地体以满足防雷接地的要求。

接地网由扁钢水平连接而成，埋入地下0.6～0.8 m处，其面积$S$大体与发电厂和变电所的面积相同，见图4-14，这种接地网的总接地电阻可按式(4-10)估算：

$$R_{ch} = \frac{0.44\rho}{\sqrt{S}} + \frac{\rho}{L} \approx 0.5\frac{\rho}{\sqrt{S}} \quad (\Omega) \tag{4-10}$$

式中 $L$——接地体(包括水平的与垂直的)总长度，m；

$S$——接地网的总面积，$m^2$。

接地网构成网孔形的目的主要在于均压，接地网中两水平接地带之间的距离一般可取为 3～10 m，校核接触电位 $U_j$ 和跨步电位 $U_k$ 后再予以调整。

如前所述，发电厂和变电所工频接地电阻的数值一般在 0.5～5 Ω 的范围内，这主要是为了满足工作及安全接地的要求。应当指出，接地网在冲击电流作用下同样具有火花效应和电感影响。这一问题由于涉及的条件复杂，常常需要通过试验来掌握其基本规律。

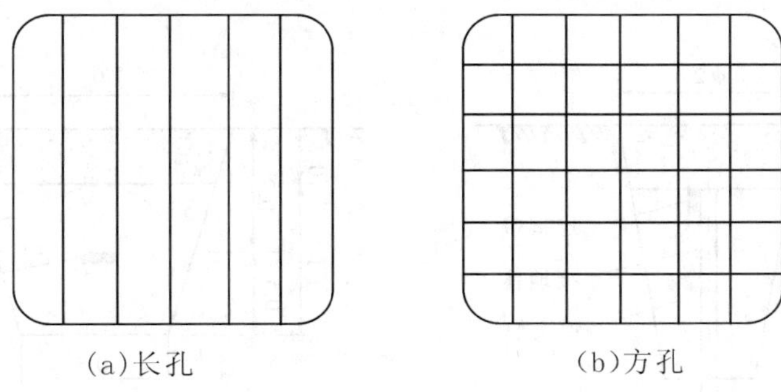

(a)长孔　　(b)方孔

**图 4-14　接地网示意图**

## 4.3.6　降低接地电阻的措施

在高电阻率地区敷设接地体，降低接地电阻值是一个突出的难题。在技术经济合理的限度内应扩大接地工程规模，采取一些降低电阻值的措施，同时还可按规程适当放宽接地电阻值的要求。工程上常用以下几种措施。

### 4.3.6.1　敷设外引接地网

若在附近地区有较好的土壤条件，则可设置外引接地网，它与主接地网之间至少要用两根接地干线相连接。外引允许距离受到连接干线本身阻抗值的限制，如果有大截面的自然接地体如金属管道、压力钢管、钢轨等作外引连接干线最为理想，但要注意在其接头处作补充的电气连接。

外引水下接地网在水电站有普遍意义。凡便于施工、水量丰富、水域宽阔之处，如尾水渠、前池、引水渠、水库、河道等均宜就近加以利用。为了充分发挥水下接地网的作用，应与建筑物中的自然接地体相距 10 m 以上并向外伸展。

### 4.3.6.2　深埋接地体

用钻孔、冲压等技术将垂直接地体深埋至十几米、几十米甚至几百米深处，均应达到地下水层以下（注意水库蓄水后地下水位的变化）。由于地下水层导电性能的改善和散流截面的扩大，效果非常明显。有时一根深埋接地体即可达到 2～1 Ω，甚至 0.5 Ω 以下。其值不仅随埋深下降，主要还取决于地层情况，黏土和矿砂层最好，砂卵石层次之，岩石层最差。深埋接地体较昂贵，最好能利用现成的地质钻探孔。相邻深井间距离宜大于 20～30 m，以避免屏蔽效应。

### 4.3.6.3　人工接地坑、接地沟的设置

接地电阻是土壤中的分布电阻，且主要分布在接地体附近的小范围内。若将此小范

围内的高电阻率土壤置换为优质土壤并夯实，即能有效地降低阻值。置换垂直接地体周围的土壤用人工接地坑，置换半径常取0.5~0.9 m；置换水平接地体周围的土壤用人工接地沟，置换半径取0.5 m左右。如图4-15所示。置换材料要因地制宜，就地取材。选取那些电阻率低、不易流失、性能稳定、易于吸收和保持水分、无强烈腐蚀性的材料。在水电站常采用以下两类：一是优质土壤、陶黏土、黑土等；二是某化学物质如电石渣、矿渣、氮肥渣、石灰、木炭等与优质天然土壤的混合物。后者降阻效果较好，但化学物质具有轻度腐蚀性。

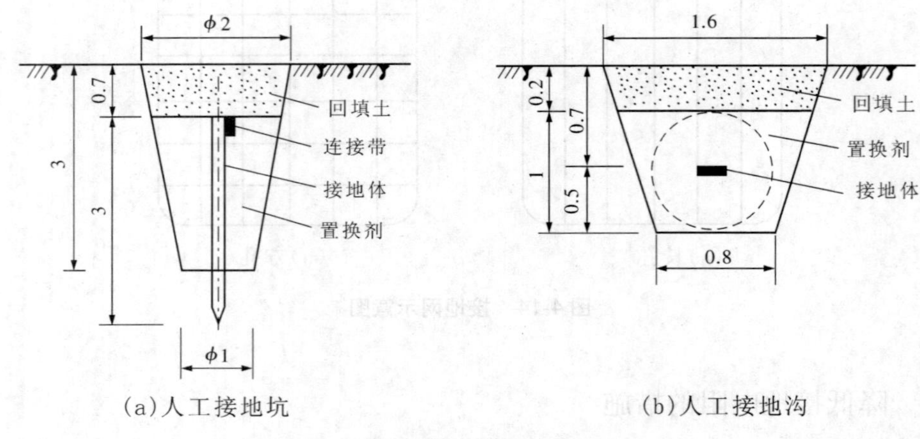


**图4-15　人工接地坑和人工接地沟**　(单位:m)

# 习　题

4-1　电力系统过电压分为哪几类？

4-2　什么是直击雷过电压？

4-3　什么是感应雷过电压？

4-4　对避雷器的两个基本要求是什么？

4-5　试比较保护间隙、管型避雷器、ZnO避雷器各自的结构特点及优缺点。

4-6　某电厂的原油罐，直径10 m，高出地面10 m，用独立避雷针保护，针距油罐壁至少5 m，试设计避雷针的高度并画出保护范围图。

4-7　某220 kV变电站，土壤电阻率为300 Ω·m，变电站面积为100 m×100 m，试估计其接地网的工频接地电阻值。

# 第 5 章　电力系统大气过电压及防护

通常将雷电引起的电力系统过电压称为大气过电压。大气过电压可分为直击雷过电压和感应雷过电压两种。直击雷过电压是很大的雷电流流经被击物造成的，而感应雷过电压是由于被击物电磁场的剧烈改变对其附近物体产生的。

大气过电压对电气设备的绝缘是有害的，所以对直击雷过电压必须施以防护措施；感应雷过电压的幅值通常不超过 500 kV，对 110 kV 以上的设备，其绝缘的最小冲击耐压水平通常已高于此值，所以没有危险，但对 35 kV 的绝缘是有危险的，应采取措施加以保护。

本章主要介绍雷闪放电的形成和电力系统的防雷措施。

## 5.1　雷闪过电压

### 5.1.1　雷闪放电及雷电参数

#### 5.1.1.1　雷闪放电过程

雷电放电由带电荷的雷云引起，见图 5-1。大多数的放电发生在雷云之间，不危险；而有危险的是少数发生在雷云和大地之间的放电。作用于电力系统的大气过电压是由带电的乌云对地放电所引起的，为了了解大气过电压的产生，必须先了解雷云对地放电的发展过程。有许多科学家对这一过程进行过研究，形成了许多理论，研究工作仍在进行中。但我们只对下列事实感兴趣：对地放电的雷云大多数（实测 90%）带负电荷，而其顶部有一正电荷层，靠近正电荷层的底部有少量带正电的杂质。负电荷的中心距地面一般为 500 ~ 10 000 m，雷云底部可能距地面只有 150 m。雷云的电位估计至少也有 100 MV。

图 5-1　雷电放电

人眼看到的雷击似乎是一次单一的耀眼的放电，有时也可能见到亮度的变化。但用旋转镜头照相机拍摄到的照片或电视录像揭示：大多数雷击是重复的，如图 5-2 所示。即在一次雷击形成的放电通道中，会有多次放电尾随，放电之间的间隔为 0.03 ~ 0.05 s。

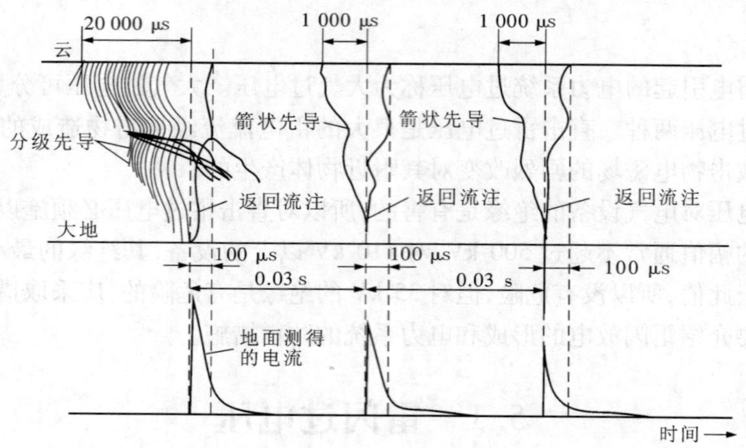


图 5-2 雷电流放电发展过程

每次放电分为先导放电与主放电两个阶段。先导放电起始于云层中，云中局部的电荷集中区使其电场强度达到空气的临界击穿值（为 25 ~ 30 kV/cm）时，空气便开始游离。当某一段空气游离后，这段空气就由原来的绝缘状态变为导电性通道，这个导电性通道称为先导放电通道。先导是从云中带电中心向地面发展的。在先导通道下面的某一处（地面上或地面的架空线上），由于静电感应，将有一个电荷分离过程，与先导通道同号的电荷被排斥而远离通道；与先导通道异号的电荷将集中在地面上或架空线的某一处，成为束缚电荷。先导是分级向地面推进的，每一级先导发展的速度相当高，但每发展到一定长度（约 50 m）就有一个间歇（30 ~ 90 μs），它的平均传导速度较慢（相对以后的主放电而言），约为 150 km/s。为说明先导放电的不连续性，称其为分级先导。

当先导通道的头部与异号的感应电荷的集中点间的距离很小时，由于其一端约为雷云的对地电位（很高），而另一端为低电位，故剩余的空气间隙中的电场强度达到极高的数值，这将使空气间隙剧烈游离，产生的正、负电荷将分别向上向下运动，去中和先导通道及被击物中的电荷，这时就开始了放电的第二阶段，即主放电阶段。当主放电通道贯穿整个间歇时，即完成击穿过程。主放电从地面向云中发展，主放电的速度为光速的 10% ~ 50%，总的主放电时间为 50 ~ 100 μs，放电电流幅值（即雷电流）从几千安到 200 多千安。

由于云中同时可能有几个带电中心存在，故雷电往往是重复的，图 5-2 中有三次重复的雷电放电。还有重复达十次的记录。重复放电时，先导不是分级而是连续发展的。

主放电通道达云端时，主放电结束。以后云中残余电荷沿主放电通道下来，称余辉阶段。该阶段电流不大，持续时间较长（0.03 ~ 0.05 s）。

#### 5.1.1.2 雷电参数

为了对大气过电压进行计算和采取合理的防护措施，必须掌握雷电参数。几十年来，人们对雷电进行了长期的观察和测量，积累了不少有关雷电参数的资料，目前有关雷电发生、发展过程的物理本质虽未完全掌握，但随着对雷电研究的不断深入，雷电参数将不断得到修正和补充，使其更符合客观实际。

1. 雷电放电的等值电路

如前所述，雷电先导通道带有与雷云极性相同的电荷自雷云向大地发展，由于雷云及先导的电场的作用，大地感应出与雷云极性相反的电荷，当先导通道发展到离大地一定距离时，先导头部与大地之间的空气间隙被击穿，主放电开始，主放电自雷击点沿通道向上发展。若大地为一理想导体，则主放电所到之处的电位降为零电位，设先导通道中的电荷线密度为 $\sigma$，主放电速度为 $v_L$，则雷击土壤电阻率为零的大地时，流经通道的电流（即流入大地的电流）为 $\sigma v_L$。

上述过程可用图 5-3(a)、(b)来描述。实践证明，雷电通道具有分布参数的特征，其波阻抗为 $Z_0$，这样，可以画出如图 5-3(c)所示的等值电路。

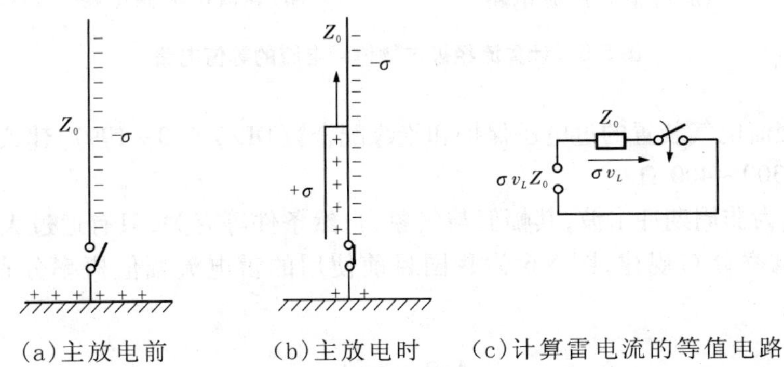

(a)主放电前　(b)主放电时　(c)计算雷电流的等值电路

**图 5-3　雷击大地时的主放电过程**

若雷击于具有分布参数的避雷针、线路杆塔、地线或导线，则雷击时电流的运动可描述如下，如图 5-4 所示，负极性电流 $i_Z$ 将自雷击点“$O$”沿被击物体向下流动，而相同数量的正极性电流波将自雷击点“$O$”沿通道向上发展，与图 5-3(c)的等值图相对应，此时的等值图如图 5-4(b)所示，流经物体的电流波 $i_Z$ 可用式(5-1)计算：

$$i_Z = \sigma v_L \frac{Z_0}{Z_0 + Z_j} \tag{5-1}$$

式中　$Z_j$——被击物的波阻抗。

从式(5-1)可知，流经被击物的电流波 $i_Z$ 与被击物的波阻抗 $Z_j$ 有关，$Z_j$ 愈大则 $i_Z$ 愈小，反之则 $i_Z$ 愈大。当 $Z_j = 0$ 时，流经被击物体的电流定义为“雷电流”，以 $i_L$ 表示，且

$$i_L = \sigma v_L \tag{5-2}$$

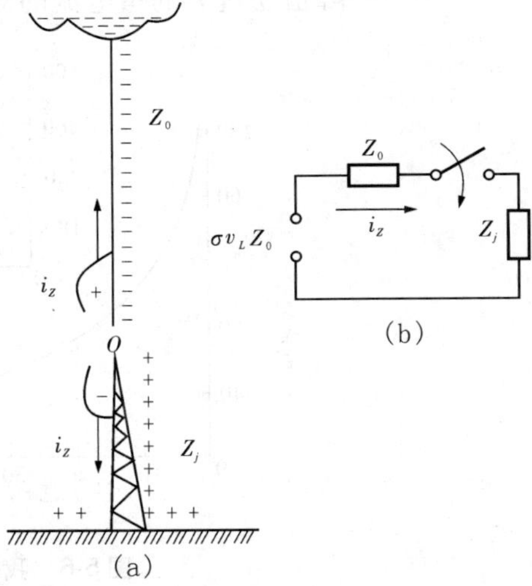

**图 5-4　雷击物体时电流波的运动**

但实际上被击物的波阻抗不可能为零值,故《电力设备过电压保护设计技术规程》(SDJ 7—79)建议,雷击于低接地电阻的物体时流过该物体的电流可以认为等于雷电流 $i_L$。

式(5-1)可改写为

$$i_Z = i_L \frac{Z_0}{Z_0 + Z_j} \tag{5-3}$$

式(5-3)的等值图如图 5-5 所示。

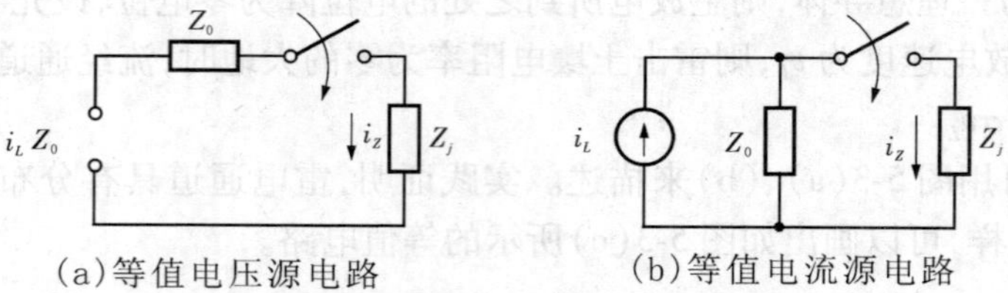


**图 5-5　计算流经被击物体雷电流的等值电路**

目前,《交流电气装置的过电压保护和绝缘配合》(DL/T 620—1997)建议雷电通道的波阻抗 $Z_0$ 为 300 ~ 400 Ω。

雷电流 $i_L$ 为非周期冲击波,其幅值与气象、自然条件等有关,只有通过大量实测才能正确估计其概率分布规律,图 5-6 为我国目前使用的雷电流幅值概率分布曲线,可用式(5-4)表示:

$$\lg P = -\frac{I_L}{88} \tag{5-4}$$

式中　$I_L$——雷电流的峰值,kA;

$P$——峰值超过 $I_L$ 的雷电流的概率(%)。

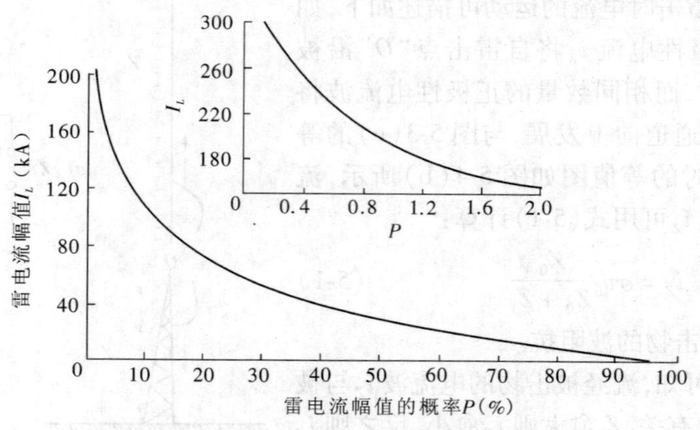


**图 5-6　我国雷电流幅值的概率分布**

对我国陕南以外的西北地区、内蒙古自治区的部分地区(此类地区的年平均雷暴日在 20 日以下)，雷电流幅值较小，可由给定的概率按图 5-6 查出的雷电流幅值后减半。也可按式(5-5)求：

$$\lg P = -\frac{I_L}{44} \tag{5-5}$$

2. 雷电流波形

雷电流的波头和波尾皆为随机变量，其平均波尾为 40 μs 左右；波长对防雷计算结果几乎无影响，为简化计算，一般可视波长为无限长；对于中等强度以上的雷电流，波头大致为 1 ~ 4 μs。实测表明，雷电流幅值 $I_L$ 与陡度 $\frac{di_L}{dt}$ 的线性相关系数为 2.6 左右。根据实测的统计结果，《交流电气装置的过电压保护和绝缘配合》(DL/T 620—1997)建议计算用波头取 2.6 μs，即认为雷电流的平均上升陡度 $\frac{di_L}{dt}$ 为

$$\frac{di_L}{dt} = \frac{I_L}{2.6} \quad (kA/\mu s) \tag{5-6}$$

雷电流的波头形状对防雷设计是有影响的，因此在防雷设计中需对波头形状作出规定。标准雷电流冲击波形可表示为 $i_L = I_L(e^{-\alpha t} - e^{-\beta t})$；规程建议在一般线路防雷设计中波头形状可取斜角波 $i_L = at$；而在设计特殊高塔时，可取半余弦波头，在波头范围内雷电流可表示为 $i_L = \frac{I_L}{2}(1 - \cos\omega t)$。如图 5-7 所示。

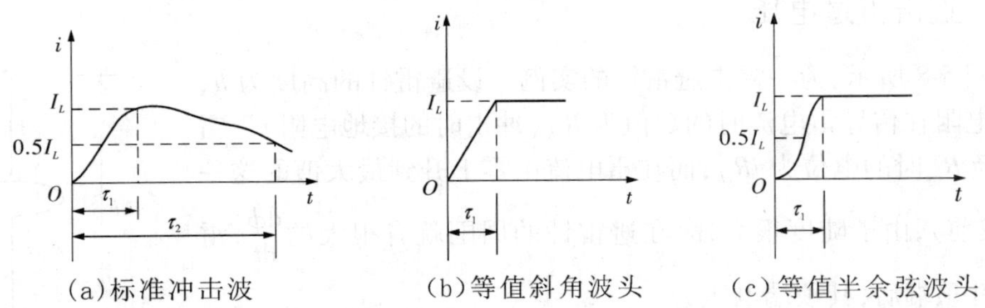


**图 5-7 经简化和典型化后得到的三种常用计算波形**($I_L$为雷电流幅值)

3. 雷暴日与雷暴小时

为了可靠地掌握雷电活动规律，以便作为防雷问题考虑的依据，就必须从该地区雷电活动的具体情况出发，进行长期的实测和统计工作。评价某地区雷电活动的强度，常用该地区多年统计所得到的平均出现雷暴日或雷暴小时来估计。

雷暴日是每年中有雷电的日数。雷暴小时是一年中有雷电的小时数。在一天内或一小时内只要听到雷声就作为 1 个雷暴日或 1 个雷暴小时。规程建议采用雷暴日作为计算单位，据统计，我国大部分地区 1 个雷暴日约折合为 3 个雷暴小时。

各个地区雷电活动的强弱因纬度、气象等不同而有很大的差异。由于不同年份的雷暴日数变化很大，所以均采用多年平均值——年平均雷暴日。根据长期统计的结果，在我国规程中绘制了全国平均雷暴日分布图，可作为防雷设计的依据。全年平均雷暴日数为

40 的地区为中等雷活动强度地区，如长江流域和华北的某些地区；年平均雷暴日数不超过 15 的为少雷区，如西北地区；超过 15 但不超过 40 的为中雷区；超过 40 但不超过 90 的为多雷区，如华南某些地区；超过 90 的为雷害特殊严重地区。

4. 地面落雷密度和输电线路落雷次数

为了防雷设计和采取防雷措施，必须知道地面落雷密度。每一雷暴日、每平方公里地面遭受雷击的次数称为地面落雷密度，用 $\gamma$（单位：次/（$km^2$ · d））表示，规程建议取 $\gamma$ = 0.015 次/（$km^2$ · d）。但在土壤电阻率突变地带的低电阻率地区、易形成雷云的向阳或向风的山坡、雷云经常经过的峡谷，这些地区的 $\gamma$ 值比一般地区大得多，在选择发电厂、变电站位置时应注意。

对于线路，由于高出地面，有引雷的作用，根据模拟实验和运行经验，一般高度的线路的等值受雷面的宽度为 $10h_d$（$h_d$ 为线路的平均高度，m），也就是等值受雷面积为线路两侧各为 $5h_d$ 宽的地带，线路愈高则受雷面积愈大。若线路经过地区的年平均雷暴日为 $T_d$，每年每 100 km 一般高度的线路的落雷次数为 $N$，则

$$N = \gamma \times \frac{10h_d}{1\ 000} \times 100 \times T_d \quad （次/（100\ km · a）） \tag{5-7}$$

式中的受雷宽度 $10h_d$ 的单位应化为 km，故要除以 1 000 。

若 $T_d = 40$，$\gamma = 0.015$，则 $N = 0.6h_d$　（次/（100 km · 40 雷暴日））。

工程上为了便于比较不同线路的雷击次数，常取100km · 40 雷暴日为基准。

### 5.1.2　直击雷过电压

如图 5-8 所示，为一雷击避雷针的实例。设避雷针的高度为 $h$，其接地电阻在传导雷电流时的数值为 $R_{ch}$（冲击时的接地电阻）。雷电流 $i$ 经 $R_{ch}$ 时的电位为 $iR_{ch}$，而在雷电流由零上升到最大值的这一部分（波前），由于陡度很大，故在避雷针的周围就有很大的 $\frac{d\phi}{dt}$，雷击避雷针顶端后，其顶端电压为

$$u = iR_{ch} + \frac{d\phi}{dt} = iR_{ch} + L_0 h\frac{di}{dt} \tag{5-8}$$

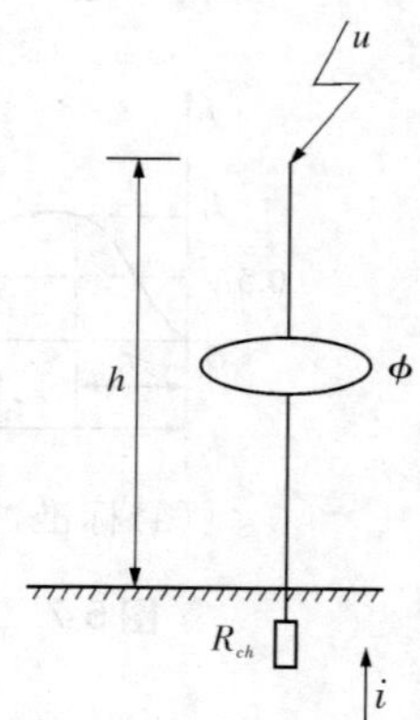

图 5-8　雷击避雷针

式中　$L_0$——单位长度避雷针的电感；

$\frac{di}{dt}$——雷电流的上升速度。

由式（5-8）可见，直击雷过电压是雷电流在被击物阻抗（包括接地电阻）上的压降。为了决定直击雷过电压，需要知道：①被击物阻抗的性质；②雷电流幅值、上升速度或雷电流波形。

直击雷过电压可用图 5-5（b）所示的等值电路进行估算。

### 5.1.3　感应过电压

雷云较低部分和先导中的电荷在地面上，并在与地面相连的导体上感应出相反极性的电荷。这里所说的与地相连不仅指直接接地的导线（即架空地线）和杆塔，也包括通过

变压器中性点与地联系在一起的相线,后者在静电场缓慢建立的过程中能保持其地电位。

当雷击于线路附近的建筑物或地面时,会在架空输电线的三相导线上出现感应过电压。这是因为在雷云放电的起始阶段,先导通道里充满了电荷,线路正处于雷云与先导通道的电场中,当雷云接近输电线上空时,根据静电感应原理,沿导线方向的电场强度分量$E_x$将导线两端与雷云异号的正电荷吸引到靠近先导通道的一段导线上来成为束缚电荷;导线上的负电荷(与雷云电荷同号)由于受$E_x$的排斥作用而向两端运动,经线路的泄漏电导和系统的中性点而流入大地,如图5-9所示。因为先导通道发展速度不大,所以导线上的电荷的运动也很缓慢,由此而引起的导线中的电流很小,同时由于导线对地泄漏电导的存在,导线电位将与远离雷云处的导线电位相同。当雷云对线路附近的地面放电时,先导通道中的负电荷被迅速中和,先导通道所产生的电场迅速降低,使导线上的束缚正电荷得到释放,沿导线向两侧运动形成感应雷过电压。这种由于先导通道中电荷所产生的静电场突然消失而引起的感应电压称为感应过电压的静电分量。同时,雷电通道中的雷电流在通道周围空间建立了强大的磁场,此磁场的变化也将使导线感应出很高的电压,这种由于先导通道中雷电流所产生的磁场变化而引起的感应过电压称为感应过电压的电磁分量。

三相的感应过电压相等,通常是正极性,它们的波前一般为10 μs,波幅与雷电流的大小、雷击点的距离、导线的高度、有无屏蔽线等有关。因为这种过电压很少超过500 kV,对35 kV及以下的水泥杆线路会引起一定的闪络事故,在110 kV或运行电压更高的输电线上,由于绝缘水平较高,所以静电感应导致闪络是不大可能的。

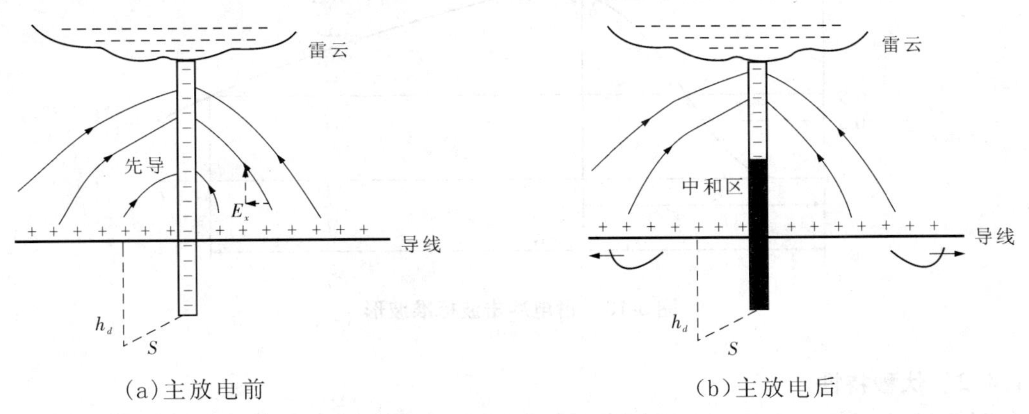


$h_d$—导线高度;$S$—雷击点与导线间的距离

**图5-9 感应雷过电压形成示意图**

根据理论分析和实测结果,规程建议,当雷击点与线路的距离$S>65$ m时,导线上的感应雷过电压最大值$U_g$可按式(5-9)计算

$$U_g = 25\frac{I_L h_d}{S} \tag{5-9}$$

式中 $I_L$——雷电流的幅值,kA;

$h_d$——导线悬挂的平均高度,m;

$S$——雷击点与线路的距离,m。

从式(5-9)可知,感应过电压 $U_g$与雷电流幅值 $I_L$成正比,与导线悬挂的平均高度 $h_d$成正比,$h_d$越高则导线对地电容越小,感应电荷产生的感应电压就越高;与雷击点与线路的距离 $S$ 成反比,$S$ 越大,感应过电压越小。

还应指出,感应过电压的极性与雷电流极性相反,因而也与直击雷引起的过电压极性相反。

## 5.1.4 雷电冲击波过电压和伏秒特性

### 5.1.4.1 雷电标准冲击波形

雷电产生的过电压,不论是直击雷过电压还是感应雷过电压,其持续的时间都很短,一般为几十微秒,我们把这种作用时间很短的非周期性变化的过电压定义为冲击波过电压。

为了在实验室中对雷电进行模拟研究,可利用冲击波发生器来产生所需要的波形和幅值,但为了使研究结果便于比较,需要规定标准的冲击电压波形,如图 5-10 所示。描述全波的参数是波前时间 $\tau_1$ 和波长 $\tau_2$。我国国家标准规定,波头 $\tau_1=(1.2\pm0.36)$ μs 和波长 $\tau_2=(50\pm10)$ μs,因此标准波形通常可用 ±1.2/50 μs 表示。

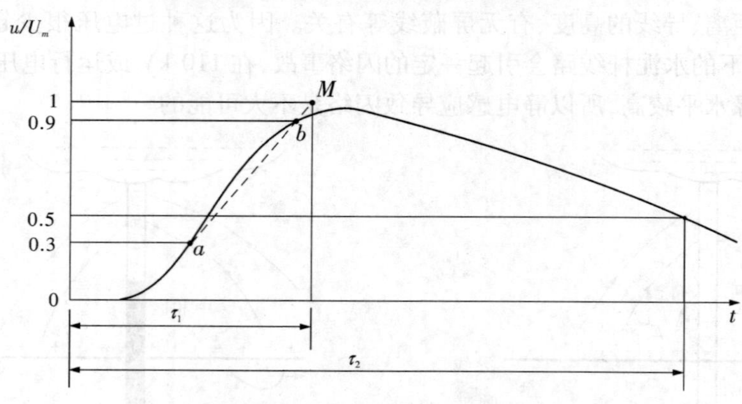


图 5-10 雷电冲击波标准波形

### 5.1.4.2 伏秒特性

图 5-11 表示把一个冲击电压加在空气间隙上并导致间隙击穿的电压波形。图 5-11 中 $U_0$ 表示静态击穿电压(即较长时间作用的工频交流击穿电压的幅值或直流击穿电压)。电压从 0 开始升至 $U_0$ 的时间为 $t_1$,但这时间隙尚未击穿,直到 $t=t_2$ 时间隙才发生击穿:这中间经历了电压从 $U_0$ 升至有效电子出现(所需时间为 $t_s$)以及从有效电子出现起至间隙击穿(所需时间为 $t_f$)两个阶段,整个间隙击穿所需时间为

$$\begin{aligned} t &= t_1 + t_l \\ t_l &= t_s + t_f \end{aligned} \tag{5-10}$$

我们把 $t_l$叫放电时延,它由统计时延 $t_s$和放电形成时延 $t_f$组成。不管是 $t_s$或 $t_f$都具有分散性,与许多偶然因素有关,但都与外加电压的大小有关,外加电压越高,$t_s$与 $t_f$均会减小。

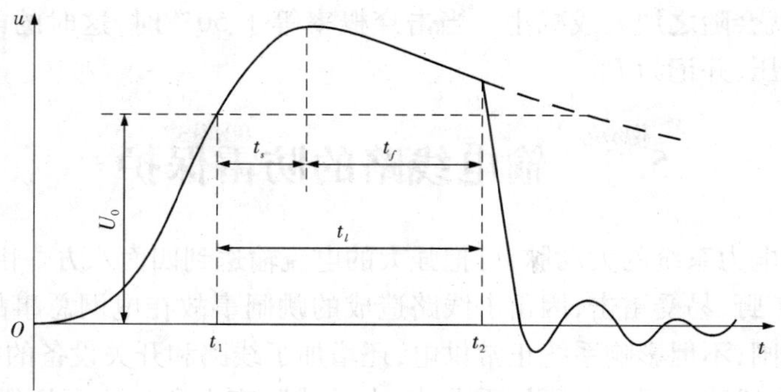


图 5-11 放电时间的组成

如上所述，可以设想，对一定结构的间隙，在一定波形电压的作用下，幅值越高，所需放电时间就越短。这种表示放电电压与放电时间的关系曲线称为间隙（或绝缘结构）的伏秒特性。

间隙的伏秒特性由实验绘制。绘制的方法如下：如图 5-12 所示，使电压的波形不变（为 1.2/50 μs），逐步增大其峰值，当电压峰值较小时，间隙的击穿可能发生在波尾，这时，在击穿瞬间，电压虽已下降到低于峰值，但峰值仍是导致击穿的决定因素，故应以峰值为纵坐标，以击穿时刻为横坐标，得点 1。同样得点 2、3 等，将以上各点用光滑曲线相连，就得到间隙的伏秒特性。

考虑到冲击放电的分散性，伏秒特性实际上是以上、下包线为界的一个带状区域，如图 5-13 所示。

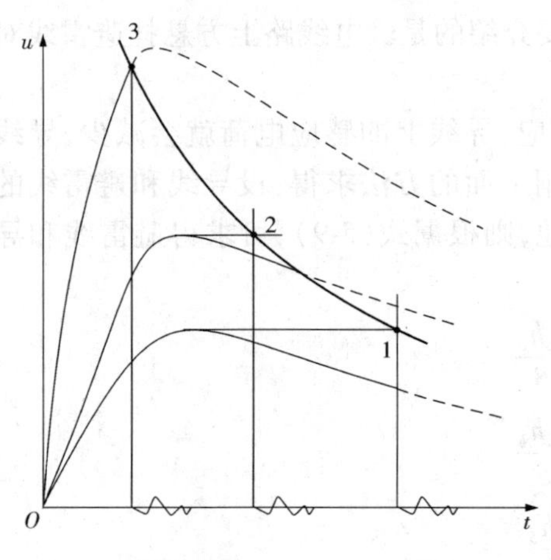


图 5-12 伏秒特性的绘制

（虚线表示原始冲击电压波形）

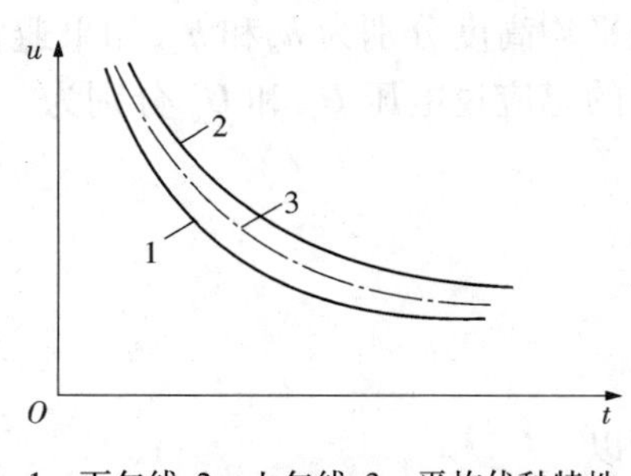


1—下包线；2—上包线；3—平均伏秒特性

图 5-13 间隙的伏秒特性

由实验绘制伏秒特性的工作量很大，因此通常用 50% 击穿电压表征间隙的冲击击穿特性。考虑冲击电压作用下放电的分散性，在间隙上加 $N$ 次同一波形及峰值的冲击电压时，可能只有 $n$ 次发生击穿，则击穿概率 $P=\frac{n}{N}\times100\%$，如果增大或减小外施电压的峰值，则击穿概率就会随之加大或减小。当击穿概率等于 50% 时，这时的电压峰值就称为 50% 击穿放电电压，并记为 $U_{50\%}$。

## 5.2 输电线路的防雷保护

输电线路是电力系统的大动脉，可把强大的电流输送到四面八方。由于线路长度大，纵横延伸，地处旷野，易受雷击，因雷击线路造成的跳闸事故在电网总事故中所占比例很大。线路事故跳闸，不但影响系统正常供电，还增加了线路和开关设备的检修工作量。同时，雷击线路时自线路入侵变电所的雷电波，也是威胁变电所的主要原因。因此，输电线路的防雷保护是一个很重要的课题。

输电线路上出现的雷闪过电压有两种：一种是雷击线路附近地面或建筑物，由于电磁感应所引起的感应雷过电压；另一种是雷直击线路引起的直击雷过电压。

输电线路的防雷性能主要由耐雷水平和雷击跳闸率两个指标来衡量。雷击线路时线路绝缘不发生闪络的最大雷电流幅值称为耐雷水平，以 kA 为单位。雷击跳闸率是指在 40 个雷暴日情况下，每 100 km 线路每年因雷击引起的线路跳闸次数，这是衡量线路防雷性能的综合指标。

### 5.2.1 输电线路感应雷过电压

#### 5.2.1.1 雷击输电线路附近地面时，导线上的感应过电压

雷击线路附近地面或建筑物时，由于主放电通道周围电磁场的剧烈变化，在线路上将产生过电压。这已经在 5.1 节中介绍过。这里要介绍的是输电线路上方悬挂避雷线对感应过电压的影响。

如果导线上方悬挂有避雷线，由于其屏蔽效应，导线上的感应电荷就会减少，导线上的感应过电压就会降低。避雷线的屏蔽作用可用下面的方法求得：设导线和避雷线的对地平均高度分别为 $h_d$ 和 $h_b$，如果避雷线没有接地，则根据式(5-9)，可求得避雷线和导线上的感应过电压 $U_{gb}$ 和 $U_{gd}$ 分别为

$$U_{gd}=25\frac{I_L h_d}{S}$$

$$U_{gb}=25\frac{I_L h_b}{S}$$

所以

$$U_{gb}=U_{gd}\frac{h_b}{h_d}$$

但是避雷线实际上是通过每基杆塔接地的，因此可以设想在避雷线上尚有一电压 $(-U_{gb})$ 与上述 $U_{gb}$ 叠加，以此来保持避雷线为零电位。由于避雷线和导线间的耦合作用（避雷线与导线的耦合系数为 $K$，其值主要取决于导线和避雷线间的相互距离与几何尺寸），此设想的 $(-U_{gb})$ 将在导线上产生耦合电压 $K(-U_{gb})$，这样导线上的电位 $U'_{gd}$ 将为

$$U'_{gd}=U_{gd}-KU_{gb}=U_{gd}\left(1-K\frac{h_b}{h_d}\right)\approx U_{gd}(1-K) \tag{5-11}$$

式(5-11)表明,由于接地避雷线的存在,可使导线上的感应过电压由 $U_{gd}$ 下降到 $U_{gd}(1-K)$,耦合系数 $K$ 愈大,则导线上的感应过电压愈低。

#### 5.2.1.2 雷击杆顶时,导线上的感应过电压

式(5-9)只适用于雷击点与线路的距离 $S>65$ m 的情况,更多的落雷事实上将因线路的引雷作用而击于线路。

雷击线路杆塔时,由于雷电通道所产生的电磁场的迅速变化,将在导线上感应出与雷电通道中的电荷极性相反的过电压。但它的计算方法至今尚有争论,不同方法计算的结果差别很大,也缺乏实践数据。目前,规程建议:

对一般高度($h$ 约 40 m 以下)无避雷线的线路,此感应过电压的最大值可用式(5-12)计算:

$$U_{gd}=\alpha h_d \tag{5-12}$$

式中 $\alpha$——感应过电压系数,kV/m,其数值等于以 kA/μs 计的雷电流平均陡度,即 $\alpha=\frac{I_L}{2.6}$;

$h_d$——导线平均高度,m。

有避雷线时,由于屏蔽作用,感应过电压为

$$U'_{gd}=\alpha h_d(1-K) \tag{5-13}$$

式中 $K$——耦合系数。

### 5.2.2 输电线路直击雷过电压和耐雷水平

雷直击于有避雷线线路的情况可分为三种,即反击过电压(雷击杆塔)、雷绕击导线和雷击避雷线档距中央时的过电压,如图 5-14 所示。

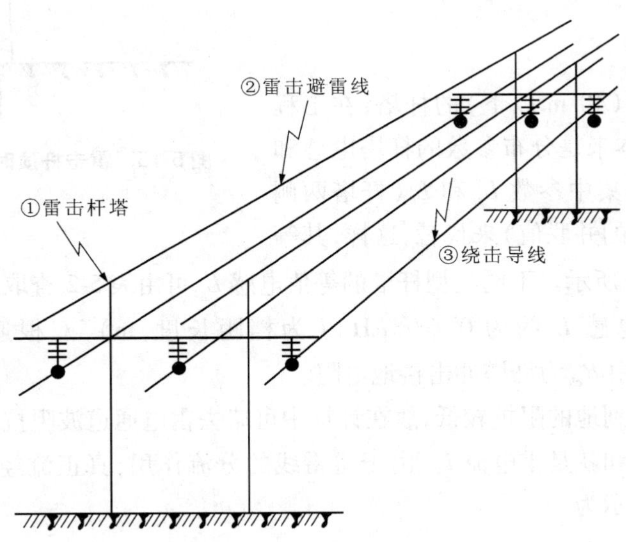


图 5-14 雷击有避雷线线路的三种可能性

5.2.2.1　**反击过电压**

运行经验表明，在线路落雷总数中，雷击杆塔的次数与避雷线的根数和经过地区的地形有关。雷击杆塔的次数与雷击线路总次数的比值称为击杆率 $g$，规程建议击杆率 $g$ 见表5-1。

**表5-1　击杆率 $g$**

| 地形 | 避雷线根数 | | |
|---|---|---|---|
| | 0 | 1 | 2 |
| 平原 | 1/2 | 1/4 | 1/6 |
| 山区 | 1 | 1/3 | 1/4 |

雷击杆塔塔顶时，雷电通道中的负电荷与杆塔及架空地线上的正感应电荷迅速中和形成雷电流，如图5-15所示，雷电流大部分 $i_{gt}$ 通过被击杆塔进入大地，另一部分 $i_b$ 经两侧避雷线通过相邻杆塔入地。此时，作用在线路绝缘子链上的电压（即塔顶与导线之间的电压）由下列3个分量组成：①流经杆塔的电流在杆塔电感和接地电阻上形成的压降，即塔顶电位；②由于避雷线与导线间的耦合作用而在导线上具有的电位；③雷击杆塔时，由雷电流产生的迅速变化的电磁场在导线上感应的电位。

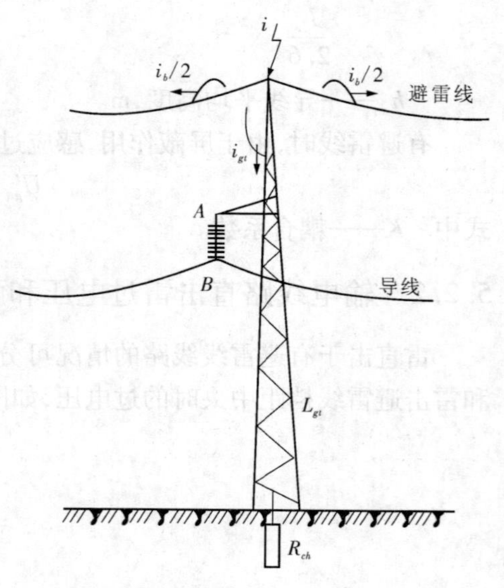

**图5-15　雷击杆顶时雷电流的分布**

1. 塔顶电位

对于一般高度（40 m以下）的杆塔，在工程近似计算中，常将本来是分布参数的杆塔电感和避雷线电感分别用集中参数 $L_{gt}$ 和 $L_b$（杆塔两侧各一档避雷线电感的并联值）来代替，这样，其等值的电路如图5-16所示。不同类型杆塔的等值电感 $L_{gt}$ 可由表5-2查取。一般情况下，单根避雷线的等值电感 $L_b$ 约为 $0.67l$ μH（$l$ 为档距长度，m），双根避雷线的 $L_b$ 约为 $0.42l$ μH，图5-16中 $R_{ch}$ 为杆塔冲击接地电阻。

考虑到雷击点到地的阻抗较低，故在计算中可略去雷电通道波阻抗的影响，流经杆塔和避雷线的电流之和就是雷电流 $i$。由于避雷线的分流作用，真正流经杆塔的电流 $i_{gt}$ 将小于雷电流 $i$，可表示为

$$i_{gt}=\beta i \tag{5-14}$$

式中　$\beta$——分流系数，其值可由图5-16(b)利用并联支路两端电压相等的原则求取。

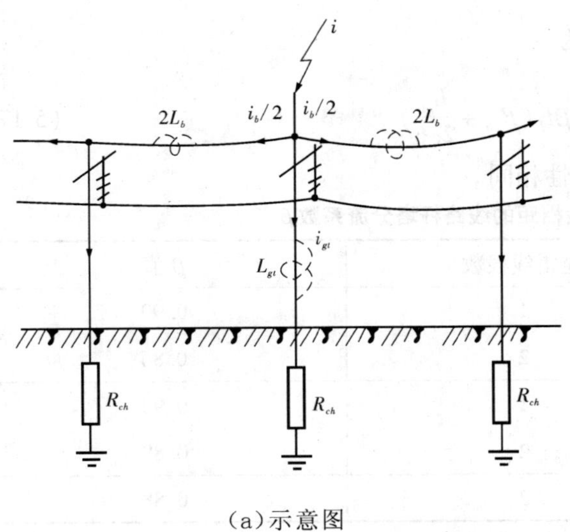

(a)示意图

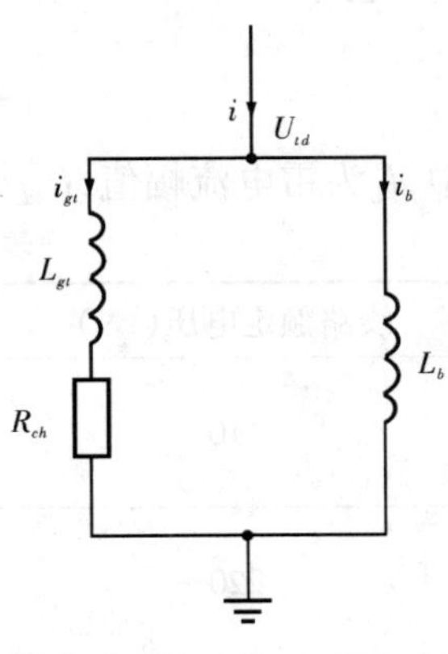

(b)等值电路图

**图 5-16　雷击杆塔示意图和等值电路**

**表 5-2　杆塔的电感和波阻抗的平均值**

| 杆塔形式 | 杆塔电感(μH/m) | 杆塔波阻抗(Ω) |
|---|---|---|
| 无拉线水泥单杆 | 0.84 | 250 |
| 有拉线水泥单杆 | 0.42 | 125 |
| 无拉线水泥双杆 | 0.42 | 125 |
| 铁　　塔 | 0.50 | 150 |
| 门 型 铁 塔 | 0.42 | 125 |

若假定雷电流为斜角波头:$i = at$,当 $t = \tau_1$ 时达最大值,则 $\beta$ 的表达式为

$$\beta = \frac{1}{1 + \frac{L_{gt}}{L_b} + \frac{R_{ch}}{L_b}t} \tag{5-15}$$

可见,$\beta$ 与杆塔的电感、避雷线电感、接地电阻和时间有关。为了便于工程应用,$t$ 值可取为雷电流由 0 至 $\tau_1$ 的平均值,即 $t = \frac{\tau_1}{2}$,因而得

$$\beta = \frac{1}{1 + \frac{L_{gt}}{L_b} + \frac{R_{ch}}{L_b}\frac{\tau_1}{2}} \tag{5-16}$$

式中　$\tau_1$——雷电流的波前时间,取为 2.6 μs。

对于不同电压等级一般长度档距的杆塔,$\beta$ 值可由表 5-3 所列数据选取。于是,塔顶电位 $U_{td}$ 为

$$U_{td} = R_{ch}i_{gt} + L_{gt}\frac{di_{gt}}{dt} = \beta R_{ch}i + \beta L_{gt}\frac{di}{dt}$$

以$\frac{di}{dt}=\frac{I_L}{2.6}$代入，则塔顶电位的幅值$U_{td}$为

$$U_{td}=\beta I_L(R_{ch}+\frac{L_{gt}}{2.6}) \tag{5-17}$$

式中，$I_L$为雷电流幅值，$U_{td}$与雷电流的极性相同。

**表5-3　一般长度档距的线路杆塔分流系数$\beta$**

| 线路额定电压(kV) | 避雷线根数 | $\beta$值 |
|---|---|---|
| 110 | 1 | 0.90 |
| | 2 | 0.86 |
| 220 | 1 | 0.92 |
| | 2 | 0.88 |
| 330 | 2 | 0.88 |

2. 导线电位

由于避雷线与塔顶连在一起，因此当雷击塔顶时，避雷线也具有相同的电位$U_{td}$，由于避雷线与导线间的耦合作用，导线上将产生耦合电压$KU_{td}$，它与$U_{td}$具有相同的极性。此外，导线上还具有另外一个电位分量，即在雷击塔顶时，雷电流产生的迅速变化的电磁场在导线上感应的电压，见式(5-13)，$U'_{gd}=\alpha h_d(1-K)$，它的极性与雷电通道中的电荷极性相反，即与雷电流极性相反，因而也与$KU_{td}$极性相反，于是导线电位$U_d$为这两者之和，即

$$U_d=KU_{td}-\alpha h_d(1-K) \tag{5-18}$$

3. 线路绝缘子上的电压

由上述可知，当雷击杆顶时，加在绝缘子链两端(图5-15中$AB$之间)的电压$U_j$即为塔顶电位与导线电位之差，其幅值为

$$\begin{aligned}U_j&=U_{td}-U_d\\&=U_{td}-KU_{td}+\alpha h_d(1-K)\end{aligned} \tag{5-19}$$

将式(5-17)及$\alpha=\frac{I_L}{2.6}$代入式(5-19)，得

$$U_j=I_L(\beta R_{ch}+\beta\frac{L_{gt}}{2.6}+\frac{h_d}{2.6})(1-K) \tag{5-20}$$

在计算时，应考虑到由于雷击时，导线、地线的表面场强较高，它们均会出现冲击电晕。而由于电晕圈的存在，导线径向尺寸等值地增大了，将使导线、地线间的耦合系数相应增大，这对防雷是有利的。用式(5-21)对$K$值进行修正

$$K=K_1K_0 \tag{5-21}$$

式中　$K_0$——几何耦合系数，它取决于导线和避雷线的几何尺寸和相对位置；

$K_1$——电晕效应修正系数，按表5-4选取。

同时还应指出的是，作用在线路绝缘子上的电压还有导线上的工作电压(工频电压)。一般情况下，对220 kV及以下的线路，由于其所占比重不大，可以略去。但对于超

高压线路则不可不计，且雷击时导线上工作电压的瞬时值及其极性应作为一个随机变量来考虑。

**表 5-4　耦合系数的电晕修正系数 $K_1$**

| 线路额定电压(kV) | 20 ~ 35 | 60 ~ 110 | 150 ~ 330 | 500 |
|---|---|---|---|---|
| 2 条避雷线 | 1. 1 | 1. 2 | 1. 25 | 1. 3 |
| 1 条避雷线 | 1. 15 | 1. 25 | 1. 3 | — |

4. 反击耐雷水平

当绝缘子链上所加电压 $U_j$ 大于其冲击闪络电压时，绝缘子链将产生闪络。由于此时杆塔电位较导线电位要高，故称此类闪络为“反击”，其相应的过电压 $U_j$ 为反击过电压。

由式(5-20)可知，杆塔绝缘子链上的电压 $U_j$ 随着雷电流的增大而增大，当 $U_j$ 等于线路绝缘子链的 50% 冲击闪络电压 $U_{50\%}$ 时，我们将对应的雷电流幅值作为雷击杆塔时线路的耐雷水平 $I_1$，其表达式为

$$I_1 = \frac{U_{50\%}}{(1-K)\left[\beta\left(R_{ch}+\frac{L_{gt}}{2.6}\right)+\frac{h_d}{2.6}\right]} \tag{5-22}$$

当雷电流值超过该线路允许的耐雷水平 $I_1$ 时，则绝缘子链将发生闪络。

规程规定，不同电压等级的输电线路雷击杆塔时的耐雷水平 $I_1$ 不应低于表 5-5 所列数值。

**表 5-5　110 kV ~ 500 kV 架空送电线路典型杆塔的耐雷水平和雷击跳闸率**

| 标称电压(kV) | 500 | 330 | 220 | 110 |
|---|---|---|---|---|
| 杆塔型式 | 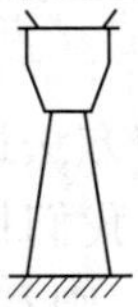 |  | 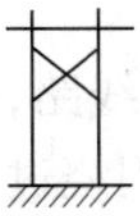 |  |
| 保护角 | 14° | 20° | 16. 5° | 25° |
| 保护方法 | 双避雷线 | 双避雷线 | 双避雷线 | 单避雷线 |
| 杆塔绝缘：绝缘子个数 | 25 × XP − 160 | 19 × CP − 10 | 13 × X − 4. 5 | 7 × X − 4. 5 |
| 杆塔绝缘：50% 冲击放电电压(正极性)(kV) | 2 138 | 1 645 | 1 200 | 700 |
| 档距长度(m) | 400 | 400 | 400 | 300 |
| 冲击接地电阻(Ω) | 7 ~ 15 | 7 ~ 15 | 7 ~ 15 | 7 ~ 15 |
| 雷击杆塔时耐雷水平(kA) | 177 ~ 125 | 155 ~ 105 | 110 ~ 76 | 63 ~ 41 |
| 建弧率 | 100% | 100% | 91. 8% | 85% |

续表 5-5

| 标称电压(kV) | | 500 | 330 | 220 | 110 |
|---|---|---|---|---|---|
| 平原线路 | 绕击率 | 0.112% | 0.238% | 0.144% | 0.238% |
| | 击杆率 | 1/6 | 1/6 | 1/6 | 1/4 |
| | 跳闸率 | 0.081 | 0.12 | 0.25 | 0.83 |
| 山区线路 | 绕击率 | 0.40% | 0.84% | 0.5% | 0.82% |
| | 击杆率 | 1/4 | 1/4 | 1/4 | 1/3 |
| | 跳闸率 | 0.17～0.42 | 0.27～0.60 | 0.43～0.95 | 1.18～2.01 |

**注:**跳闸率栏,平原对应 $R_i=7\ \Omega$,山区两数据分别对应 $R_i$ 为 7 Ω 和 15 Ω。

从式(5-22)可以看出,雷击杆顶的耐雷水平与分流系数 $\beta$、杆塔的冲击接地电阻 $R_{ch}$、杆塔等值电感 $L_{gt}$、导线地线间的耦合系数 $K$ 和绝缘子串的50%冲击闪络电压 $U_{50\%}$ 有关。实际工程上往往以降低杆塔冲击接地电阻 $R_{ch}$ 和提高耦合系数 $K$ 作为提高耐雷水平 $I_1$ 的主要手段。这是因为对于一般高度的杆塔,一方面雷击杆塔时,冲击接地电阻 $R_{ch}$ 上的压降是塔顶电位的主要部分;另一方面降低 $R_{ch}$ 比降低 $L_{gt}$ 实施起来要容易和经济得多。这就是在建设输电线路时,要求每一杆塔必须接地且接地电阻必须小于某一规定数值的道理。同时,增大耦合系数 $K$ 可以减小雷击杆顶时导线上的感应电压和增加导线上的耦合电压,它们均使加在绝缘子串上的电压数值减小,同样可以提高耐雷水平。常用措施有将单根避雷线改为双避雷线,或在导线的下方增设架空地线(亦称耦合地线),以增加导线、地线间的耦合作用,同时也增加了地线的分流作用,使 $\beta$ 减小。显然,距避雷线较远的导线因其耦合系数 $K$ 较小而一般较易发生反击。

#### 5.2.2.2 绕击过电压

对一些重要的输电线路,我们采用沿全线架设避雷线的方法进行直击雷防护。但即便如此,线路仍然有雷闪绕过避雷线而击中导线的可能性。我们把雷闪绕过避雷线击中导线的现象称为绕击。虽然绕击的概率很小,但一旦发生,则往往会引起绝缘子链的闪络。

1. 绕击率

绕击率是指一次雷击线路出现绕击的概率。对于一般工程实际问题,往往采用模拟实验和现场运行经验中得出的经验公式来求取绕击概率,认为绕击概率与避雷线对外侧导线的保护角 $\alpha$(见图 5-17)、杆塔高度和线路经过地区的地形地貌和地质条件有关。规程建议用下列公式计算绕击率 $P_a$:

$$\left.\begin{aligned} &\text{平原地区} \qquad \lg P_a=\frac{\alpha\sqrt{h}}{86}-3.9 \\ &\text{山　　区} \qquad \lg P'_a=\frac{\alpha\sqrt{h}}{86}-3.35 \end{aligned}\right\} \tag{5-23}$$

式中　$P_a$——绕击率;

$\alpha$——避雷线对外侧导线的保护角(°);

$h$——杆塔高度，m。

从式(5-23)可知，山区的绕击率为平原地区的3倍左右，或相当于保护角增大8°左右。从减小绕击率的观点出发，应尽量减小保护角 $\alpha$ 和降低杆塔高度 $h$，即采用双避雷线为宜。

2. 绕击过电压的计算

发生绕击时，导线出现过电压的情况和无避雷线时是完全一样的。只是有了避雷线减小了雷直击导线的概率而已。

如图5-18所示，绕击时雷击点总阻抗为 $Z_j = Z_d/2$（$Z_d$ 为导线波阻抗），其等值电路如图5-5(b)所示。根据式(5-3)，流经雷击点的雷电流为 $i_Z$，有

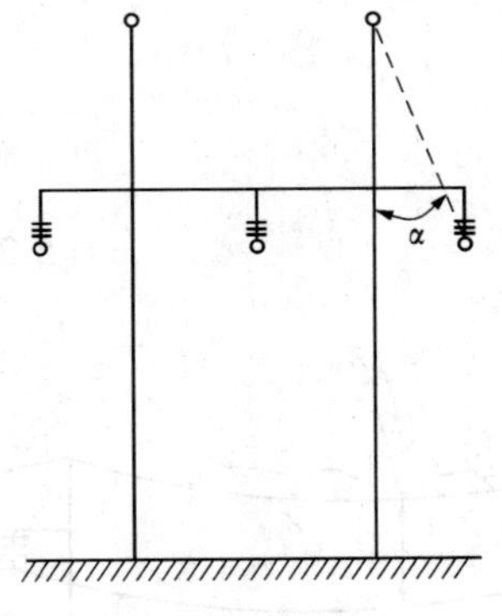

图5-17 保护角 $\alpha$

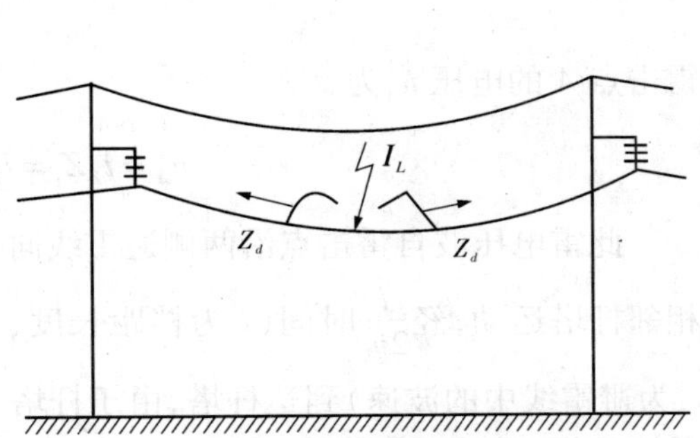

图5-18 雷绕击导线

$$i_Z = i_L \frac{Z_0}{Z_0 + Z_j} = \frac{i_L}{1 + \frac{Z_d/2}{Z_0}}$$

导线上电压为 $u_d$，则

$$u_d = i_Z Z_j = i_Z \frac{Z_d}{2} = i_L \frac{Z_0 Z_d}{2Z_0 + Z_d}$$

其幅值为

$$U_d = I_L \frac{Z_0 Z_d}{2Z_0 + Z_d} \tag{5-24}$$

3. 绕击耐雷水平

从式(5-24)可知，绕击时导线上电压幅值 $U_d$ 随雷电流幅值 $I_L$ 的增加而增大，若此电压超过线路绝缘子链的冲击闪络电压 $U_{50\%}$，绝缘子将发生闪络，则绕击的耐雷水平 $I_2$ 可令 $U_d$ 等于绝缘子链50%闪络电压 $U_{50\%}$ 来计算。

$$I_2 = U_{50\%} \frac{2Z_0 + Z_d}{Z_0 Z_d} \tag{5-25}$$

我们把 $I_2$ 称为绕击时某线路的耐雷水平，它是绕击情况下能引起线路绝缘子链发生50%闪络概率的雷电流幅值。

规程认为 $Z_0 \approx \frac{Z_d}{2}$，则有以下更简便的估算公式

$$I_2 \approx U_{50\%} \frac{4}{Z_d} \approx \frac{U_{50\%}}{100} \tag{5-26}$$

根据计算，35 kV、110 kV、220 kV、330 kV、500 kV 线路的绕击耐雷水平分别为 3.5 kA、7 kA、12 kA、16 kA、27.4 kA 左右，其值较雷击杆塔时耐雷水平小得多。

#### 5.2.2.3 雷击避雷线档距中央时的过电压

雷击避雷线档距中央见图 5-19，雷击点阻抗为 $Z_b/2$（$Z_b$ 为避雷线的波阻抗）时，由于 $Z_b/2$ 和雷电通道波阻抗 $Z_0$ 可以比较，故不能像雷击杆塔时那样忽略，根据式(5-3)，流入雷击点的雷电流 $i_Z$ 为

$$i_Z = i_L \frac{Z_0}{Z_0 + Z_j} = \frac{i_L}{1 + \dfrac{Z_b/2}{Z_0}}$$

雷击点 $A$ 的电压 $u_A$ 为

$$u_A = i_Z Z_j = i_Z \frac{Z_b}{2} = i_L \frac{Z_0 Z_b}{2Z_0 + Z_b} \tag{5-27}$$

此雷电压波自雷击点沿两侧避雷线向相邻杆塔运动，经 $\frac{l}{2v_b}$ 时间（$l$ 为档距长度，$v_b$ 为避雷线中的波速）到达杆塔，由于杆塔的接地作用，在杆塔处将有一负反射波返回雷击点，又经 $\frac{l}{2v_b}$ 时间，此负反射波到达雷击点，若此时雷电流尚未到达幅值（即 $2 \times \frac{l}{2v_b}$ 小于雷电流波头），则雷击点的电位自负反射波到达之时开始下降。故雷击点 $A$ 的最高电位将出现在 $t = 2 \times \frac{l}{2v_b} = \frac{l}{v_b}$ 时刻。

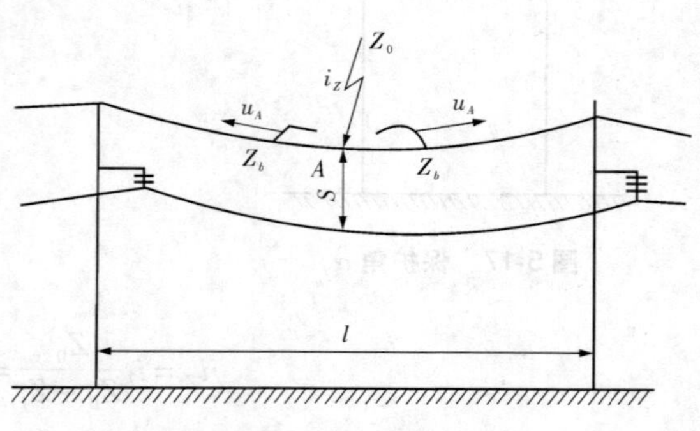

图 5-19 雷击避雷线档距中央

假定雷电流取为斜角波头，即 $i_L = at$，则根据式(5-27)以 $t = \frac{l}{v_b}$ 代入，可得雷击点的最高电位为

$$U_A = a \times \frac{l}{v_b} \times \frac{Z_0 Z_b}{2Z_0 + Z_b}$$

由于避雷线与导线间的耦合作用，$U_A$ 将在导线上产生耦合电压 $KU_A$，故雷击处避雷线与导线间的空气间隙 $S$ 上所承受的最大电压 $U_S$ 为

$$U_S = U_A(1 - K) = a \times \frac{l}{v_b} \times \frac{Z_0 Z_b}{2Z_0 + Z_b}(1 - K) \tag{5-28}$$

从式(5-28)可知，雷击避雷线档距中央时，雷击处避雷线与导线间的空气间隙 $S$ 上的电压与耦合系数 $K$、雷电流陡度 $a$ 以及档距长度 $l$ 有关，当此电压 $U_S$ 的数值超过空气间隙 $S$ 的放电电压时，间隙将被击穿造成短路事故。

为了不使间隙击穿，不是设法降低 $U_S$ 的数值，而是采用选取适当的间隙距离的办法。

根据式(5-28),按照空气间隙的抗电强度,可以计算出不发生击穿的最小空气距离 $S$。经过我国多年运行经验的修正,规程认为对于一般档距的线路,如果档距中央导线、地线间的空气距离 $S$ 满足下述经验公式,一般不会发生击穿事故。

$$S = 0.012l + 1 \quad (\mathrm{m}) \tag{5-29}$$

式中 $l$——档距长度,m。

对于大跨越档距,若$\frac{l}{v_b}$大于雷电流波头,则相邻杆塔来的负反射波到达雷击点 $A$ 时,雷电流已过峰值,故雷击点的最高电位由雷电流峰值所决定。导线、地线间的距离 $S$ 将由雷击点的最高电位和间隙平均击穿强度所决定。

## 5.2.3 输电线路的雷击跳闸率

输电线路遭受雷击时,并非每次雷击都会使输电线路发生绝缘闪络事故而引起线路跳闸停电。只有当雷电流超过线路耐雷水平时才能引起线路绝缘发生冲击闪络,这时,雷电流沿闪络通道入地,但由于时间只有几十微秒,线路开关来不及动作,只有当沿闪络通道流过的工频短路电流的电弧持续燃烧时间等于或超过继电保护的整定时间时,线路才会跳闸停电。所以,研究线路雷击跳闸率必须考虑上述因素的作用。

输电线路的雷击跳闸率是指 40 个雷暴日情况下,每 100 km 线路每年因雷击引起的线路跳闸次数,用 $n$ 表示,单位为:次/(100 km · a)。

### 5.2.3.1 建弧率 $\eta$

线路着雷且雷电流超过线路的耐雷水平引起线路绝缘发生冲击闪络时,由于冲击闪络时间很短不会引起线路跳闸,但若雷电消失后由工作电压产生的工频电弧继续稳定存在,则将造成跳闸。从冲击闪络转为工频电弧的概率称为建弧率,以 $\eta$ 表示。它与弧道中的平均电场强度有关,也与闪络瞬间工频电压的瞬时值和去游离条件有关。根据实验和运行经验,建弧率可按式(5-30)计算:

$$\eta = (4.5E^{0.75} - 14) \times 10^{-2} \tag{5-30}$$

式中 $E$——绝缘子串的平均运行电压梯度有效值,kV/m。

$$\left.\begin{aligned} &\text{对中性点直接接地系统} \qquad E = \frac{U_e}{\sqrt{3}L_j} \\ &\text{对中性点非直接接地系统} \qquad E = \frac{U_e}{2L_j + L_m} \end{aligned}\right\} \tag{5-31}$$

式中 $U_e$——线路额定电压(线电压),kV;

$L_j$——每一相绝缘子串的闪络距离,m;

$L_m$——木横担线路的线间距离,m,对铁横担和水泥横担 $L_m = 0$。

实践证明,当 $E \leqslant 6$ kV/m 时,建弧率极小,可以认为 $\eta = 0$。

### 5.2.3.2 有避雷线线路雷击跳闸率的计算

运行经验表明,对于 110 kV 及以上的输电线路,雷击线路附近地面时的感应过电压一般不会引起闪络。因此,在求 110 kV 及以上有避雷线线路的雷击跳闸率时,只讨论雷击杆塔顶和绕击的情况。

1. 雷击杆顶时的跳闸率 $n_1$

如前所述，若 $T_d=40,\gamma=0.015$，则每 100 km 有避雷线的线路落雷次数 $N=0.6h_b'$（$h_b'$ 为避雷线对地平均高度，m）。若击杆率为 $g$，则每 100 km 每年雷击杆塔的次数为 $N_g=0.6h_b'g$ 次；若雷击杆塔时的耐雷水平为 $I_1$，雷电流超过 $I_1$ 的概率为 $P_1$，则 100 km 线路每年雷击杆塔的跳闸次数（即反击跳闸率）$n_1$ 为

$$n_1=0.6h_b'g\eta P_1 \tag{5-32}$$

2. 绕击跳闸率 $n_2$

设绕击率为 $P_a$，100 km 有避雷线的线路每年（40 个雷暴日）落雷次数为 $N_{P_a}=0.6h_b'P_a$，绕击时的耐雷水平为 $I_2$，雷电流幅值超过 $I_2$ 的概率为 $P_2$，则 100 km 线路每年的绕击跳闸次数 $n_2$ 为

$$n_2=0.6h_b'P_a\eta P_2 \tag{5-33}$$

3. 线路雷击跳闸率 $n$

如前所述，若避雷线与导线在档距中央处的空气间隙距离 $S$ 满足式(5-29)，则雷击避雷线档距中央一般不会发生击穿事故，故其跳闸率可视为零。

因此，线路雷击跳闸率 $n$ 为

$$n=n_1+n_2=0.6h_b'\eta(gP_1+P_aP_2) \quad （次/(100\ \text{km}\cdot\text{a})） \tag{5-34}$$

【例 5-1】 某 220 kV 双避雷线线路经过平原地区，铁塔结构如图 5-20 所示。绝缘子串采用 13 片 $X-7$ 型盘形悬式绝缘子，其 $U_{50\%}=1\ 200$ kV，绝缘子串长 2.2 m，杆塔冲击接地电阻 $R_{ch}=7\ \Omega$，避雷线的直径为 10 mm，避雷线和导线的弧垂分别为 6 m 和 13 m，已知双避雷线对外侧导线的几何耦合系数 $K_0=0.215$，求该线路的耐雷水平和雷击跳闸率。

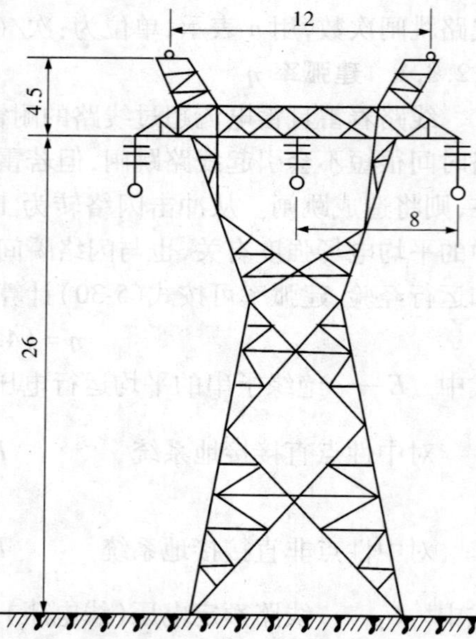

图 5-20 某 220 kV 线路杆塔尺寸示意图
（单位：m）

解：避雷线的平均高度为

$$h_b'=h_b-\frac{2}{3}f_b=(26+4.5)-\frac{2}{3}\times 6=26.5(\text{m})$$

导线平均高度为

$$h_d'=h_d-\frac{2}{3}f_d=(26-2.2)-\frac{2}{3}\times 13=15.1(\text{m})$$

考虑电晕的影响，由表 5-4 查得电晕修正系数 $K_1=1.25$，所以修正后的耦合系数为

$$K=K_1K_0=0.215\times 1.25=0.269$$

查表 5-2 得，铁塔的等值电感为

$$L_{gt}=0.5\times(26+4.5)=15.25(\mu\text{H})$$

查表 5-3 得，分流系数为

$$\beta=0.88$$

由式(5-22)得,雷击杆塔时(反击)耐雷水平为

$$I_1 = \frac{U_{50\%}}{(1-K)\left[\beta\left(R_{ch}+\frac{L_{gt}}{2.6}\right)+\frac{h_d}{2.6}\right]}$$

$$= \frac{1\ 200}{(1-0.269)\left[0.88\times\left(7+\frac{15.25}{2.6}\right)+\frac{15.1}{2.6}\right]} = 95.8(\text{kA})$$

由式(5-26)得绕击耐雷水平为

$$I_2 \approx \frac{U_{50\%}}{100} = \frac{1\ 200}{100} = 12(\text{kA})$$

由式(5-4):$\lg P = -\frac{I_L}{88}$得,雷电流峰值超过耐雷水平 $I_1$ 和 $I_2$ 的概率 $P_1$ 和 $P_2$ 分别为:

$$P_1 = 8.15\%, P_2 = 73.05\%$$

查表 5-1,得击杆率为 $g = \frac{1}{6}$。

由式(5-31),计算绝缘子串的平均运行电压梯度有效值 $E$。

对中性点直接接地系统:$E = \frac{U_e}{\sqrt{3}L_j}$,则

$$E = \frac{220}{\sqrt{3}\times(13\times 0.146)} = 66.92(\text{kV})$$

代入式(5-30),得建弧率 $\eta$

$$\eta = (4.5\times 66.92^{0.75} - 14)\times 10^{-2} = 0.912\ 9$$

由式(5-23),得绕击率 $P_a$ 为

平原地区 $\lg P_a = \frac{\alpha\sqrt{h}}{86} - 3.9 \quad (\alpha = 16.5°)$

$$P_a = 0.144\%$$

根据式(5-34),得雷击跳闸率 $n$ 为

$$n = 0.6h'_b\eta(gP_1 + P_aP_2)$$

$$= 0.6\times 26.5\times\frac{91.29}{100}\times\left(\frac{1}{6}\times\frac{8.15}{100}+\frac{0.144}{100}\times\frac{73.05}{100}\right)$$

$$= 0.21(\text{次}/(100\ \text{km}\cdot\text{a}))$$

### 5.2.4 输电线路的防雷措施

线路防雷问题是一个技术经济问题,一方面,我们不希望线路由于雷击引起频繁跳闸,造成经济上的较大损失,因而必须采取防雷措施;另一方面,如在防雷方面要求过高,从而使投资过分增大,也是不可取的。因此,在确定线路防雷方式时,应全面考虑线路的电压等级、重要程度和系统运行方式。根据线路经过地区雷电活动的强弱、地形地貌的特点、土壤电阻率高低等条件,结合当地原有线路的运行经验,按技术经济比较的结果,因地

制宜,采用合理的防雷保护措施。

5.2.4.1　**架设避雷线**

架设避雷线是高压和超高压输电线路最基本的防雷措施。其主要作用是防止雷直击于导线;此外,雷击杆顶时还有分流作用,可以减小流入杆塔的雷电流,降低塔顶电位;对导线有耦合作用,可以降低导线上的感应过电压。

我国规程规定,330 kV 及以上输电线路,应全线架设双避雷线;山区的 220 kV 线路也应全线架设双避雷线,但少雷区可只架设单根避雷线;110 kV 线路一般也应全线装设避雷线。在雷电活动特别强烈的地区,保护角一般取 20° ~30°,330 kV 及 220 kV 双避雷线,一般采用 20°左右,500 kV 线路应采用 10° ~15°以下甚至负的保护角(避雷线位于导线外侧)。至于 35 kV 及以下的线路,因绝缘很弱,装避雷线的效果不大,故一般不沿全线架设避雷线。

为了降低正常工作时避雷线中电流所引起的附加损耗和将避雷线兼作通信用,可将避雷线经小间隙对地绝缘起来,雷击时此小间隙击穿,避雷线接地。

5.2.4.2　**降低杆塔接地电阻**

对于一般高度的杆塔,降低杆塔接地电阻是提高线路耐雷水平、防止反击的有效措施。避雷线应在每基杆塔处接地。规程规定有避雷线的线路,每基杆塔(不连避雷线时)的工频接地电阻,在雷季干燥时不宜超过表 5-6 所列数值。

**表 5-6　有避雷线输电线路杆塔的工频接地电阻**

| 土壤电阻率(Ω · m) | 100 及以下 | 100 ~500 | 500 ~1 000 | 1 000 ~2 000 | 2 000 以上 |
|---|---|---|---|---|---|
| 接地电阻 (Ω) | 10 | 15 | 20 | 25 | 30 |

土壤电阻率低的地区,应充分利用杆塔的自然接地电阻,采用与线路平行的地中延长地线的方法,可以因其与导线间的耦合作用而降低绝缘子串上的电压,从而使线路的耐雷水平提高。对高土壤电阻率地区,降低接地电阻有困难时,可采用多根放射形接地体,或再配合使用降阻剂以降低接地电阻。

5.2.4.3　**架设耦合地线**

在降低接地电阻有特殊困难的线段,可以在导线的下面加架一条架空地线,亦称耦合地线。其作用是加强避雷线与导线间的耦合作用,使线路绝缘子链上的过电压降低;同时还可增加对雷电流的分流作用。运行经验证明,加耦合地线对降低线路跳闸率的作用是很显著的(约降低 50%)。

5.2.4.4　**加强绝缘**

在冲击电压作用下木材是较良好的绝缘,因此可以采用木横担来提高耐雷水平和降低建弧率,而我国受客观条件限制一般不采用木绝缘。输电线路通过特殊地段(如跨越大江、跳跃两座山丘等)时,要采用特殊高杆塔,这种高杆塔上的落雷几率增大,其等值电感大,塔顶电位高;感应过电压高;绕击率也随高度而增加。这些都使线路跳闸率增大。为了降低雷击跳闸率,可在高杆塔上增加绝缘子片数,增大大跨越档距地线与导线之间的距离,以加强线路绝缘。因此,规程规定,特高杆塔中,全高超过 40 m 有避雷线的杆塔,每增高 10 m 应增加一片绝缘子；全高超过 100 m 的杆塔，绝缘子数应结合运行经验通过专门的计算来确定。

### 5.2.4.5 采用中性点经消弧线圈接地方式

对雷电活动强烈而接地电阻又难以降低的地区，对 110 kV 电网可考虑将中性点直接接地改为经消弧线圈接地。这样，绝大多数的单相雷闪接地故障能被消弧线圈所消除；而两相或三相落雷时，由于先对地闪络的一相并不会引起跳闸，该导线相当于一条地线，增加了耦合作用，使未闪络相的绝缘子链上的电压下降，从而提高了耐雷水平。35 kV 电网的中性点总是绝缘的，需要时也可通过消弧线圈接地，以改善防雷性能。

### 5.2.4.6 采用不平衡绝缘方式

在现代高压及超高压线路中，同杆架设的双回路线路日益增多，对此类线路在采用通常的防雷措施尚不能满足要求时，还可以采用不平衡绝缘方式来降低双回路雷击同时跳闸率，以保证不中断供电。不平衡绝缘的原则是使两回路的绝缘子串片数有差异，这样，雷击时绝缘子串片数少的回路先闪络，闪络后的导线相当于地线，增加了对另一回路导线的耦合作用，提高了另一回路的耐雷水平，使之不发生闪络以保证继续供电。一般认为，两回路绝缘水平的差异宜为$\sqrt{3}$倍相电压（峰值），差异过大将使线路总故障率增加，差异究竟为多少，应从各方面进行技术经济比较来决定。

### 5.2.4.7 装设自动重合闸

由于雷击造成的闪络大多能在跳闸后自行恢复绝缘性能，所以重合闸成功率较高。因此，安装自动重合闸对于降低线路的雷击事故率具有较好的效果。据统计，我国 110 kV 及以上的高压线路重合闸成功率在 75% ~95% ，35 kV 及以下线路为 50% ~80% 。因此，各级电压的线路应尽量装设自动重合闸装置。

### 5.2.4.8 线路交叉部分的防雷保护

线路交叉处可能形成较弱的空气间隙绝缘，雷击时绝缘弱点发生闪络，可能使两条相互交叉的线路同时跳闸，并将引起电力系统继电保护的非选择性动作，扩大系统事故；如果是不同电压等级的架空线路交叉处发生闪络，将给较低电压网络的电气设备带来严重危害；如高压线路对通信线路发生闪络，其危害性就更大，甚至可能造成人身事故。为此，必须加强线路交叉处的防雷保护。

其保护方法主要是：交叉应尽可能靠近杆塔处，交叉档两端的钢筋混凝土杆或铁塔，其上下方线路如共四基杆塔，则无论有无避雷线，均应接地，接地电阻应满足表 5-6 的要求。与 3 kV 及以上电力线路交叉的低压线路和通信线路，当交叉档两端为木杆时，应装设管型避雷器或保护间隙。如交叉点到最近杆塔不超过 40 m，只需在该最近杆塔加保护即可。如交叉距离满足表 5-7 规定的要求，则交叉档不需任何保护措施。

**表 5-7 同级电压线路相交叉或与较低电压线路、通信线路交叉时的交叉距离**

| 额定电压（kV） | 1 以下 | 3 ~ 10 | 20 ~ 110 | 154 ~ 220 | 330 | 500 |
|---|---|---|---|---|---|---|
| 交叉距离（m） | 1 | 4 | 5 | 6 | 7 | 9 |

### 5.2.5　各级电压线路防雷的具体措施

#### 5.2.5.1　3 ~ 10 kV 线路

3 ~ 10 kV 架空配电线路，绝缘水平较低，通常只有一个针式绝缘子，避雷线的作用非常小，不用架设。可利用钢筋混凝土杆的自然接地，并采用中性点不接地方式。这样，雷击发生单相对地闪络时，可不跳闸。为提高供电可靠性，可投入自动重合闸。对一般配电线路，因其重要性不像高压输电线那样大，这样已能满足要求。当然，市区的供电可靠性要求高一些，但因线路在市区受建筑物和树木的屏蔽，遭受雷击机会较少，一般也能满足供电的要求。

在南方，雷电活动较强烈，线路遭受雷击机会较多，往往会造成绝缘子击穿和烧断导线事故。对此，可因地制宜采用高一电压等级的绝缘子，或顶相用针式而边相改用两片悬式绝缘子；也可采用瓷横担，以提高线路的绝缘水平。为减少雷击引起工频电弧烧断导线事故，在满足继电保护配合的情况下，应尽可能压缩断路器的跳闸时间。对高土壤电阻率的易击区的混凝土杆，除杆身自然接地外，还可适当增加人工接地体；对线路的易击点可装设无续流管式避雷器（可以三相同时装）。避雷器不足时，也可只装顶相，因顶相遭雷击的机会比边相多得多。

#### 5.2.5.2　35 ~ 60 kV 线路

35 kV 线路一般不装避雷线。对于 60 kV 的线路，在雷电活动较少的地区，也不沿全线架设避雷线。一方面是为了节约线路投资；另一方面也是由于电压等级较低，其绝缘水平相应较低。因此，装设避雷线提高线路的可靠性的作用较小。

为提高不装避雷线的 35 ~ 60 kV 线路的供电可靠性，一般采用中性点不接地的运行方式（三相导线作三角形排列）。当雷击一相导线时，如雷电流不太大（或是感应过电压），一般只发生单相接地。由于中心点不接地，系统的接地电流只是线路对地的电容电流，其数值不大，能自行熄灭，因而不会引起供电中断。如线路较长，可在中性点装消弧线圈，以补偿接地点的电容电流；或采用线路自动重合闸、环网等供电方式，也能使不沿全线架设避雷线的 35 ~ 60 kV 线路得到较满意的防雷效果。

#### 5.2.5.3　110 ~ 500 kV 线路

110 kV 线路，一般沿全线架设避雷线，在雷电活动特别强烈的地区，宜架设双避雷线，其保护角一般取 $\alpha = 20° \sim 30°$。在少雷区或运行经验证明雷电活动轻微的地区，可不沿全线架设避雷线，但应装设自动重合闸装置。

220 kV 线路应沿全线架设避雷线，在山区宜架设双避雷线（但少雷区除外），保护区取 $\alpha = 20°$左右。

330 ~ 500 kV 线路，绝缘水平和耐雷水平均增大。但考虑到每条线路的长度增加，带来线路落雷总次数增大、线路的平均高度增大、经过山区的可能性也增大，故使反击和绕击率均增大。更主要的是，线路输送的功率越大，重要性也就越高。考虑这些原因，对 330 ~ 500 kV 线路，一律沿全线架设双避雷线，保护角采用 $\alpha = 10° \sim 20°$。

线路装设避雷线后，杆塔必须良好接地，其工频接地电阻，在雷季干燥时，不宜超过表 5-6给出的数值。

在高土壤电阻率地区，杆塔的工频接地电阻要达到表5-6的数值较困难。目前较有效的办法是敷设多根射线（在2 000 Ω·m左右的地区，一般敷设6～8根60 m长的射线），可将接地电阻降到30 Ω。在土壤电阻率特别高的地区，可采用两根连续伸长接地线，它具有耦合作用、可降低杆塔的冲击接地电阻、避免末端反射，因而降低了塔顶电位，提高了杆塔的耐雷水平；但主要还是降低了波阻抗，从而可取得较好的防雷效果。

对单避雷线的110～220 kV线路，若在运行中雷害事故频繁，或查明常发生选择性雷击的线段，单靠改善接地难以奏效时，可补架成双避雷线。由于杆塔的结构原因，增加避雷线有困难的情况下，可在导线下方架设一根架空地线，同样具有耦合作用，可降低绝缘子链上的电压，提高耐雷水平。架空地线又叫耦合地线，还具有屏蔽、分流作用，利用它也能收到良好的防雷效果。

由于雷击造成的闪络，大多数能在跳闸后自行恢复绝缘性能，所以重合闸成功率较高，因此各级电压的线路应尽量装设自动重合闸。

## 5.3 发电厂、变电所防雷保护

发电厂、变电所是电力系统的中心环节，如果发生雷击事故，大气过电压会使变压器等设备内绝缘发生损坏，将造成大面积停电，严重影响国民经济和人民生活。因此，发电厂、变电所的防雷保护必须是十分可靠的。

发电厂、变电所遭受的雷害可能来自三个方面：①雷直击于发电厂、变电所的导线或设备；②发电厂、变电所避雷针上落雷时产生的感应过电压；③沿输电线路向发电厂、变电所入侵的雷电波。

发电厂、变电所属于“集中型”设施，对直击雷的保护，一般采用避雷针或避雷线。我国运行经验表明，凡装设符合规程要求的避雷针的发电厂和变电所，绕击和反击事故率是非常低的。

对于线路落雷频繁，由线路入侵的雷电波，虽受到线路绝缘的限制，但线路绝缘水平比发电厂、变电所设备的绝缘水平高，若不采取防护措施，将会造成发电厂、变电所电气设备的损坏事故。其主要防护措施是在发电厂、变电所内装设避雷器来限制入侵雷电波的幅值，使设备上的过电压不超过其冲击耐压值；在发电厂、变电所的进线段上设置进线保护段以限制流经避雷器的雷电流和入侵雷电波的陡度；此外，对直接与架空线路相连的旋转电机（即直配电机），还在电机母线上装设电容器，限制入侵雷电波陡度以保证匝间和中性点绝缘。

### 5.3.1 发电厂、变电所的直击雷防护

为了防止雷直击于发电厂、变电所，可以装设避雷针或避雷线。基本原则是：所有被保护设备（电气设备、烟囱、冷却塔，水电厂的水工建筑物，易燃易爆装置等）均应在避雷针（线）的保护范围之内；还应采取措施防止当雷击避雷针后，它的对地电位可能很高而使避雷针对被保护设备发生放电的反击事故。

当雷击避雷针时，雷电流流经避雷针及其接地装置，如图5-21所示。独立避雷针与

架构间的空气距离为 $S_k$，避雷针的接地体与构架的接地体的地中距离为 $S_d$。设独立避雷针的架构高为 $h$，冲击接地电阻为 $R_{ch}$，等值电感为 $L$（$L=1.3h$），则当雷击于避雷针时，在避雷针上高为 $h$ 处出现的电位为 $u_A$，接地装置上的电位为 $u_B$，且

$$u_A = iR_{ch} + L\frac{di}{dt} \tag{5-35}$$

$$u_B = iR_{ch} \tag{5-36}$$

假定空气间隙的击穿场强为 $E_A$（kV/m），则为了防止反击，$S_k$ 应满足下列关系：

$$S_k > u_A/E_A \tag{5-37}$$

又假定土壤的击穿场强为 $E_B$（kV/m），则为了防止反击发生在地中，$S_d$ 应满足下列要求：

$$S_d > u_B/E_B \tag{5-38}$$

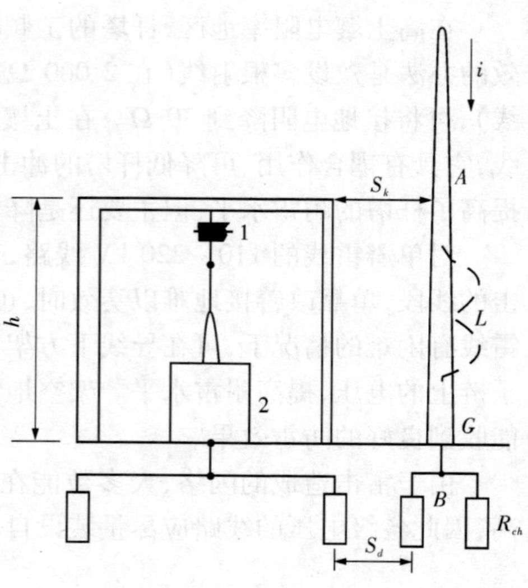

1—母线；2—变压器

**图 5-21　独立避雷针进行直击雷防护示意图**

规程规定，取雷电流幅值为 $I_L=150$ kA，雷电流平均上升陡度为 $\frac{di}{dt}=30$ kA/μs，并设避雷针的电感为 1.7 μH/m，故由式（5-35）、式（5-36）知 $u_A=150R_{ch}+51h$，$u_B=150R_{ch}$，为防止反击，避雷针与被保护设备的空气距离，接地装置之间的距离应分别满足（若假设空气的平均抗电强度和接地处土壤的抗电强度均为 500 kV/m）：

$$S_k > 0.3R_{ch} + 0.1h \quad (\text{m}) \tag{5-39}$$

$$S_d > 0.3R_{ch} \quad (\text{m}) \tag{5-40}$$

一般情况下，$S_k$ 不应小于 5 m，$S_d$ 不应小于 3 m。

将避雷针装在构架上，有造价低廉、便于布置的优点。对于 110 kV 及以上的配电装置，在土壤电阻率不高的地区，一般允许将避雷针装在配电装置的构架上，这是由于此类电压等级配电装置的绝缘水平较高，雷击避雷针时在配电构架上出现的高电位不会造成反击事故。但装设避雷针的配电构架应装设辅助接地装置，此接地装置与变电所接地网的连接点离变压器接地装置与变电所接地网的连接点之间的距离不应小于 15 m，目的是使雷击避雷针时在避雷针接地装置上产生高电位，在沿接地网向变压器接地点传播的过程中逐渐衰减，以便到达变压器接地点时不会造成变压器的反击事故。由于变压器的绝缘较弱，又是变电所中最重要的设备，故不允许在变压器门形构架上装设避雷针。在土壤电阻率 $\rho>1\ 000\ \Omega\cdot\text{m}$ 的地区，不宜装设架构避雷针。

对于 35 kV 及以下的变电所，由于其绝缘水平较低，所以不允许将避雷针装设在配电构架上，以免出现反击事故，而需要装设独立避雷针，并应满足不发生反击的要求。

线路终端杆塔上的避雷线能否与变电所构架相连，也可按上述装设避雷针的原则（即是否会发生反击）来处理。110 kV 及以上的变电所允许相连，但土壤电阻率 $\rho>1\ 000\ \Omega\cdot\text{m}$ 的地区，应装设集中接地装置。35 kV 及以下的变电所一般不允许相连，规程建议 $\rho$ 不大于 500 $\Omega\cdot\text{m}$ 的地区则可相连。

发电厂主厂房、变电所的主控制室和35 kV及以下的户内配电装置室一般不需装设直击雷防护装置，只将其金属结构接地即可。发电厂、变电所内的其他建筑物如金属结构或金属屋顶，只需将它多点可靠接地就行了。一般每隔20 m左右引下一根接地线，并装设集中接地装置。

## 5.3.2 变电所的侵入波过电压防护

已在输电线上形成的雷闪过电压，会沿输电线路运动至变电所的母线上，并对与母线有连接的电气设备构成威胁。为防止侵入变电所的行波损坏电气设备，应从两方面采取保护措施：①使用氧化锌避雷器；②在近变电所适当距离内装设可靠的进线段保护。

### 5.3.2.1 避雷器的保护作用

使用避雷器后，可将侵入变电所的雷电波限制在一定的数值（避雷器放电）。

图5-22(a)是用避雷器保护变压器的接线图。避雷器紧靠变压器安装（即认为变压器与避雷器之间的距离为零），雷电波 $u(t)$ 沿线路袭来，通过 $A$ 点后向远处继续运动，不考虑远处来的反射波（即设导线为无限长）。假定避雷器的伏秒特性 $u_s(t)$ 和伏安特性 $u_A=f(i_a)$ 为已知。避雷器动作前，相当于末端短路，其等值电路如图5-23(a)所示，作用在避雷器上的过电压就是入侵波，即 $u_A=u(t)$；当 $u(t)$ 上升到 $U_d$ 时，避雷器动作，此时相当于在 $A$ 点并联一非线性电阻支路，如图5-23(b)，并有如下方程组：

$$\left.\begin{aligned} 2u(t) &= \left(i_a+\frac{u_A}{Z}\right)Z+u_A \\ u_A &= f(i_a) \end{aligned}\right\}$$

或

$$\left.\begin{aligned} u_A+i_a\frac{Z}{2} &= u(t) \\ u_A &= f(i_a) \end{aligned}\right\} \tag{5-41}$$

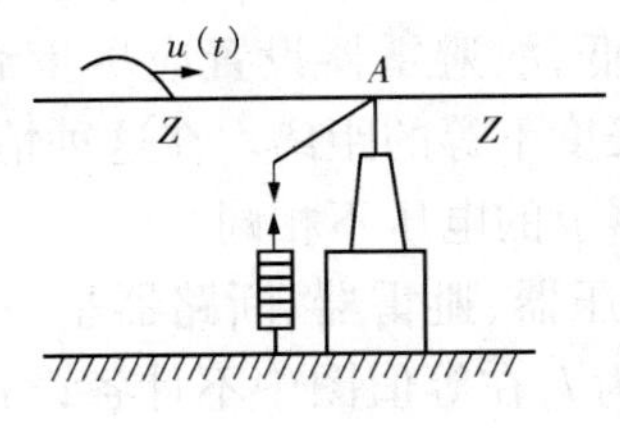


(a)避雷器接在变压器端子上的接线

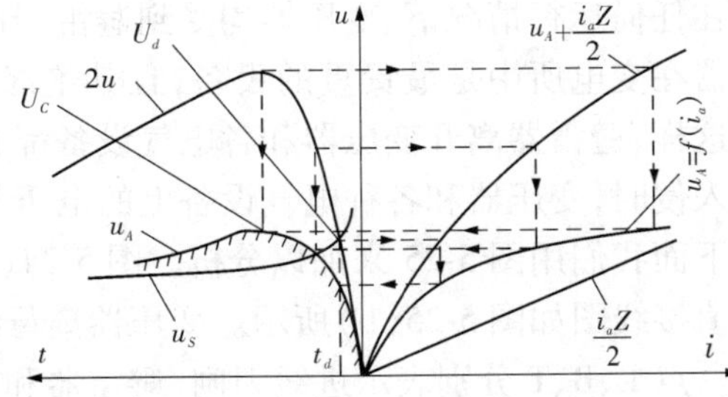


(b)避雷器电压的图解

**图5-22 电压波入侵时避雷器图解**

这是一个非线性方程，$Z$ 是线路波阻抗，当 $u(t)$、$u_A=f(i_a)$ 已知时，可用图解法求解，图5-22(b)是求解过程。避雷器放电前，$u_A=u(t)$；放电时有一个负的电压跃变，然后随着 $u(t)$ 的继续上升而增长；$u(t)$ 有两个峰值，一个是 $U_d$，取决于避雷器的伏秒特性，另一个是避雷器非线性电阻在雷电流通过时的最大压降，叫残压 $U_C$，这两个峰值并非完全相等，但很接近。因此，为了简化分析，常常将避雷器的过电压 $u_A(t)$ 近似看成一个具有斜

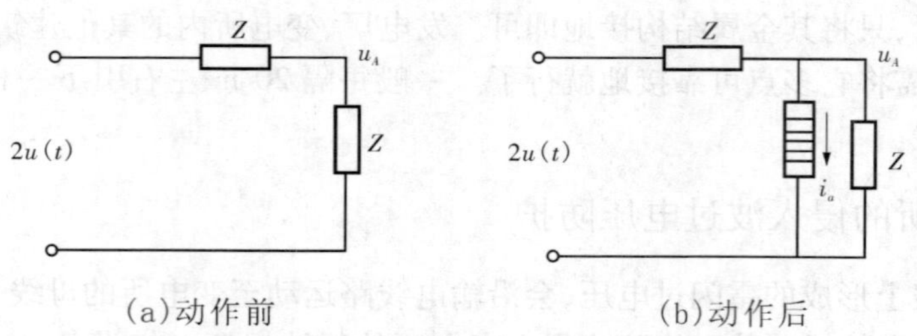


**图 5-23　避雷器动作前和动作后的等值电路**

角波头的平顶波，如图 5-24 所示，它的波头陡度与侵入波陡度有关，幅值等于避雷器的残压，波头长度等于避雷器的放电时间 $t_d$。该波形还常用两个斜角波的叠加来表示。

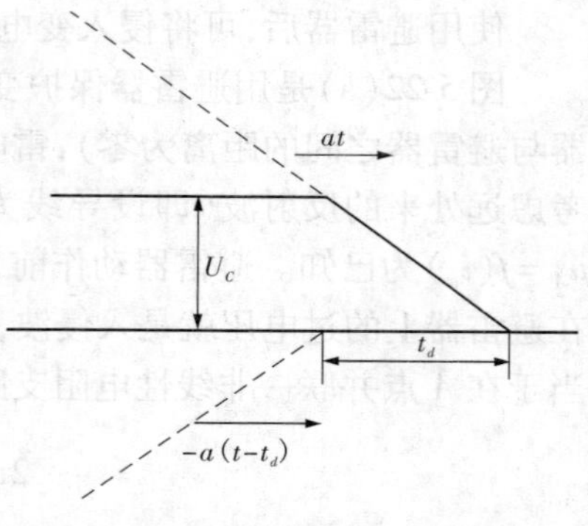


**图 5-24　避雷器动作前后两端子间电压的近似波形**

避雷器对变压器的保护作用，表现为降低了作用在变压器上的过电压的幅值，在避雷器紧靠变压器安装的这种场合中，作用在变压器上的过电压就是避雷器的冲击放电电压或残压。

变电所中有很多电气设备，我们不可能在每个设备旁边都装设一组避雷器，避雷器不可能紧靠变压器安装，我们希望用最少的避雷器组数保护变电所所有电气设备的绝缘，一般只在变电所母线上装设避雷器。为了对变压器有保护作用，避雷器的伏秒特性的上限应低于变压器绝缘的伏秒特性的下限。在任何运行情况下，变压器均受到避雷器的保护，所以各段母线上都应装设避雷器。变压器在变电所中是最贵重的设备，且其绝缘水平较低，故避雷器设置应尽量靠近变压器。这样，避雷器离开变压器和各电气设备都有一段长度不等的距离。在这种情况下，雷电波入侵时，变压器和各种电气设备上的电压与避雷器上的电压不相同。

下面我们用图 5-25 来加以分析。图 5-24(a)中变压器、避雷器、断路器呈一字排列，其等值接线图如图 5-25(b)所示。变压器离母线距离为 $l$，在等值图中不计各设备的对地电容。点 L、B、T 分别表示进线刀闸、避雷器和变压器的位置。侵入波为 $u(t)=at$，点 L、B、T 的电压分别用 $u_L(t)$、$u_B(t)$、$u_T(t)$ 表示，用行波网格法分析可知，无论是变压器 T 还是刀闸 L 上的过电压都不等于避雷器的残压或冲击放电电压，它们分别为

$$u_B(t)\Big|_{\max}=U_C$$

$$u_T(t)\Big|_{\max}=U_C+2aT_1,T_1=\frac{l_1}{v}$$

$$u_L(t)\Big|_{\max}=U_C+2aT_2,T_2=\frac{l_2}{v}$$

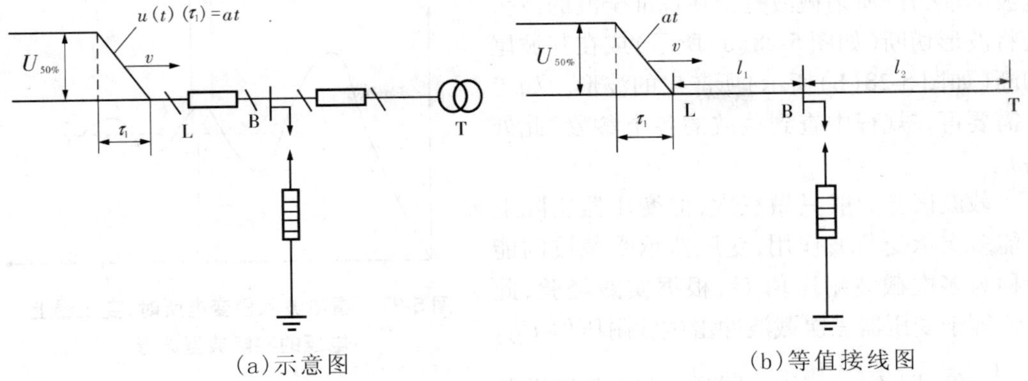


**图 5-25　雷电波入侵变电所实例**

即无论电气设备是处于避雷器的前面还是后面,只要它距离避雷器有一定的距离 $l$,则设备上的过电压就大于避雷器端子上的过电压,并有:

$$U = U_C + 2a\frac{l}{v} \tag{5-42}$$

$$\Delta U = 2aT, T = \frac{l}{v} \tag{5-43}$$

式中　$\Delta U$——考虑距离效应后的电压升高,kV;

$U_C$——避雷器的残压,kV;

$a$——侵入波的陡度,kV/μs;

$l$——设备距离避雷器的距离,m;

$v$——波在导线上的运动速度,m/μs。

**【例 5-2】**　如图 5-26 所示接线。已知 $l = 15$ m,避雷器在 5 kA 雷电流通过时的残压为 $U_C = 356$ kV,入侵波的陡度 $a = 480$ kV/μs,求变压器上的过电压的值。

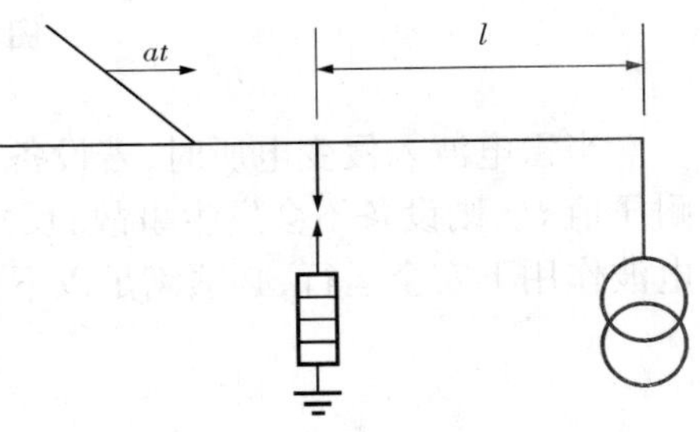


**图 5-26　距离效应**

**解**:架空导线上波运动的速度为光速,即 $v = 300$ m/μs,根据式(5-42),有

$$U = U_C + 2a\frac{l}{v} = 356 + 2 \times 480 \times \frac{15}{300} = 404(\text{kV})$$

当避雷器与变压器之间有了一定距离 $l$ 之后,实际上由于变电所接线方式的复杂性以及各设备对地电容的存在,设备上的电压波形与图 5-22(b)所示残压波形有很大差别,设备上的电压显然与式(5-42)有出入。一般将该式修改为 $U = U_C + 2a\frac{l}{v}k$($k$ 为考虑设备电容而引入的系数)。图 5-27 是雷电波入侵变电所时变压器上实际电压波形的典型图像。它具有振荡性质,其振荡轴为避雷器的残压 $U_C$。这是由于避雷器动作产生的负电压波在点 B 与点 T 之间发生的多次反射引起的。这种波形与全波相差较大,对变压器绝缘的作用与截波的作用较为接近,因此我们常常要对变压器进行截波试验,以判明其承受雷

电波的能力。所谓截波是指在标准全波的波头处将波形切断（如图5-28(a)所示）或在其波尾切断（如图5-28(b)所示）所产生的波形。如工作需要可在规程中查到截波的各个参数（此处略）。

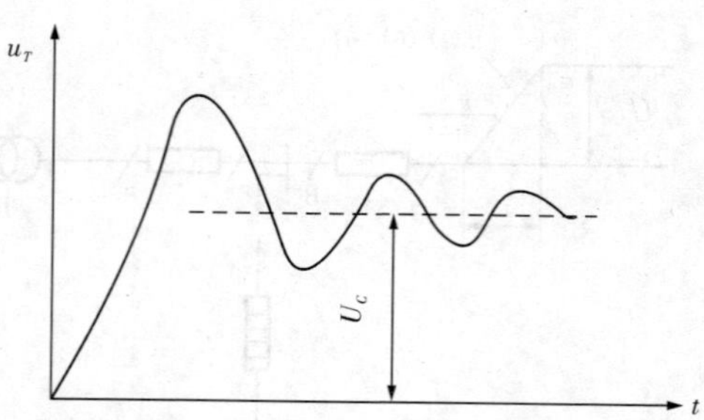


图5-27　雷电波入侵变电所时，变压器上电压的实际典型波形

截波试验一般只做三次，但变压器实际上可能多次承受截波作用，变压器承受截波的能力称为多次截波耐压值 $U_j$，根据实践经验，此值约等于变压器三次截波冲击试验耐压值 $U_{j\cdot 3}$ 的 $\frac{1}{1.15}$ 倍，即 $U_j=\frac{U_{j\cdot 3}}{1.15}$。同样，其他电气设备在运行中承受雷电波的能力也可用多次截波耐压值 $U_j$ 来表示。

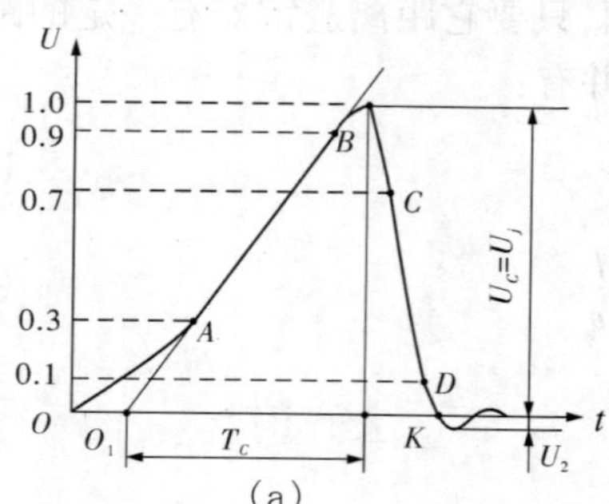


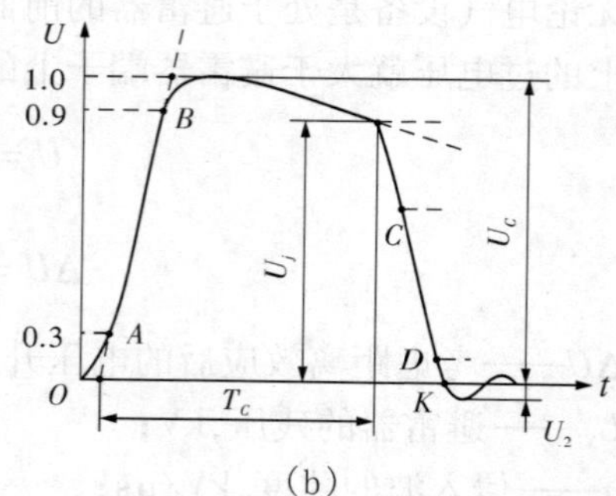


图5-28　标准截波波形

当雷电波入侵变电所时，若设备上受到的最大冲击电压值小于设备本身的多次截波耐压值 $U_j$，则设备不会发生事故；反之，则可能造成雷害事故。因此，为了保证设备在雷电波作用下安全运行，必须满足以下关系：

$$U_C+2a\frac{l}{v}k<U_j \tag{5-44}$$

由以上分析可知，为了保证变压器和其他设备的安全运行，必须限制避雷器的残压，也就是对流过避雷器的雷电流必须加以限制使之不大于5 kA；同时也必须限制入侵波的陡度 $a$ 和设备离开避雷器的电气距离 $l$。限制流经避雷器的雷电流使之小于5 kA和限制入侵波陡度 $a$ 的任务将由变电所进线段保护来完成，下面我们将讨论这个问题。

#### 5.3.2.2　变电所的进线段保护

变电所的进线段保护的作用在于限制流经避雷器的雷电流和限制入侵波陡度。所谓进线段保护是指临近变电所1～2 km一段线路上的加强型防雷保护措施。当线路全线无避雷线时，这段线路必须架设避雷线；当沿线路全长架设避雷线时，则这段线路应有更高的耐雷水平，以减小进线段内绕击和反击的概率。

1. 35 kV及以上变电所进线段保护接线

35 kV及以上变电所进线段保护接线方式如图5-29所示。对35～110 kV无避雷线的线路，在靠近变电所的一段进线上必须架设 1 ~ 2 km（接地电阻应小于 10 Ω）的避雷线（如图 5-29（a）所示），其保护角取 20°左右，以保证雷电波几乎只在此线段以外出现，进线段内产生绕击的概率将大大减小。同时还要求进线段有较高的耐雷水平（取表 5-5 中数据的上限，见表 5-8）以防产生反击。

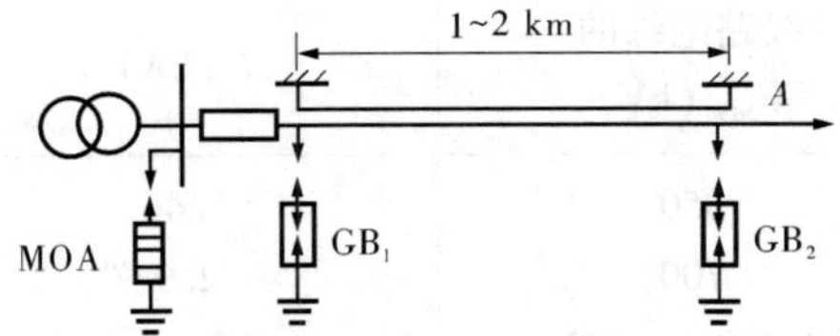


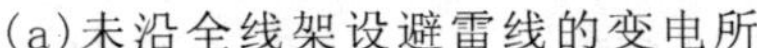
(a)未沿全线架设避雷线的变电所

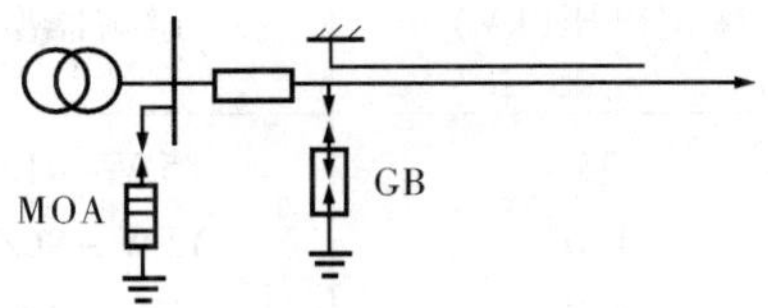

(b)全线架设避雷线的变电所

**图 5-29　35 kV 及以上变电所的进线段保护接线**

这样，在进线段内雷绕击或反击而产生入侵雷电波的机会是非常少的。在进线段以外落雷时，由于进线段导体本身阻抗的作用使流经避雷器的雷电流受到限制，同时由于波在进线段上运动时受冲击电晕的影响将使侵入波的陡度和幅值下降。

对 220 kV 及以上的输电线路，虽然沿全线架设了避雷线，我们也将变电所附近 2 km 长的一段算做进线段保护（见图 5-29（b）），此时进线段避雷线的保护角不宜超过 20°，最大不应超过 30°，耐雷水平应满足表 5-8 的要求。

**表 5-8　进线段的耐雷水平**

| 输电线路额定电压（kV） | 35 | 60 | 110 | 220 | 330 | 500 |
|---|---|---|---|---|---|---|
| 进线段耐雷水平（kA） | 30 | 60 | 75 | 120 | 140 | 160 |

变电所内设备距离避雷器的最大允许电气距离 $l_{max}$（由式（5-44）求取）就是根据进线段以外落雷的条件求得的，这样可以保证进线段以外落雷时变电所不会发生事故。

1）进线段首端（图 5-29 中 $A$ 点）落雷时流经避雷器雷电流的计算

最不利的情况是进线段首端落雷。由于受线路绝缘放电电压的限制，侵入雷电波的最大幅值为线路绝缘的 50% 冲击闪络电压 $U_{50\%}$。行波在 1 ~ 2 km 的进线段上来回一次的时间为 $\frac{2l}{v}=6.7\sim13.3\ \mu s$，而侵入波的波头又较短，故避雷器动作后产生的负电压波折回雷击点产生的反射波到达避雷器前，流经避雷器的雷电流已过峰值，因此可用图 5-30 所示等值电路，按式（5-45）计算流经避雷器雷电流的最大值 $I_L$：

$$2U_{50\%}=I_LZ+U_{Cm} \tag{5-45}$$

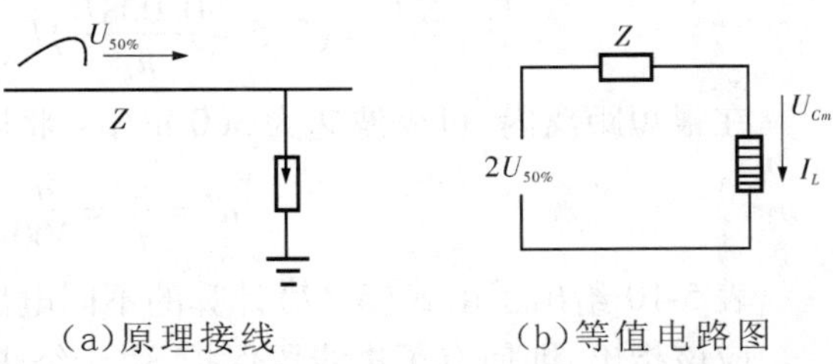

(a)原理接线　　(b)等值电路图

**图 5-30　进线段限制通过避雷器电流的原理接线及等值图**

式中 $Z$——进线段导线波阻抗；

$U_{Cm}$——避雷器的残压最大值。

式(5-45)可用图解法求解。不同电压等级的 $I_L$ 见表 5-9。

表 5-9 进线段外落雷流经单路进线变电所避雷器雷电流的最大值

| 额定电压(kV) | 避雷器型号 | 线路绝缘的 $U_{50\%}$(kV) | $I_L$(kA) |
|---|---|---|---|
| 35 | Y5W－41/115 | 350 | 1.46 |
| 110 | Y5W－96/238 | 700 | 2.9 |
| 220 | Y5W－196/476 | 1 200～1 400 | 4.8～5.8 |
| 330 | Y10W－228/698 | 1 645 | 8.64 |

从表 5-9 可看出，1～2 km 长的进线段已能够满足限制避雷器中雷电流不超过 5 kA（或 10 kA）的要求。

2）进入变电所的雷电波陡度 a 的计算

可以认为，在最不利情况下，出现在首端的入侵雷电波的最大幅值为线路绝缘的 50%冲击闪络电压 $U_{50\%}$，且其具有斜角波头。$U_{50\%}$ 已大大超过导线的临界电晕电压，因此在入侵雷电波作用下，导线将发生冲击电晕。由于电晕要消耗能量，雷电波自进线段首端向变电所传播的过程中，波形将发生变形与衰减，波头变缓。根据实测结果，在冲击电晕作用下，波头的长度计算式按规程建议为

$$\tau = \tau_0 + \left(0.5 + \frac{0.008U}{h_d}\right)l \tag{5-46}$$

式中 $\tau_0$——进线段首端斜角波头长度，μs；

$\tau$——进线段末端变形后的斜角波头长度，μs；

$U$——侵入波幅值，kV；

$l$——进线段长度，km；

$h_d$——导线的平均悬挂高度，m。

以最严重情况考虑，即雷在进线段首端反击，则导线上便突然出现雷电波，其波头长度 $\tau_0$ 接近于零。此时，变电所侵入波的陡度为

$$a = \frac{U}{\tau} \approx \frac{U}{\Delta\tau} = \frac{U}{\left(0.5 + \dfrac{0.008U}{h_d}\right)l} = \frac{1}{\left(\dfrac{0.5}{U} + \dfrac{0.008}{h_d}\right)l} \quad (\text{kV}/\mu\text{s}) \tag{5-47}$$

在很短距离内，可令波速为 300 m/μs，将陡度的单位改为 kV/m，则有

$$a' = \frac{a}{v} = \frac{a}{300} \quad (\text{kV/m})$$

表 5-10 给出了由式(5-47)计算的不同电压等级变电所侵入波计算陡度值。

应该指出：即使有了进线段保护，由于绕击和反击，过电压还有可能出现在进线段以内。这样，由于冲击电晕减少来波陡度的作用便减小了。但有进线段保护后出现危险波的次数将大为减少。

**表 5-10　变电所侵入波的计算陡度**

| 输电线路<br>额定电压(kV) | 侵入波计算陡度(kV/m) | |
|---|---|---|
| | 1 km 进线段 | 2 km 进线段或全线有避雷线 |
| 35 | 1.0 | 0.5 |
| 60 | 1.1 | 0.55 |
| 110 | 1.5 | 0.75 |
| 154 | — | 1.0 |
| 220 | — | 1.5 |
| 330 | — | 2.2 |
| 500 | — | 11.85* |

注:1. 长度为 1 ~ 2 km 的进线段,计算陡度可用补插法;

2. * 取 500 kV 天馈线参数:$h_d$ = 24 m, $U$ = 928 kV。

3)管型避雷器的作用

图 5-29 所示接线中管型避雷器 GB 的作用如下:

在线路绝缘水平很高的情况下,可在进线段首端处装设一组管型避雷器 $GB_1$(见图 5-29(a)),以限制入侵雷电波的幅值至 $GB_1$ 的动作电压以下,其他线路则不必安装。

在雷雨季节,线路的进线隔离开关或断路器可能经常处于开路状态,而此时若线路侧又在带电的情况下,当沿线路有 $U_{50\%}$ 幅值的雷电波袭来时,在断开点发生全反射使电压提高一倍,就有可能使开路的断路器或隔离开关的绝缘支座发生对地闪络;由于线路侧在带电的情况下将会引起工频短路,将绝缘支座烧毁。运行中此类事故很常见,故必须在靠近断路器或隔离开关处装设一组避雷器 $GB_2$(见图 5-29(a))进行保护。但断路器闭合运行时,入侵雷电波不应使 $GB_2$ 动作,也即此时 $GB_2$ 应在变电所阀型避雷器的保护范围之内。如在断路器闭合运行时入侵波使 $GB_2$ 放电则将造成截波,可能危及变压器纵绝缘。

在需要装设 $GB_1$ 或 $GB_2$ 又缺乏合适参数的管型避雷器时,可用阀型避雷器或保护间隙来代替。

2. 35 kV 小容量变电所的简化进线段保护

对 35 kV 小容量(5 000 kVA 及以下)变电所,由于接线简单,占地面积小,避雷器与变压器之间的电气距离一般可保持在 10 m 以下,因而入侵波陡度 $a$ 允许增加,故进线段长度可以缩减到 500 ~ 600 m。为了限制流入避雷器的雷电流,在进线段首端可装设一组管型避雷器或保护间隙(如图 5-31 所示)。

如这类变电所进线段装设避雷线有困难,或所在地区土壤电阻率较高使杆塔接地电阻难以下降($\rho > 500\ \Omega \cdot m$),进线段耐雷水平达不到表 5-8 的要求,则可在进线段的终端杆上安装一组电抗线圈来代替避雷线,电抗线圈的电抗值约为 1 000 μH,见图 5-32,此电抗线圈既可限制流入避雷器的雷电流,又能限制入侵波陡度。

容量为 3 150 kVA 以下的 35 kV 非重要负荷变电所,根据雷电活动的强弱,可根据规程的推荐采用更加简化的保护接线。

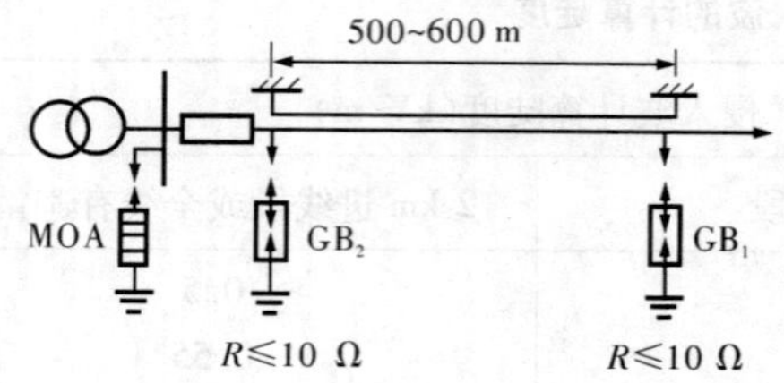


图 5-31　3 150 ~ 5 000 kVA,35 kV 变电所的进线段简化接线

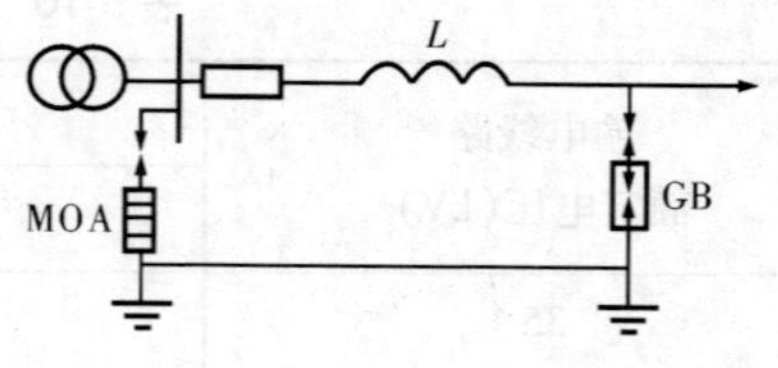


图 5-32　用电抗器代替进线段的保护接线

## 5.3.3　三绕组变压器、自耦变压器及变压器中性点的防雷保护

### 5.3.3.1　三绕组变压器的防雷保护

当变压器高压侧有雷电波入侵时,通过绕组间的静电和电磁耦合,在其低压侧也将出现过电压。与双绕组变压器相比,三绕组变压器在正常运行时可能存在只有高、中压绕组工作,低压绕组开路的情况,这在防雷中带来了需要特别考虑的问题。

如图 5-33 所示,当高压(或中压)绕组某相有雷电波作用时,在雷电波刚到达绕组首端瞬间,即当 $t=0$ 时,由于静电电容耦合,低压绕组上的电压为

$$u_{2g}=\frac{C_{12}}{C_{12}+C_2}U_0 \tag{5-48}$$

式中　$C_{12}$、$C_2$——高(Ⅰ)低(Ⅱ)压绕组间的电容、低压绕组的对地电容。

在双绕组的情况下,绕组Ⅱ通常与很多绕组或电缆相连,故 $C_2 \geqslant C_{12}$,因此静电分量对低压绕组一般均无危险。在三绕组变压器中,若低压绕组开路,则 $C_2$ 很小(仅为其对地电容),静电分量可能危及低压绕组的绝缘,故应采取防雷措施。考虑到静电分量将使低压绕组三相的电位同时升高,故只要在任一相绕组直接出口处加装一个避雷器即可。中压侧绕组虽也有开路的可能,但其绝缘水平较高,一般可不采取任何措施。

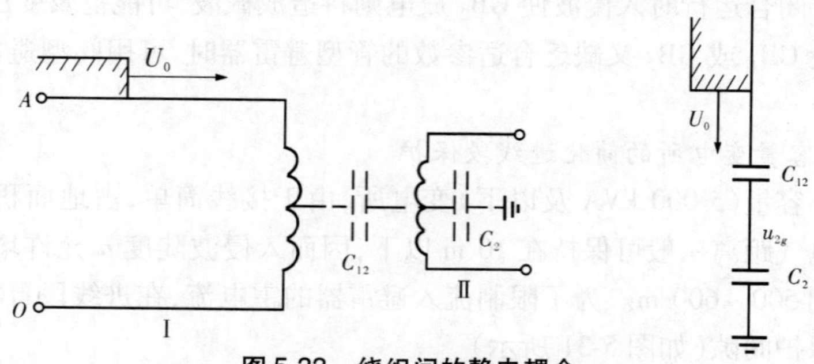


图 5-33　绕组间的静电耦合

### 5.3.3.2　自耦变压器的防雷保护

由于自耦变压器有许多优点,故在我国电力系统中应用较为广泛。自耦变压器除有高、中压自耦绕组外,还有低压非自耦绕组,可能出现高低压绕组运行、中压开路和中低压绕组运行、高压开路的运行方式。当入侵波从高压端($A$ 点)线路袭来,中压端($A'$)开路时,绕组中的电位分布见图 5-34(a);中压端($A'$)进波,高压端($A$)开路时,绕组中的电位

分布见图 5-34(b)。

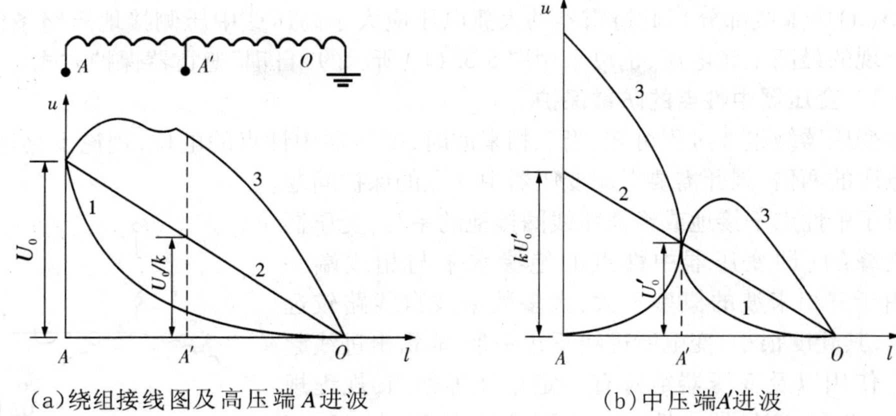


(a)绕组接线图及高压端 A 进波　　(b)中压端 A′进波

1—起始电压分布;2—稳态电压分布;3—最大电位包络线

**图 5-34　雷电波入侵自耦变压器时的过电压**

对图 5-34(a),高压端 $A$ 有 $U_0$ 侵入时,其初始和稳态电位分布以及最大电位包络线都和中性点接地的绕组相同,在开路的中压端子 $A'$ 上可能出现的最大电位约为高压侧电压 $U_0$ 的$\frac{2}{k}$倍($k$ 为高压与中压绕组的变比),这样可能使处于开路的中压端套管闪络,故应在中压端与断路器之间装设一组避雷器,如图 5-35(a)中的 $MOA_2$,以便当中压侧断路器开路时保护中压侧绝缘。

对图 5-34(b),中压端 $A'$ 有 $U_0$ 侵入时,由中压端子 $A'$ 到开路的高压端 $A$ 的稳态分布是由中压端 $A'$ 到中性点 $O$ 的稳态分布的电磁感应而形成的,开路的高压端 $A$ 点的稳态电压为 $kU'_0$,在振荡过程中 $A$ 点可能出现的最大电位可达 $2kU'_0$,这将危及开路的高压侧套管的绝缘,故应在高压侧与断路器之间也安装一组避雷器,如图 5-35(a)中的 $MOA_1$。

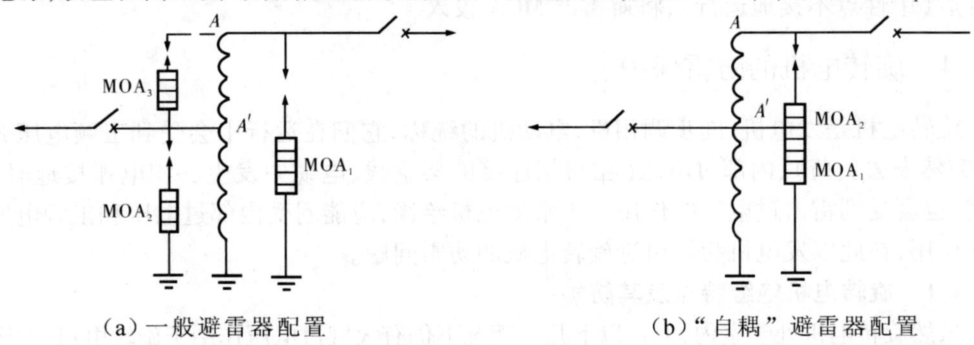


(a)一般避雷器配置　　(b)"自耦"避雷器配置

**图 5-35　保护自耦变压器的避雷器配置**

自耦变压器的防雷保护接线如图 5-35 所示。此外,在采用图 5-35(a)的保护接线时,还应注意一个问题:当中压侧接有负荷时,相当于 $A'$ 点经线路波阻抗接地,当高压侧有雷电波入侵时,雷电波大部分将加在自耦变压器绕组的 $AA'$ 上,可能使其损坏。同理,当高压侧连有负荷而中压侧进波时也有类似的情况。这种情况显然在 $AA'$ 绕组越短(即变比越小)时越危险。因此,当变比小于 1.25 时,在 $AA'$之间还应加装一组避雷器 $MOA_3$(如图 5-35(a)中虚线部分),此避雷器的灭弧电压应大于高压或中压侧接地短路条件下 $AA'$上所出现的最高工频电压,也可采用图 5-35(b)所示的“自耦”避雷器保护方式。

#### 5.3.3.3 变压器中性点的防雷保护

由变压器绕组波过程可知,当三相来波时,变压器中性点的电位,理论上会达到绕组首端电压的两倍,因此需要考虑变压器中性点的保护问题。

对于中性点不接地或经消弧线圈接地的系统,变压器是全绝缘的(即变压器中性点的绝缘水平与相线端一样),由于三相来波的概率不大,大多数来波自线路较远处袭来,其陡度很小,变电所进线不止一条,非雷击进线起了分流作用以及变压器绝缘有一定裕度等原因,规程规定,35 ~ 60 kV 变压器中性点一般不需保护,但对 110 kV 且为单进线变电所,则宜在中性点上加装避雷器,如图 5-36 所示。这些避雷器的额定电压可按线电压或相电压选择。

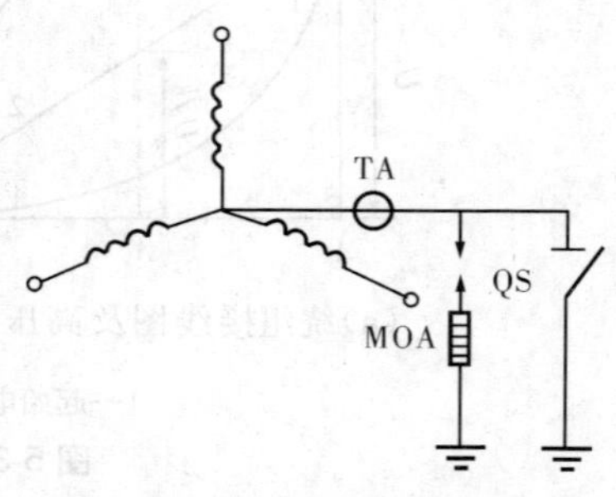


**图 5-36 保护变压器中性点的避雷器接入方式**

对于中性点接地系统,由于继电保护的需要,其中一部分变压器的中性点是不接地的,而在这些系统中的变压器往往是分级绝缘的,即变压器中性点绝缘水平要比相线端低(例如我国 220 kV 和 110 kV 变压器的中性点绝缘分别为 110 kV 和 35 kV 等级),故应在中性点上加装阀型避雷器或间隙以保护之。

对于中性点避雷器来说,应该满足两个条件:①其冲击放电电压应低于变压器中性点的冲击耐压值;②其灭弧电压应大于电网单相接地而引起的中性点电位升高的稳态值,以免间隙动作而造成继电保护误动作。

保护变压器中性点的避雷器接入方式如图 5-36 所示。当中性点接地的隔离开关 QS 打开后(中性点不接地运行),将避雷器 MOA 投入。

### 5.3.4 旋转电机的防雷保护

旋转电机是发电机、同步调相机、电动机的统称,它们在运行中会受到工频电压升高(如突然失去负荷)、内部过电压(在与相连接的架空线、电缆中发生一相电弧接地时)的作用,也会受到雷击过电压的作用。正常的电机绝缘,应能耐受内部过电压和工频电压升高的作用,在此以发电机为例讨论旋转电机的防雷问题。

#### 5.3.4.1 旋转电机绝缘特点及其防护

虽然旋转电机处于室内,但在以下几种情况下仍有大气过电压作用于旋转电机,如图 5-37 所示。图 5-37(a)为发电机经升压变压器与架空线相连接的情况。当架空线上有雷击过电压时,它即可经变压器绕组过渡到发电机绕组。图 5-37(b)为发电机和升压变压器低压侧的连接线过长,为使这段连线不受雷击,需用避雷针进行防护。雷击避雷针时,将有感应过电压作用于电机绝缘。如发电机和负荷相距较近,无需升压输电,可将电机和架空线直接连接(与架空线直接相连的电机叫直配电机),如图 5-37(c)所示。此时雷击于导线或其附近地面时,将有大气过电压作用于电机绝缘。

旋转电机的防雷保护应包括电机主绝缘、匝间绝缘和中性点绝缘的保护。

旋转电机防雷保护具有以下特点：

(1)绝缘的冲击强度低。由于结构和工艺上的特点，在相同电压等级的电气设备中旋转电机的绝缘水平是最低的。这是因为旋转电机只能采用固体绝缘，嵌放在铁芯槽内，而不像变压器那样可以将绝缘浸在变压器油中(变压器油的抗电强度比气体高得多，前者可达 $10^6$ V/cm 数量级，而后者仅为 $10^4$ V/cm 数量级)；且在电机的制造过程中，固体介质可能产生气隙或受到损伤，在这些地方便容易发生游离；同时也不能采用其他均压措施使电压分布均匀，容易发生局部放电而使绝缘逐渐损坏。

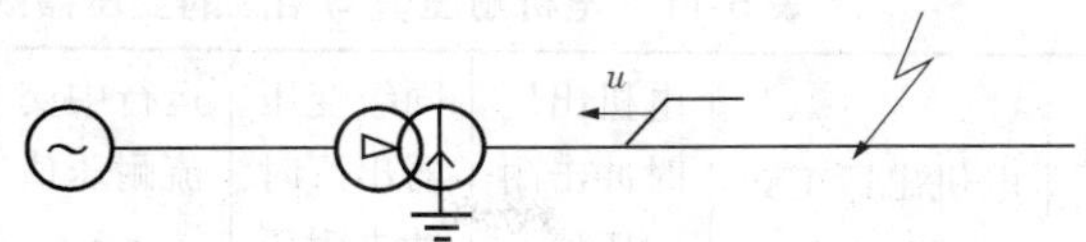


(a)电机经升压变压器与架空线相连

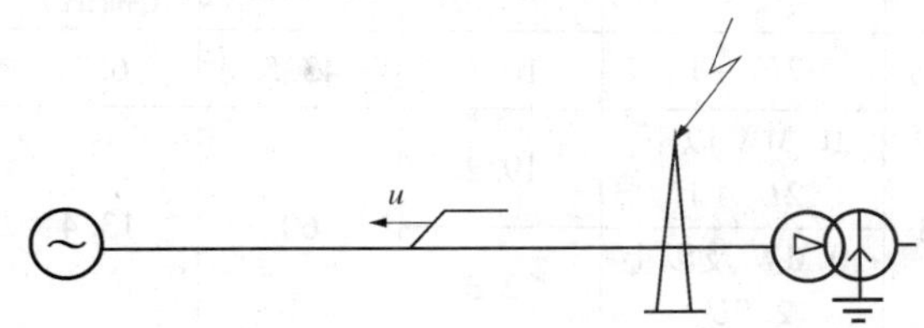


(b)电机至升压变压器连线上有感应过电压

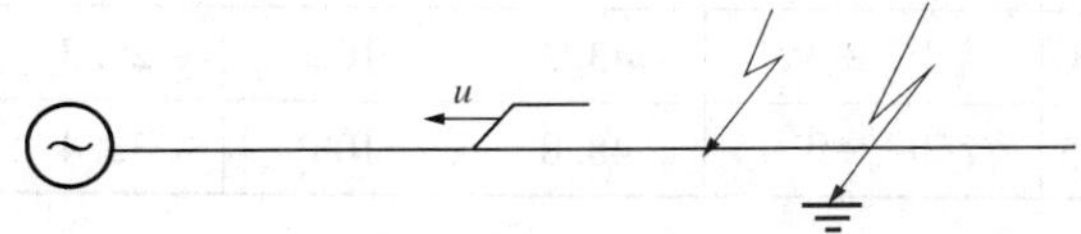


(c)电机与架空线直接相连

**图 5-37 在电机绝缘上有大气过电压作用的几种情况**

(2)电机绝缘运行条件恶劣。电机绝缘在运行中容易受潮气、脏污和臭氧的侵蚀，又经常受到机械力的作用(如振动、热胀冷缩及短路电流产生的应力作用等)，特别在导线出槽处，由于电场极不均匀，故在电压作用后，即会受到轻微损伤，使绝缘老化，日积月累终致失效，可能引起击穿。

基于以上原因，旋转电机的绝缘水平比变压器低得多，试验证明，电机主绝缘的冲击系数很低，接近于1(变压器的冲击系数为2～3)。旋转电机的主绝缘的出厂冲击耐压值与变压器冲击耐压值的比较见表5-11。从表5-11可看出，电机出厂时的冲击耐压值只有同级变压器的$\frac{1}{2}\sim\frac{1}{4}$，而且在运行过程中电机主绝缘的实际冲击耐压值将较表5-11中数据低。

(3)保护旋转电机用的磁吹避雷器(FCD型)和氧化锌避雷器(ZnO)的残压与电机的冲击耐压值很接近，因此从绝缘配合的观点看，裕度是很小的(从表5-11可知，电机出厂的冲击耐压值只比避雷器残压高8%～10%)。故发电机只靠避雷器保护是不够的，还必须与电容器、电抗器、电缆段等配合起来进行保护。

(4)要求把侵入波陡度限制在5 kV/μs以下，以保护电机绕组的匝间绝缘。

图5-38是发电机绕组一匝的示意图。当侵入波达到一匝的末端(即第二匝的首端)时，匝间电压可估计为

$$u_m = a\frac{l_m}{v} \tag{5-49}$$

式中 $l_m$——绕组一匝的长度；

$a$——入侵波陡度；

$v$——波沿电机绕组运动的平均速度；

$u_m$——匝间电压。

表 5-11　电机耐压值与相应的变压器耐压值和避雷器残压的比较　（单位：kV）

| 电机额定电压 | 电机出厂工频试验电压 | 电机出厂时冲击耐压值（幅值） | 同级变压器出厂时冲击耐压值（幅值） | 运行中交流耐压值 $1.5\sqrt{2}U_e$（幅值） | 运行中直流耐压值 $2.5\sqrt{2}U_e$（幅值） | 相应的磁吹避雷器 3 kA 残压（幅值） | 氧化锌避雷器 3 kA 残压（幅值） |
|---|---|---|---|---|---|---|---|
| 3.15 | $2U_e+1$ | 10.3 | 43.5 | 6.7 | 7.9 | 9.5 | 7.8 |
| 6.3 | 10 MW 以下 $2U_e+1$ | 19.2 | 60 | 13.4 | 15.8 | 19 | 15.8 |
| | 10 MW 及以上 $2.5U_e$ | 22.3 | | | | | |
| 10.5 | $2U_e+3$ | 34 | 80 | 22.3 | 26.3 | 31 | 26 |
| 13.8 | $2U_e+3$ | 43.3 | 108 | 29.3 | 34.5 | 40 | 34.2 |
| 15.75 | $2U_e+3$ | 48.8 | 108 | 33.4 | 39.4 | 45 | 39 |

由式（5-49）可知，匝间过电压与来波陡度成正比。实验结果表明，为了使一般电机的匝间绝缘不致损坏，需将来波陡度 $a$ 限制在 5 kV/μs 以下。

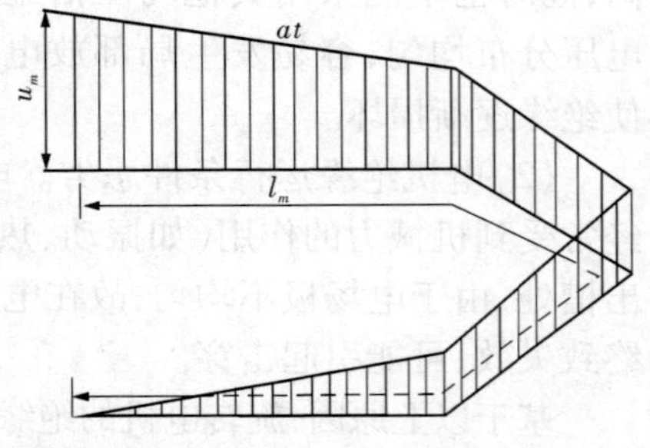

图 5-38　匝间电压计算示意图

（5）若能保证来波陡度 $a \leqslant 2$ kV/μs，则发电机不接地的中性点可不加保护，否则应在中性点加装一只避雷器。

一般来说，发电机绕组的中性点是不接地的。分析表明，当三相进波到达发电机不接地中性点时，相当于来到开路的末端，中性点的电压将为来波幅值的 2 倍。但若来波陡度较小（$a \leqslant 2$ kV/μs），中性点过电压不会超过来波的幅值，中性点也就无需保护，否则就应加装一只额定电压为相电压的 FCD 磁吹避雷器或氧化锌避雷器。

安装在户内的发电机，不必考虑直击雷防护，但要注意防止反击。

#### 5.3.4.2　直配发电机的防雷保护

发电机与架空线的连接方式有两种：一种是与电压等级相同的架空线直接相连，称为直配发电机；另一种是通过升压变压器与高压输电线相连接，大中型发电机均采用这种连接方式。

作用于直配电机的大气过电压有两类：一类是与电机相连的架空线上的感应雷过电压；另一类是由雷直击于与电机相连的架空线路而引起的。感应雷过电压出现的机会较多，它是由线路导线上的感应电荷转为自由电荷所引起的，在相同的感应电荷下增加导线对地电容可以降低感应过电压，为了限制作用在电机上的感应过电压使之低于电机的冲击耐压强度值，可在发电机电压母线上装设电容器。

雷电波自线路侵入电机，是直配电机防雷保护的主要方面，其防雷保护的主要措施如下：

（1）在每台发电机母线上装设一组（三只）FCD 型避雷器来限制侵入波幅值，同时采取进线段保护措施以限制流经 FCD 型避雷器的雷电流，使之小于 3 kA❶。

（2）在发电机电压母线上装设一组电容 $C$，以限制侵入波陡度 $a$ 和降低感应过电压的幅值。

在变电所中限制 $a$ 的主要目的是限制由变压器与避雷器之间的距离而引起的电压差，而在直配电机防雷保护中，由于避雷器直接装在每台电机的出线处，故上述问题不突出，限制 $a$ 的主要目的是保护匝间绝缘和中性点绝缘。

通常采取在发电机电压母线上装设电容器的办法来降低入侵波陡度，如图 5-39（a）所示，若侵入波为幅值为 $U_0$ 的直角波，则发电机母线上的电压（即电容 $C$ 上的电压）可按图 5-39（b）的等值图分析计算：

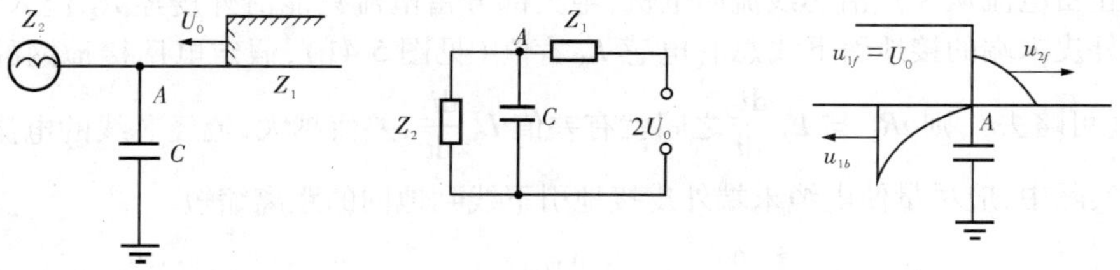


(a)原理接线 (b)等值电路 (c)母线上冲击电压变化曲线

**图 5-39 电机母线上装设电容器 $C$ 以限制来波陡度**

$$2U_0 = u_c + iZ_1 = u_c + (\frac{u_c}{Z_2} + C\frac{\mathrm{d}u_c}{\mathrm{d}t})Z_1 = C\frac{\mathrm{d}u_c}{\mathrm{d}t}Z_1 + u_c\frac{Z_1+Z_2}{Z_2} \tag{5-50}$$

令 $T=\frac{CZ_1Z_2}{Z_1+Z_2}$ 和 $\alpha=\frac{2Z_2}{Z_1+Z_2}$，则式（5-50）可改写为

$$\alpha U_0 = T\frac{\mathrm{d}u_c}{\mathrm{d}t} + u_c \tag{5-51}$$

其解为

$$u_c = \alpha U_0(1-\mathrm{e}^{-\frac{t}{T}}) \tag{5-52}$$

式中 $T$——回路的时间常数；

$\alpha$——折射系数。

可见，母线上的冲击电压按指数曲线上升，如图 5-39（c）所示，其陡度为 $\frac{\mathrm{d}u_c}{\mathrm{d}t}$，陡度的最大值在 $t=0$ 时出现：

$$(\frac{\mathrm{d}u_c}{\mathrm{d}t})_m = \frac{\alpha U_0}{T} \tag{5-53}$$

并联电容 $C$ 的作用是加大时间常数 $T$ 而减小侵入波陡度。实际应用中，并联电容器的容量一般为每相 0.25～0.5 μF，可满足侵入波陡度 $a \leqslant 2$ kV/μs 的要求，同时也能满足限制感应过电压使之低于电机冲击耐电强度的要求。

（3）电缆段的保护作用。电缆段的主要作用是电缆外皮对缆芯的分流，使经缆芯流

---

❶ 直配线线路绝缘水平低，采用进线段保护后，流经 FCD 型避雷器的雷电流一般不超过 3 kA，因此对于 FCD 型避雷器常以 3 kA 下的残压作为设计依据。

入阀型避雷器的雷电流降在允许限度之内，如图5-40（a）为电缆与管型避雷器联合作用的直配电机防雷保护的典型接线。当侵入波到达 $A$ 点时，管型避雷器 $GB_2$ 动作，电缆芯线与外皮短接，此时雷电流流过 $GB_2$ 和接地电阻 $R_1$ 形成的电压降 $iR_1$ 同时加在电缆芯线和外皮上；由于雷电流的等值频率较高，且电缆外皮与芯线为同心圆柱体，其间的互感就等于外皮的自感（$M=L_2$）（见图5-41），因此沿着电缆外皮将有电流 $i_2$ 流过，于是在电缆外皮本身的电感 $L_2$ 上出现电压降 $L_2\frac{di_2}{dt}$，此压降是由环绕外皮的磁场变化所造成的，这些磁场线也必然全部与芯线相交链，在芯线上也感应出一个大小相等的反电动势 $M\frac{di_2}{dt}$，此电动势阻止雷电流从 $A$ 点沿芯线流向电机，绝大部分雷电流只能沿外皮经 $R_2$ 流入大地。但因电缆外皮末端的接地引下线总有电感 $L_3$ 存在（见图5-41），假定电厂接地网的接地电阻很小（可略去），则 $iR_1$ 与 $L_2\frac{di_2}{dt}$ 之间就有差值 $L_3\frac{di_2}{dt}$，差值越大，流经芯线的电流就越大。故在实际中，应尽量使电缆末端外皮接地引下线到地网的距离缩短。

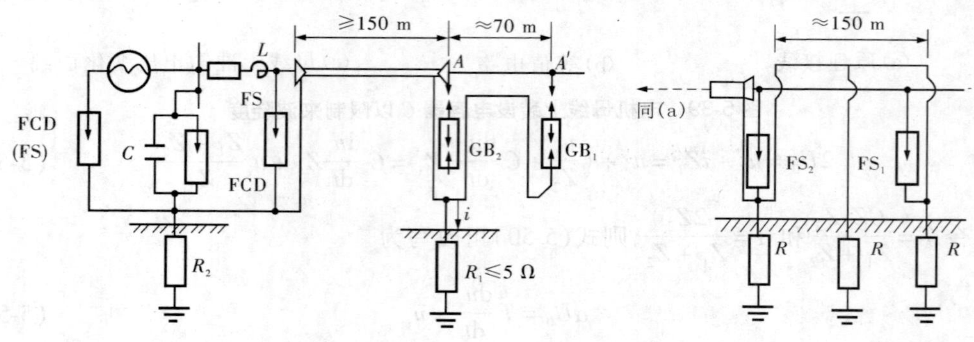


（a）使用管型避雷器　　（b）使用阀型避雷器

**图5-40　25～60 MW直配电机的保护接线**

分析表明，当电缆段长度为100 m，电缆末端外皮接地引下线到接地网的距离为12 m，接地电阻 $R_1=5\ \Omega$，电缆段首端落雷且雷电流幅值为50 kA时，流经每相避雷器的雷电流不会超过3 kA，此时残压对电机绝缘不会构成威胁。因此，可以认为这种保护接线的耐雷水平为50 kA。

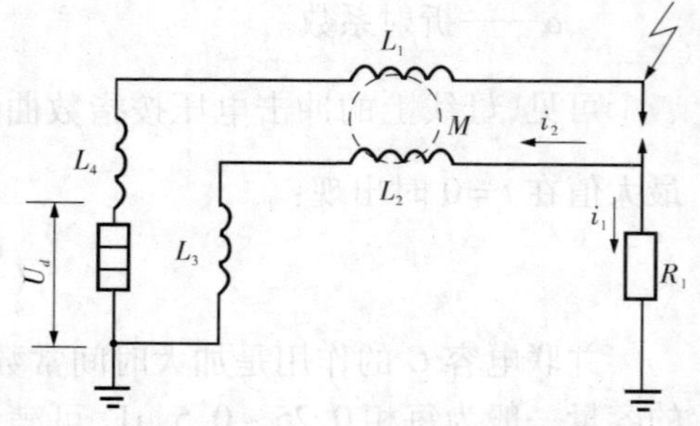


**图5-41　电缆段的保护作用分析**

至于图5-40（a）中 $GB_1$ 的作用，可说明如下：电缆的波阻抗远低于架空线路，侵入波到达 $A$ 点时将发生负反射，使 $A$ 点电压降低以致 $GB_2$ 不动作；若 $GB_2$ 不动作，电缆外皮的分流作用就不存在，电缆段的限流作用将不能发挥，流经FCD的电流就有可能超过3 kA。为了避免上述情况发生，可在距 $GB_2$ 约70 m处（1～2个档距）的 $A'$ 点再安装一组管型避雷器 $GB_1$，在雷电波入侵时，电缆首端 $A$ 点的负反射波尚未到达 $A'$ 时，$GB_1$ 已动作，从而保证了电缆外皮的分流作用。$GB_1$ 的接地引下线应平行架设在导线下方 2～3 m 处，并与电缆首端外皮一起接地。仍然保留 $GB_2$，是为了在强雷入侵时 $GB_1$、$GB_2$ 相继动作，这样，电缆段的限流作用就可以充分发挥。

(4) 电抗器 $L$ 是用来限制工频短路电流的。由于 $L$ 的存在，入侵波到达 $L$ 处将发生反射使电压提高，故应装一组 FS 避雷器，以保护电抗器和电缆端部，FS 动作，可进一步限制流经 FCD 的雷电流。

为保护中性点绝缘，除限制侵入波陡度 $a \leqslant 2$ kV/μs 外，还需在中性点加装避雷器，考虑到电机在受雷击时可能有单相接地存在，中性点将出现相电压，故中性点避雷器的灭弧电压应大于相电压。

如电机中性点不能引出，则需将每相电容增大至 1.5～2 μF，以进一步降低侵入波陡度，确保中性点绝缘安全。

若无合适的管型避雷器，则 $GB_1$ 和 $GB_2$ 可用 $FS_1$ 和 $FS_2$ 代替，如图 5-40(b) 所示，但此时最好将电抗器前面的和中性点的避雷器均改为 FCD 型磁吹避雷器。还需指出的是，图 5-40(a) 中的 $GB_1$、$GB_2$，除非不得已时，不要用 FS 去代替，因 FS 放电后，电缆芯线与外皮并不等于短接，其间作用的是 FS 的残压，这会使电缆段的限流作用降低。由于振荡，电机母线电压可能高于 FS 的残压，而当 FCD 放电时，其电流可能超过 3 kA，从而使电机的安全不够可靠。

#### 5.3.4.3 经变压器与架空线路连接的发电机

过电压保护规程规定：容量在 60 000 kW 以上的电机不允许直接与架空线相连。

旋转电机经变压器连于架空线路，这是高压电力系统最主要的供电方式，这类发电机的防雷可靠性比直配发电机大得多，但也曾发生过雷害事故，故应采取一定的保护措施。

(1) 在多雷区，经升压变压器送电的特别重要的发电机，为防止变压器高压侧的雷电波经变压器危及发电机的绝缘，宜在发电机的出线上装设一组磁吹避雷器。如果在该避雷器上并联一保护电容（$C = 0.25 \sim 0.5$ μF），并在电机中性点上加避雷器保护，则电机就非常安全了。

(2) 如发电机与升压变压器之间有较长（大于 50 m）的架空母线桥或软联线，除应有直击雷保护外，还应在电机出线上每相加装 $C \geqslant 0.15$ μF 的电容器或磁吹避雷器，防止雷击附近避雷针时产生的感应过电压。

## 习　题

5-1　雷闪过电压有哪几种？

5-2　雷电参数有哪些？

5-3　什么是 50% 击穿放电电压？

5-4　什么是线路的耐雷水平？

5-5　雷击线路造成线路开关跳闸的原因是什么？

5-6　输电线路防雷的措施有哪些？

5-7　发电厂、变电站防雷有哪些特点？

# 第 6 章　内部过电压

在电力系统中，除雷电过电压外，还经常出现另一类过电压——内部过电压。顾名思义，它的产生根源在电力系统内部，通常都是因系统内部电磁能量的积聚和转换而引起的。

内部过电压可按其产生原因分为操作过电压和暂时过电压，而后者又包括谐振过电压和工频电压升高。它们也可以按持续时间的长短来区分，一般操作过电压的持续时间在 0.1 s(5$T$)以内，而暂时过电压的持续时间要长得多。

与雷电过电压产生原因的单一性（雷电放电）不同，内部过电压因其产生原因、发展过程、影响因素的多样性而具有种类繁多、机理各异的特点。作为示例，下面列出了若干出现频繁、对绝缘水平影响较大、发展机理也比较典型的内部过电压：

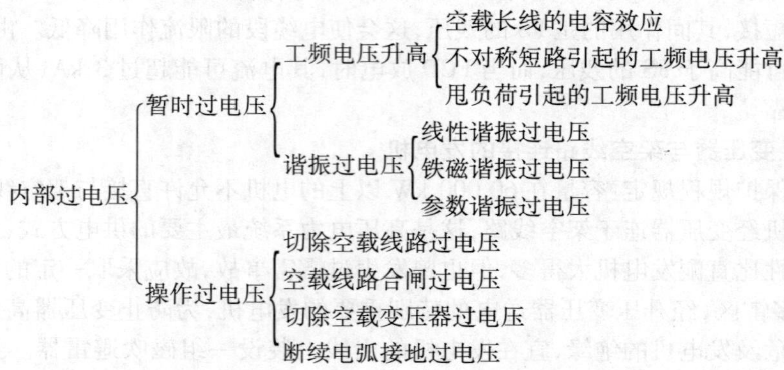


应该强调，操作过电压所指的操作并非狭义的开关倒闸操作，而应理解为“电网参数的突变”，它可以因倒闸操作，也可以因发生故障而引起。

内部过电压的能量来自电网本身，所以它的幅值大小与电网的工作电压大致上有一定的比例关系，因而用工作电压的倍数（标幺值）来表示是比较恰当和方便的，其基准值通常取电网的最大工作相电压幅值 $U_\varphi$

$$U_\varphi = k\frac{\sqrt{2}}{\sqrt{3}}U_n \tag{6-1}$$

式中　$U_n$——系统额定电压有效值，kV；

$k$——容许电压偏移系数，$k=\dfrac{\text{系统的最大工作电压 } U_m}{\text{系统额定电压 } U_n}$，其具体数据见表 6-1。

**表 6-1　容许电压偏移系数**

| 额定电压(kV) | 220 及以下 | 330 ~500 |
|---|---|---|
| $k$ | 1.15 | 1.1 |

# 6.1 电力系统工频电压升高

作为暂时过电压中的一类，工频电压升高的倍数虽然不大，一般不会对电力系统的绝缘直接造成危害，但是它在绝缘裕度较小的超高压输电系统中仍受到很大的注意，这是因为：

(1)由于工频电压升高大都在空载或轻载条件下发生，与多种操作过电压的发生条件相同或相似，所以它们有可能同时出现、相互叠加，也可以说，多种操作过电压往往就是在工频电压升高的基础上发生和发展的，所以在设计高压电网的绝缘时，应计及它们的联合作用。

(2)工频电压升高是决定某些过电压保护装置工作条件的重要依据，例如避雷器的灭弧电压就是按照电网单相接地时健全相上的工频电压升高来选定的，所以它直接影响到避雷器的保护特性和电力设备的绝缘水平。

(3)由于工频电压升高是不衰减或弱衰减现象，持续的时间很长，对设备绝缘及其运行条件也有很大的影响。例如有可能导致油纸绝缘内部发生局部放电、染污绝缘子发生沿面闪络、电晕上出现电晕放电等。

下面分别介绍电力系统中常见的几种工频电压升高的产生机理及降压措施。

## 6.1.1 空载长线电容效应引起的工频电压升高

输电线路在长度不很大时，可用几种参数的电阻、电感和电容来代替，图6-1(a)给出了它的T形等值电路，图中$R_0$、$L_0$为电源的内电阻和内电感，$R_T$、$L_T$、$C_T$为T形等值电路中的线路等值电阻、电感和电容，$e(t)$为电源相电势。由于线路空载，就可简化成一RLC串联电路，如图6-1(b)所示。一般$R$要比$X_L$和$X_C$小得多，而空载线路的工频容抗$X_C$又要大于工频感抗$X_L$，因此在工频电动势$E$的作用下，线路上流过的容性电流在感抗上造成的压降$\dot{U}_L$将使容抗上的电压$\dot{U}_C$高于电源电动势。其关系式如下

$$\dot{E}=\dot{U}_R+\dot{U}_L+\dot{U}_C=R\dot{I}+jX_L\dot{I}-jX_C\dot{I} \tag{6-2}$$

若忽略$R$的作用，则

$$\dot{E}=\dot{U}_L+\dot{U}_C=j\dot{I}(X_L-X_C) \tag{6-3}$$

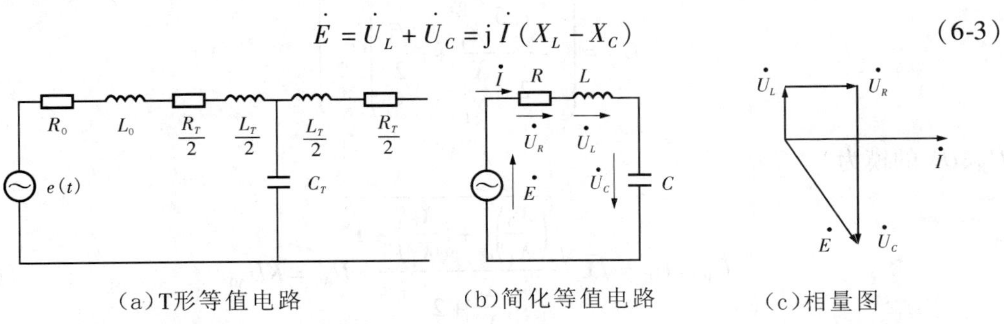


(a)T形等值电路　(b)简化等值电路　(c)相量图

**图6-1 空载长线的电容效应**

由于电感与电容上的压降反相，且 $U_C > U_L$，可见电容上的压降大于电源电动势，如图 6-1(c)所示。

随着输电电压的提高、输送距离的增长，在分析空载长线的电容效应时，也需要采用分布参数等值电路，但基本讨论与前面所述相似。为了限制这种工频电压升高现象，大多采用并联电抗器来补偿线路的电容电流以削弱电容效应，效果十分显著。

### 6.1.2 不对称短路引起的工频电压升高

不对称短路是电力系统中最常见的故障形式，当发生单相或两相对地短路时，健全相上的电压都会升高，其中单相接地引起的电压升高更大一些。此外，阀式避雷器的灭弧电压通常也就是依据单相接地时的工频电压升高来选定的，所以下面将只讨论单相接地的情况。

单相接地时，故障点各相的电压、电流是不对称的，为了计算健全相上的电压升高，通常采用对称分量法和复合序网进行分析，不仅计算方便，还可以计及长线的分布特性。

当 A 相接地时，可求得 B、C 健全相上的电压为

$$\left.\begin{aligned}\dot{U}_{\mathrm{B}} &= \frac{(a^2-1)Z_0+(a^2-a)Z_2}{Z_0+Z_1+Z_2}\dot{U}_{\mathrm{A0}}\\ \dot{U}_{\mathrm{C}} &= \frac{(a-1)Z_0+(a^2-a)Z_2}{Z_0+Z_1+Z_2}\dot{U}_{\mathrm{A0}}\end{aligned}\right\}\tag{6-4}$$

式中 $\dot{U}_{\mathrm{A0}}$——正常运行时故障点处 A 相电压；

$Z_1$、$Z_2$、$Z_0$——从故障点看进去的电网正序、负序、零序阻抗；

$a$——运算符号，$a = \mathrm{e}^{\mathrm{j}\frac{2\pi}{3}}$。

对于电源容量较大的系统，$Z_1 \approx Z_2$，若再忽略各序阻抗中的电阻分量 $R_0$、$R_1$、$R_2$，即 $Z_1 = X_1$，$Z_0 = X_0$，则式(6-4)可改写成

$$\left.\begin{aligned}\dot{U}_{\mathrm{B}} &= \left(-\frac{1.5\dfrac{X_0}{X_1}}{2+\dfrac{X_0}{X_1}}-\mathrm{j}\frac{\sqrt{3}}{2}\right)\dot{U}_{\mathrm{A0}}\\ \dot{U}_{\mathrm{C}} &= \left(-\frac{1.5\dfrac{X_0}{X_1}}{2+\dfrac{X_0}{X_1}}+\mathrm{j}\frac{\sqrt{3}}{2}\right)\dot{U}_{\mathrm{A0}}\end{aligned}\right\}\tag{6-5}$$

$\dot{U}_{\mathrm{B}}$、$\dot{U}_{\mathrm{C}}$ 的模为

$$U_{\mathrm{B}} = U_{\mathrm{C}} = \sqrt{3}\,\frac{\sqrt{\left(\dfrac{X_0}{X_1}\right)^2+\left(\dfrac{X_0}{X_1}\right)+1}}{\dfrac{X_0}{X_1}+2}U_{\mathrm{A0}} = KU_{\mathrm{A0}}\tag{6-6}$$

$$K=\sqrt{3}\frac{\sqrt{\left(\frac{X_0}{X_1}\right)^2+\left(\frac{X_0}{X_1}\right)+1}}{\frac{X_0}{X_1}+2} \tag{6-7}$$

系数 $K$ 称为接地系数,它表示单相接地故障时健全相的最高工频电压有效值与无故障时对地电压有效值之比。根据式(6-7)即可画出图 6-2 中的接地系数 $K$ 与 $X_0/X_1$ 值的关系曲线。

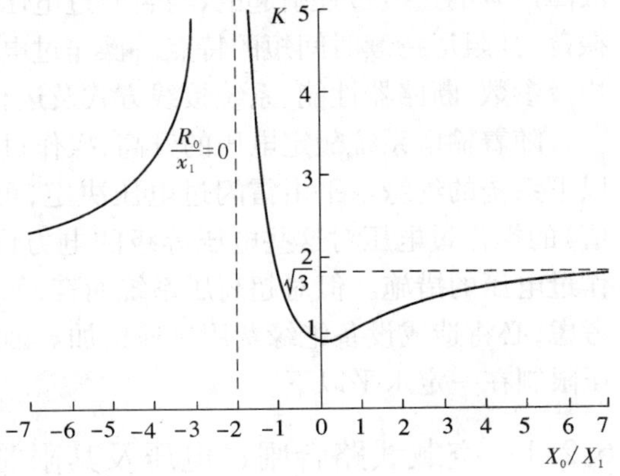


图 6-2 单相接地时健全相的电压升高

下面按电网中性点接地方式分别分析健全相电压升高的程度。

对中性点不接地(绝缘)的电网,$X_0$ 取决于线路容抗,故为负值。单相接地时健全相上的工频电压升高约为额定(线)电压 $U_n$ 的 1.1 倍,避雷器的灭弧电压按 110% $U_n$ 选择,可称为"110%避雷器"。

对中性点经消弧线圈接地的 35~60 kV 电网,在过补偿状态下运行时,$X_0$ 为很大的正值,单相接地时健全相上电压接近等于额定电压 $U_n$,故采用"100%避雷器"。

对中性点有效接地的 110~220 kV 电网,$X_0$ 为不大的正值,其 $X_0/X_1 \leqslant 3$。单相接地时健全相上的电压升高不大于 $1.4U_{A0}$($\approx 0.8U_n$),故采用的是"80%避雷器"。

### 6.1.3 甩负荷引起的工频电压升高

当输电线路传输较大容量,断路器因某种原因而突然跳闸甩负荷时,会在原动机与发电机内引起一系列机电暂态过程,它是造成线路工频电压升高的又一原因。

在发电机突然失去部分或全部负荷时,通过激磁绕组的磁通因须遵循磁链守恒原则而不会突变,以其相应的电源电势 $E'_d$ 维持原来的数值。原来负荷的电感电流对发电机主磁通的去磁效应突然消失,而空载线路的电容电流对发电机主磁通起助磁作用,使 $E'_d$ 反而增大。要等到自动电压调节器开始发挥作用时,才逐步下降。

另一方面,从机械过程来看,发电机突然甩掉一部分有功负荷,而原动机的调速器有一定惯性,在短时间内输入给原动机的功率来不及减少,主轴上有多余功率,这将使发电机转速增加。转速增加时,电源频率上升,不但发电机的电势随转速的增加而增加,使电压升高,而且加剧了线路的电容效应,从而引起较大的电压升高。

最后,在考虑线路的工频电压升高时,如果同时计及空载线路的电容效应、单相接地及突然甩负荷等三种情况,那么工频电压升高可达到相当大的数值(例如 2 倍相电压)。实际运行经验表明:一般情况下,220 kV 及以下的电网一般不需要采取特殊措施去限制工频电压升高;但在 330~500 kV 超高压电网中,应采用并联电抗器或静止补偿装置等措施,将工频电压升高限制到 1.3~1.4 倍以下。

## 6.2 电力系统操作过电压

操作过电压是电力系统内部过电压的另一种类型,它是由系统内断路器操作中各种故障产生的过渡过程引起的,与暂时过电压相比,操作过电压通常具有幅值高、存在高频振荡、强阻尼持续时间短的特点。操作过电压倍数 $K$ 的大小及过电压持续时间与电网结构及参数、断路器性能、系统接线方式及运行操作方式等有关,具有显著的统计性。

随着输电系统额定电压的升高,操作过电压对电力系统的影响随之增大。220 kV 及以下系统的绝缘水平由雷闪过电压决定,可能出现的(3 ~4)$U_{mph}$(最大运行相电压的幅值)的操作过电压对这些电压等级的电力设备并不构成威胁,故不必采取专门的限制操作过电压的措施。但对超高压系统而言,如果其绝缘水平按(3 ~4)$U_{mph}$的操作过电压来考虑,必将造成设备绝缘费用迅速增加。因此,在超高压系统中必须采取措施将操作过电压限制在一定水平以下。

### 6.2.1 空载线路合闸过电压及其限制措施

在电力系统中,空载线路合闸是一种常见的操作,故操作过电压也是常见的过电压。空载线路合闸有两种情况:一种是计划合闸;另一种是故障后自动重合闸。下面仅定性地介绍合闸过电压的发展过程、主要的影响因素,以及行之有效的限制措施。

#### 6.2.1.1 计划合闸

合闸前,线路一般不存在接地、短路等。因三相是对称的,可以分相研究,如图 6-3(a)所示。设电源电势为 $E_m\cos\omega t$,为了简化分析,空载线路用等值 T 形电路代替,$L_T$、$C_T$ 分别为线路总电感、对地电容,$L$ 为电源电感,并忽略线路及电源电阻。作上述简化后,合闸空载线路的等值电路见图 6-3(b),其中 $L_S=L+L_T/2$。

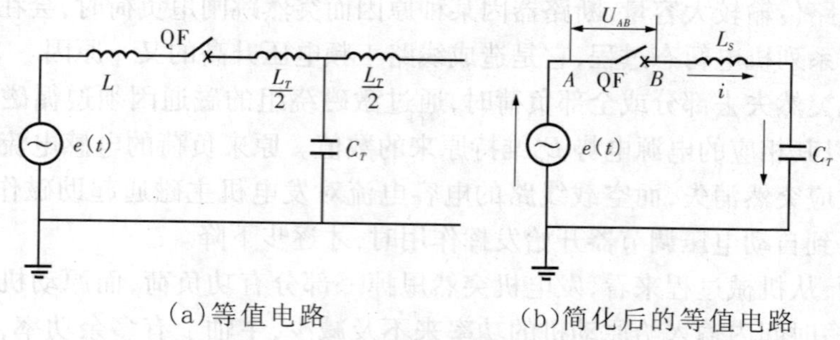


(a)等值电路　　(b)简化后的等值电路

**图 6-3 空载线路合闸时的等值电路**

合闸瞬间,电源电压通过 $L_S$ 向电容 $C_T$ 充电,由于忽略电阻,所以充电过程是无阻尼的振荡过程。振荡角频率 $\omega_0=\dfrac{1}{\sqrt{L_SC_T}}$,其值比工频高得多。因此,在研究合闸瞬间的高频振荡时,可以认为工频电压几乎没有变化而是一个恒定值。设合闸时电源瞬时值为 $E$,则

$$L_S \frac{di}{dt} + \frac{1}{C_T}\int i dt = E \tag{6-8}$$

$$C_T \frac{du_c}{dt} = i \tag{6-9}$$

将式(6-9)代入式(6-8)得

$$L_S C_T \frac{d^2 u_c}{dt^2} + u_c = E \tag{6-10}$$

其解为

$$u_c = A\sin\omega_0 + B\cos\omega_0 t + E \tag{6-11}$$

式中 $u_c$——线路绝缘上的电压;

$\omega_0$——振荡角频率,$\omega_0 = \frac{1}{\sqrt{L_S C_T}}$;

$A$、$B$——微积分常数,可由初始条件求出。

取 $t=0$ 时,$u_c = 0$,$i = C_T \frac{du_c}{dt} = 0$,得到 $A = 0$,$B = -E$,故式(6-11)为

$$u_c = E - E\cos\omega_0 t = E(1 - \cos\omega_0 t) \tag{6-12}$$

式(6-12)说明,$u_c$ 是一个以合闸时刻电源电压瞬时值 $E$ 为轴线,以 $\omega_0$ 为角频率的高频正弦等幅振荡。幅值 $E$ 的数值是个随机量,它取决于合闸的时刻。最严重的时刻是 $t=0$ 时,$E$ 值达到幅值 $E_m$。则当 $t = \frac{\pi}{\omega_0}$ 时,$\cos\omega_0 t = -1$,$u_{\max} = 2E_m$。事实上,由于有导线电阻和过电压产生电晕引起的损耗等,振荡过电压是衰减的。

#### 6.2.1.2 自动重合闸

自动重合闸是线路出现故障时保护跳闸后,再进行重合闸操作,这也是系统中常遇到的一种操作。重合闸过电压是合闸过电压中较为严重的情况,如图 6-4 所示。当 C 相接地时,$QF_2$先跳开,然后 $QF_1$跳开。$QF_2$跳开后,流经 $QF_1$ 中健全相的电流是线路的容性电流,当电流为零、电源电压达到最大值的时刻,开关 $QF_1$ 熄弧。但由于系统内存在单相接地,在中性点接地系统内健全相上的电压将为(1.3 ~ 1.4) $E_m$,因此开关 $QF_1$熄弧后,线路上的残余电压也将为此值,在开关 $QF_1$重合闸以前,线路上的残余电荷将通过线路泄漏电阻入地,残余电压将按指数规律下降,图 6-5 为 110 ~ 220 kV 线路残余电压变化的实测曲线,残余电压下降速度与线路绝缘子的污秽情况,气候的潮湿程度,有否雨、雪等情况有关,它在较广的范围内变化。经一定间隔后 $QF_1$ 开关重新合闸,假定线路残余电压 $u_r$ 已降低了 30%,即

$$u_r = (1 - 0.3) \times (1.3 \sim 1.4) E_m = (0.91 \sim 0.98) E_m$$

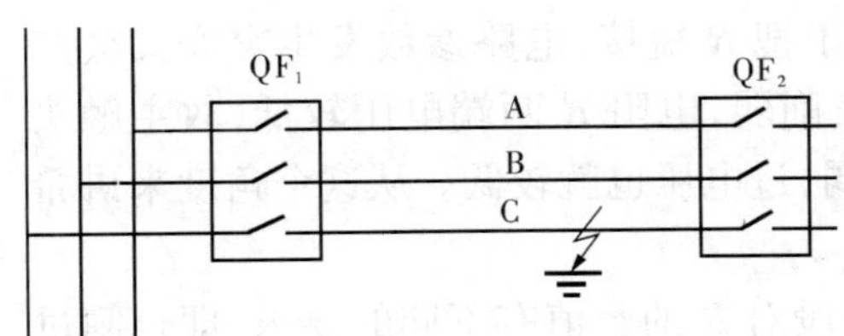


图 6-4 自动重合闸示意图

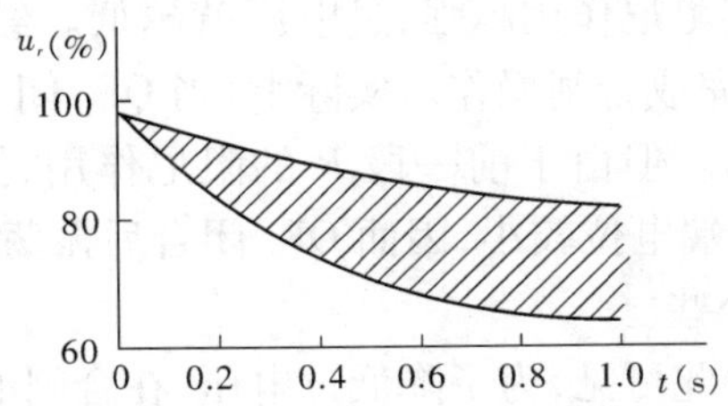


图 6-5 110 ~ 220 kV 线路残余电压实测泄漏曲线

若重合闸时刻的电源电压恰好与线路残余电压反极性,并且为峰值 $E_m$,则重合闸时的过渡过程中最大过电压将为

$$\begin{aligned} u_{\mathrm{cmax}} &= -E_m + (-E_m - u_r) \\ &= [-2-(0.91\sim0.98)]E_m = (-2.91\sim-2.98)E_m \end{aligned}$$

如果不考虑线路泄漏的影响,理论上的过电压可能更高。显然,由于在重合闸时刻电源电压并不一定恰好是最大值,电源电压也并不一定和线路上的残余电压反极性,过电压就较理论值低。

#### 6.2.1.3 影响空载线路合闸过电压的因素

(1)合闸相位。前面讨论的是最严重的合闸的情况,实际上,无论是合闸还是自动重合闸,合闸相位均是随机的;不可能总是在最大值时刻合闸,它有一定的概率分布,这与断路器合闸过程中的预击穿特性及断路器合闸速度有关。

(2)残余电荷。合闸过电压的大小与线路上残余电荷数值和极性有关。线路上若有电磁式电压互感器,可泄放残余电荷;线路若装设并联电抗器,对重合闸而言,当断路器开断后,线路电容和电抗器形成衰减的振荡回路,不但会影响残余电荷的数值,而且会影响残余电荷的极性。

(3)断路器合闸的不同期。由于三相线路之间有耦合,先合相相当于在另外两相上产生残余电荷。这样,当未合相在其电源电压与感应电压反极性时进行合闸,则过电压自然就增大。

(4)回路损耗。实际输电线路中,能量损耗会引起振荡分量的衰减。损耗来源主要来自两个方面:一是输电线路及电源的电阻;二是当过电压较高时,线路上出现的电晕,这些都会使过电压降低。

(5)电容效应。合闸空载长线时,由于电容效应使线路稳态电压增高,导致了合闸过电压增高。这也说明,在无限制措施时,操作过电压在线路末端总是高于首端。

#### 6.2.1.4 限制过电压的措施

限制空载线路合闸过电压的措施可以从两方面着手:一是降低线路的稳态电压分量;二是限制其自由电压分量。具体可采用下列措施:

(1)降低工频电压升高。空载线路上的操作过电压是在工频稳态电压的基础上由振荡产生的。显然,降低工频电压升高会使操作过电压下降。目前超高压电网中采取的有效措施是装设并联电抗器和静止补偿装置(SVC),其主要作用是削弱电容效应。

(2)断路器触头并联电阻。采用带并联电阻的开关,如图 6-6 所示,接通电路时辅助触头 $QF_2$ 先接通,$R$ 被串入电路中,对回路的振荡起到抑制作用,使过电压降低。显然,$R$ 越大其阻尼作用越强,过电压就越低。经过 1.5 ~2 个工频周期,主触头 $QF_1$ 闭合,将 $R$ 短接,完成合闸操作。实际上,当 $QF_1$ 闭合时,由于把 $R$ 短接,电路参数发生突变又会产生振荡。但由于前一段 $R$ 的阻尼作用,振荡已被削弱,电阻 $R$ 两端电压较低,故主触头 $QF_1$ 两端电位较小,因而 $QF_1$ 闭合后振荡也将较弱,过电压也就较低。从这个角度来讲希望 $R$ 小些。

由此可见,为了降低过电压,在合闸的不同阶段对 $R$ 的数值有不同的要求,即合闸过电压的高低,是随并联电阻值的大小而变化的,且必有一最佳值。图 6-7 是 500 kV 开关

并联电阻值与合闸过电压倍数 $K$ 之间的关系曲线，其最佳值约是 $R=400\ \Omega$，$K$ 约 1.8 倍。实际制造时，$R$ 值常比最佳值稍大，以满足对热容量的要求，一般取 400 ~ 600 Ω。

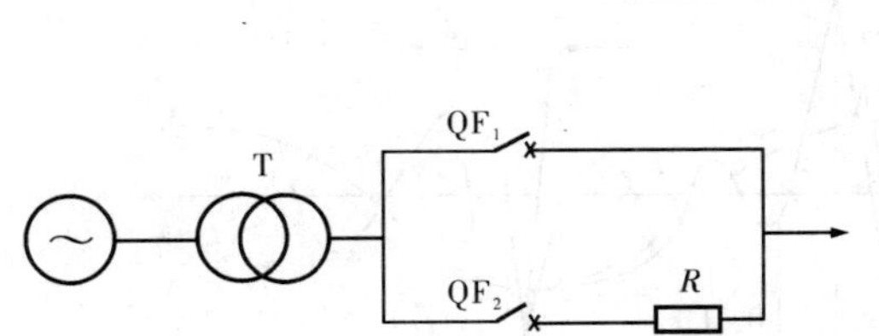


图 6-6　用带并联电阻的开关限制合闸过电压

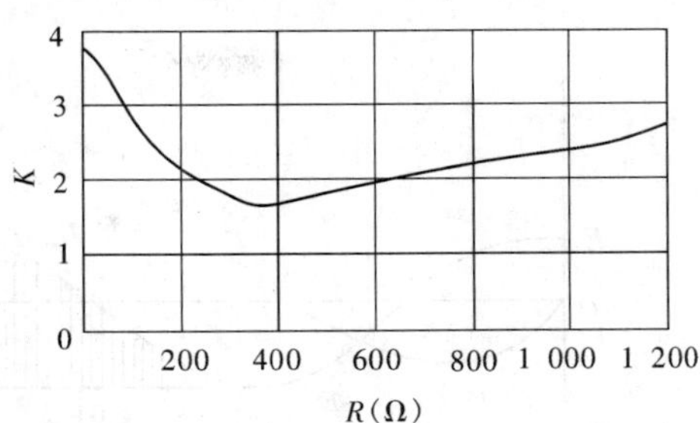


图 6-7　合闸电阻 $R$ 值与过电压倍数 $K$ 的关系

(3) 消除线路上的残余电荷。在线路侧接电磁式电压互感器，可在几个工频周期内，将全部残余电荷通过互感器泄放掉。

(4) 装设避雷器。在线路首端和末端装设磁吹避雷器或金属氧化物避雷器，当出现较高的过电压时，避雷器应能可靠动作，将过电压限制在允许的范围内。

### 6.2.2　切除空载线路过电压及其限制措施

切除空载线路是电网工作中最常见的操作之一。一条线路两端的开关分闸时间总是存在着一定的差异，所以无论是正常操作或事故操作，都有可能出现切除空载线路的情况。

产生这种过电压的根本原因是断路器电弧重燃。对空载线路而言，流过断路器的电流是数值在几十安至几百安的电容电流，它比短路电流小得多，而能够切断短路电流的油断路器却不一定能无重燃地切断这种电容电流，因为分闸初期，恢复电压幅值较高，触头间的抗电强度耐受不住高幅值的恢复电压的作用而引起电弧重燃。因此，切空载线路断路器中重燃现象是经常发生的。切空载线路过电压幅值高，持续时间可达 0.5 ~ 1 个工频周期以上，比雷电过电压持续时间长得多。因此，不仅要求高压开关具有足够的断流容量，而且要求它能通过切除空载线路的试验。

#### 6.2.2.1　过电压产生的物理过程

研究切除空载线路的等值电路和图 6-3(a) 完全一样。其简化的等值电路则如图 6-3(b) 所示。值得注意的是：整个过程中开关触头间距离是在不断拉长的，电弧每重燃一次电路接通一次；由于是切除空载线路，故电流是容性电流，超前工频电压 90°；要注意区别导线对地即 $C_T$ 上的过电压和开关触头两端间的恢复电压 $u_{AB}$。切除空载线路过电压的发展过程如图 6-8 所示。

设开关在 $t_1$ 时刻动作，电容 $C_T$ 上的电压就等于电源电压 $-E_m$，此时流过开关的工频电流为零，开关第一次断弧。此后 $C_T$ 上的电荷存在而使线路一直保持电压 $-E_m$，即开关触头 $B$ 点对地保持电位 $-E_m$。但触头 $A$ 的电位随电源电势 $e(t)$ 按余弦变化（见图 6-8 中虚线），于是触头间恢复电压 $u_{AB}$ 为

$$u_{AB}=e(t)-(-E_m)=E_m(1+\cos\omega t) \tag{6-13}$$

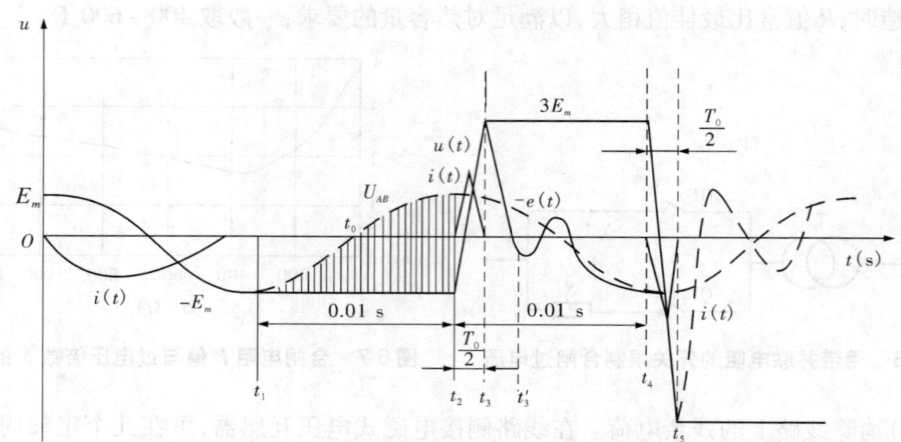


$t_1$—第一次断弧；$t_2$—第一次重燃；$t_3$—第二次断弧；$t_4$—第二次重燃；$t_5$—第三次断弧

**图 6-8 切除空载线路过电压的发展过程**

如果开关触头间去游离能力强，抗电强度的恢复增长很快，电弧就此熄灭，线路就断开，则不会产生过电压。但如开关性能不良，恢复电压 $u_{AB}$ 比 $AB$ 之间的抗电强度恢复得快，则在 $t_1$ 至电源电压下一个峰值之间的某个时刻就可能在触头间发生电弧重燃。

为研究最严重的情况，假定重燃发生在 $u_{AB}$ 为最大的时刻 $t_2$，此时 $e(t)=E_m, u_{AB}=2E$，电路被接通，电源电压 $E_m$ 加在电感 $L_S$ 和具有初始值 $-E_{m0}$ 的电容 $C_T$ 组成的串联振荡回路上，其振荡频率 $\omega_0=\frac{1}{\sqrt{L_S C_T}}$，比工频角频率 $\omega$ 大得多，线路上的过电压数值可按式(6-14)计算：

$$\text{过电压幅值} = \text{稳态值} + (\text{稳态值} - \text{初始值}) \tag{6-14}$$

在此 $\quad \text{过电压幅值} = E_m + [E_m - (-E_m)] = 3E_m$

当 $C_T$ 上的电压振荡到最大值 $3E_m$ 瞬时 $t_3$ 时，$t_3=t_2+\pi/\omega_0$，开关中的高频振荡电流恰好为零，因此 $t_3$ 时刻的电弧又将熄灭，$C_T$ 上保持着 $3E_m$ 的电压。

此后触头间距离愈来愈长，但恢复电压也愈来愈高。到 $t_4$ 时刻，恢复电压 $u_{AB}$ 可达 $4E_m$，如此时再发生重燃，则 $C_T$ 上的初始值为 $3E_m$，稳态值为 $-E_m$，故

$$\text{过电压幅值} = -E_m + (-E_m - 3E_m) = -5E_m$$

如果继续发生每隔半个工频周期就重燃一次和熄灭一次，则过电压将按 $3E_m$，$-5E_m$，$7E_m$，…，愈来愈高。

以上分析是理想化的最严重情况，实际上由于许多因素限制，过电压并不一定能达到那么高。

#### 6.2.2.2 影响切除空载线路过电压的主要因素

(1)断路器的性能。切除空载线路的过电压，与断路器的性能、电弧重燃的次数、重燃的时刻有关。断路器的性能影响电弧重燃的次数，一般油开关的重燃次数较多，有时可达 6～7 次之多，油断路器切除空载线路时切断的是数值较小的电容电流，它分解出的气

体少，灭弧室的压力小，因而介质强度恢复慢，重燃易于发生；而压缩空气断路器具有较强的熄弧能力，重燃次数少或不重燃。重燃次数较多时，发生高幅值过电压的概率也较大。每次拉闸时并不一定发生重燃，电弧不一定是电源电压和线路残压极性相反且达最大时重燃，熄弧不一定在高频电流第一次过零而在第二次或第三次过零时熄灭等，因而这种过电压具有随机统计性。

当然，尽管重燃次数不是决定过电压的唯一依据，但总的来说，改善开关灭弧性能会有效地限制切除空载线路过电压的幅值。

(2)电网中性点的运行方式。中性点直接接地电网中各相独立，相间电容影响不大，情况和上面讨论的相同。但中性点不接地或经消弧线圈接地的系统中，如果三相不同期分闸(这种情况是非常多的)，将在瞬间形成不对称电路，中性点电位发生偏移，相间电容将产生影响，使整个分闸过程变得复杂，过电压明显增高，一般较中性点接地系统过电压高出20%。

(3)接线方式的影响。增加母线上的出线回路数相当于增加了母线电容，它可以降低线路上电压的初始值并吸收部分振荡能量，从而使重燃时过电压降低。

(4)电晕的影响。当发生过电压时，线路上将产生强烈的电晕，电晕损耗将消耗过电压的能量，限制了过电压的升高。

(5)线路侧电磁式电压互感器的影响。由于电压升高引起磁路饱和后阻抗降低，增加了泄流作用，将降低线路上的残余电荷，从而使过电压具有较低的数值。图6-9所示为我国220 kV拉闸过电压倍数与出现概率的曲线，它说明线路侧电压互感器可使过电压降低30%左右。

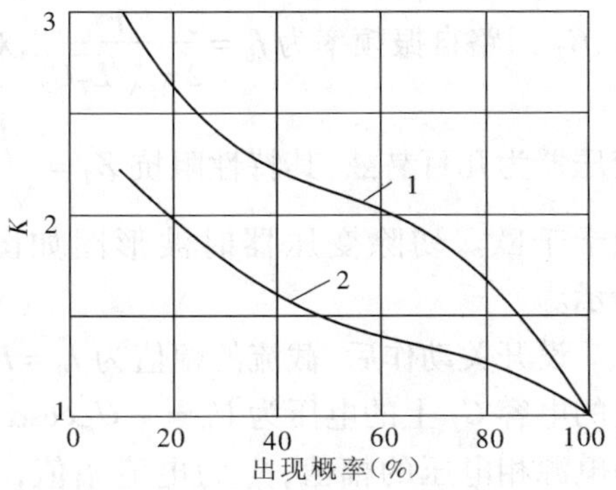


1—线路侧无电磁式电压互感器；

2—线路侧有电磁式电压互感器

**图6-9　220 kV线路拉闸过电压倍数$K$与出现概率的曲线**

#### 6.2.2.3　限制措施

切除空载线路过电压是选择线路绝缘水平和确定电气设备试验电压的重要依据，因此限制这种过电压具有十分重要的意义。目前常采用如下措施：

(1)选用灭弧能力强的快速断路器。其目的是避免发生重燃现象。例如压缩空气断路器，装有压油活塞的少油断路器及六氟化硫断路器等。

(2)采用带并联电阻的断路器。其原理仍如图6-6所示，目的仍是抑制振荡、减小过电压的数值。其动作过程和合空载线路恰好相反，拉闸时主触头$QF_1$先拉开，$R$串入回路中抑制振荡。此时$QF_1$两端的恢复电压只是$R$两端的压降，所以$QF_1$不易重燃。经1.5～2个工频周期$QF_2$合闸时，由于回路中振荡已受到了抑制，且已不再是纯容性电流，因此线路上残压较低，$QF_2$触头的恢复电压也就较低，故$QF_2$也不易发生重燃。从$QF_1$断开不易发生重燃的目的出发，希望$R$值小些，而从抑制振荡和使$QF_2$不易发生重燃的角度看又希望$R$值大些，对一般开关$R$取300 Ω。

### 6.2.3 切除空载变压器过电压

切除空载变压器以及切除电动机、电抗器时，有可能在被切除的电器上和开关上出现过电压。产生这种过电压的原因是开关突然截断了电感中的电流，即“截流”所致。

通常在切断大于 100 A 的较大交流电流时，开关触头间的电弧在工频电流自然过零熄灭，在这种情况下，设备电感中储存的磁场能为零，不会产生过电压。但在切除空载变压器中，由于励磁电流很小，在开关中去游离作用又很强，故电流不为零时会发生强制熄弧的截流现象。这种截流现象在电流上升和下降的时刻都有可能出现。这样电感中储存的磁场能量将全部转化为电场能，出现电压升高现象，这就是切除空载变压器引起过电压的实质。

#### 6.2.3.1 过电压产生的物理过程

切除空载变压器的等效电路图如图 6-10 所示。其中，$L_T$、$R_T$ 为变压器激磁电感和损耗电阻，$C_T$ 为变压器对地电容及引线电容，$L_S$ 为母线侧电源等效电感，$C_b$ 为母线对地电容。$L_T$、$C_T$ 回路自振频率为 $f_0=\dfrac{1}{2\pi\sqrt{L_TC_T}}$，对大型变压器为几百赫兹，其特性阻抗 $Z_T=\sqrt{\dfrac{L_T}{C_T}}$，为数十千欧。切除变压器时波形图如图 6-11 所示。

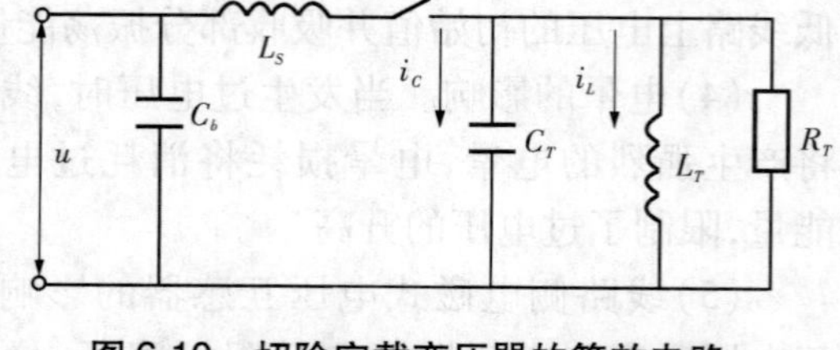


图 6-10 切除空载变压器的等效电路

设开关动作后，截流的幅值为 $I_0=I_m\sin\alpha$，相应的电容 $C_T$ 上的电压为 $U_0=-U_m\cos\alpha$，其中 $U_m$ 为电源相电压的幅值，$I_m$ 为电流幅值，$\alpha$ 为发生截流时的相角。这时电感 $L_T$ 和电容 $C_T$ 储存的磁场能和电场能分别为

$$W_L=\frac{1}{2}L_TI_m^2\sin^2\alpha \tag{6-15}$$

$$W_C=\frac{1}{2}C_TU_m^2\cos^2\alpha \tag{6-16}$$

当电容上暂态电压达到最大值 $U_{C\max}$ 时，$\dfrac{du_C}{dt}=0$，电流 $C_T\dfrac{du_C}{dt}=0$，即这时全部磁场能量转换成电容中的电场能，故得

$$\frac{1}{2}C_TU_{C\max}^2=W_L+W_C \tag{6-17}$$

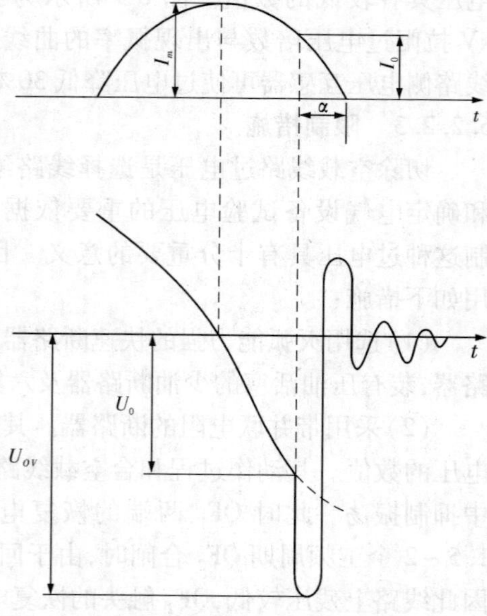


图 6-11 切除空载变压器时变压器上的电压波形

于是有

$$U_{C\max}=\sqrt{U_m^2\cos^2\alpha+\frac{L_T}{C_T}I_m^2\sin^2\alpha}$$

$$=\sqrt{\frac{L}{C}I_0^2+U_0^2} \tag{6-18}$$

若略去截流时电容上的能量,则式(6-18)为

$$U_{C\max}=\sqrt{\frac{L}{C}I_0^2}=I_0\sqrt{\frac{L}{C}}=I_0Z_T \tag{6-19}$$

由此可见,截流瞬间的 $I_0$ 愈大,变压器激磁电感愈大,则磁场能量愈大;寄生电容愈小,使同样的磁场能量转化到电容上,则可能产生很高的过电压。一般情况下 $I_0$ 并不大,极限值为激磁电流的最大值,只有几安到几十安,可是变压器的特征阻抗 $Z_T$ 很大,可达几十千欧,故能产生很高的过电压。

上述过电压是在不计损耗下求得的,实际上磁场能量转化为电场能量的高频振荡过程中变压器是有铁耗和铜耗的,因此使过电压幅值有所下降。

#### 6.2.3.2 影响过电压的因素

(1)断路器的性能。切除空载变压器引起的过电压与截流数值成正比,断路器截断电流的能力愈大,过电压 $U_{C\max}$ 就愈高。另外,在断路器开断变压器的过程中,由于开断的变压器侧有很高的过电压,而电源侧则是工频电源电压,因此当触头间分开的距离还不够大时,在较高的恢复电压作用下,可能产生电弧重燃,向电源侧泄放能量,使过电压有所下降。

(2)变压器的特性阻抗 $Z_T$ 愈大,则过电压愈高。当电感中的磁场能量不变,电容 $C_T$ 愈小时,过电压也就愈高。

此外,变压器的相数、线阻接线方式、铁芯结构、中性点接地方式、断路器的断口电容,以及与变压器相连的电缆线段、架空线段等,都会对切除空载变压器过电压产生影响。

#### 6.2.3.3 限制过电压的措施

我国的一些统计资料表明,在中性点直接接地的电网中,切断 110 ~ 220 kV 空载变压器过电压一般不超过 $3U_{ph}$($U_{ph}$为工频相电压),中性点不接地或经消弧线圈接地的 35 ~ 110 kV 电网中,切除空载变压器出现的过电压一般不超过 $4U_{ph}$。切断空载变压器过电压的特点是:幅值高、频率高,但是持续时间短,能量小,因此限制并不困难。只要在变压器任一侧装上普通阀式避雷器就可以有效限制这种过电压。计算表明,普通阀式避雷器在雷电过电压下动作后所吸收的能量,要比变压器线圈贮存的能量大一个数量级。实际运行中也未发现因切除空载变压器而引起避雷器损坏的情况。但必须指出,由于这种避雷器安装的目的是用来限制切除空载变压器过电压的,所以在非雷雨季节也不应退出运行。

### 6.2.4 弧光接地过电压及其限制措施

中性点不直接接地的电网,如果发生单相金属性接地,将引起健全相的电压升高到线电压。如果单相通过不稳定的电弧接地,即接地点的电弧间歇性地熄灭和重燃,则在电网健全相和故障相上都会产生过电压。一般把这种过电压称为电弧接地过电压。

一般这种过电压不会使符合标准的良好的电气设备损坏,但是这种过电压出现的概率高,波及面广,一旦出现,则作用时间长,所以对设备绝缘的危害也是不可忽视的。

电弧接地过电压的发展与电弧的熄灭时间有关,通常认为电弧的熄灭可能在两种情

况下发生:空气中的开放性电弧大多数在工频电流过零时熄灭;油中电弧常常是在过渡过程中高频振荡电流过零的时刻熄灭。实际上,电弧能否熄灭是由电流过零时,间隙中绝缘强度的恢复和加在间隙上的恢复电压所决定的。实际中大部分电弧接地发生在空气中,下面按照空气中工频电流过零熄弧理论来分析过电压的产生和发展过程。

### 6.2.4.1 电弧接地过电压发展的物理过程

如图6-12(a)所示为等效电路,$C_1$、$C_2$、$C_3$ 为三相对地电容,且 $C_1=C_2=C_3=C$。设A相发生接地,以D表示故障点发弧间隙。当A相接地时,中性点的电位$\dot{U}_N$由零升到相电压,即$\dot{U}_N=-\dot{U}_A$,B、C相电位都升到线电压$\dot{U}_{BA}$、$\dot{U}_{CA}$。$C_2$、$C_3$ 中的电流$\dot{I}_2$、$\dot{I}_3$分别超前$\dot{U}_{BA}$、$\dot{U}_{CA}$ 90°,其幅值为

$$I_2=I_3=\sqrt{3}\omega CU_{ph} \tag{6-20}$$

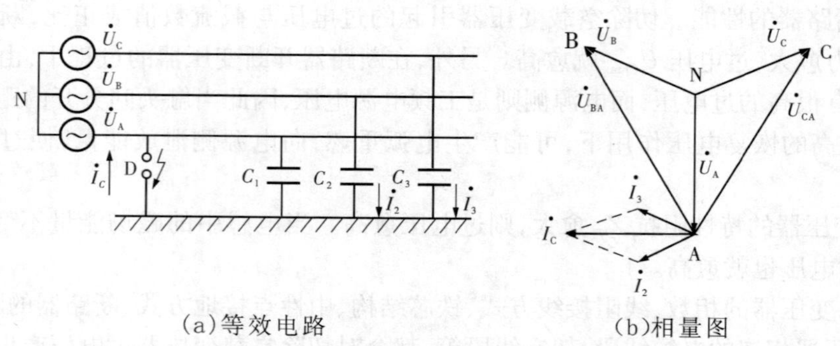

(a)等效电路　　(b)相量图

**图6-12　中性点绝缘系统的单相接地**

其相量如图6-12(b)所示,$\dot{I}_2$、$\dot{I}_3$相位相差60°,因此故障点电流幅值为

$$I_C=\sqrt{3}I_2=3\omega CU_{ph} \tag{6-21}$$

可以看出,单相接地时流过故障点的电容电流 $I_C$ 与线路对地电容 $C$ 及系统运行相电压 $U_{ph}$ 成正比。

以 $u_A$、$u_B$、$u_C$ 代表三相电源电压,以 $u_1$、$u_2$、$u_3$ 分别代表三相线路的对地电压,即 $C_1$、$C_2$、$C_3$ 上的电压。图6-13画出了过电压的发展过程。

$$u_A=U_{ph}\sin\omega t, u_B=U_{ph}\sin(\omega t-120°), u_C=U_{ph}\sin(\omega t+120°)$$

$$u_{BA}=\sqrt{3}U_{ph}\sin(\omega t-150°), u_{CA}=\sqrt{3}U_{ph}\sin(\omega t+150°)$$

设 $t_1$ 瞬间(此时A相电源电压为最大值 $U_{ph}$)A相对地发生电弧,发弧前 $t_1$ 瞬间(以 $t_{1-}$ 表示),线路电容上的电压分别为

$$u_1(t_{1-})=U_{ph} \tag{6-22}$$

$$u_2(t_{1-})=u_3(t_{1-})=-0.5U_{ph} \tag{6-23}$$

故障点发生电弧后瞬间(以 $t_{1+}$ 表示),A相电容 $C_1$ 上的电荷通过电弧泄入地,其电压突降为零,即 $u_1(t_{1+})=0$,其他两健全相电容 $C_2$、$C_3$ 上的电压则由电源线电压 $u_{BA}$、$u_{CA}$(由图6-13可知,故障瞬间 $u_{BA}$和 $u_{CA}$ 的瞬时值皆为 $-0.5U_{ph}$)通过电源电感充电,由原来

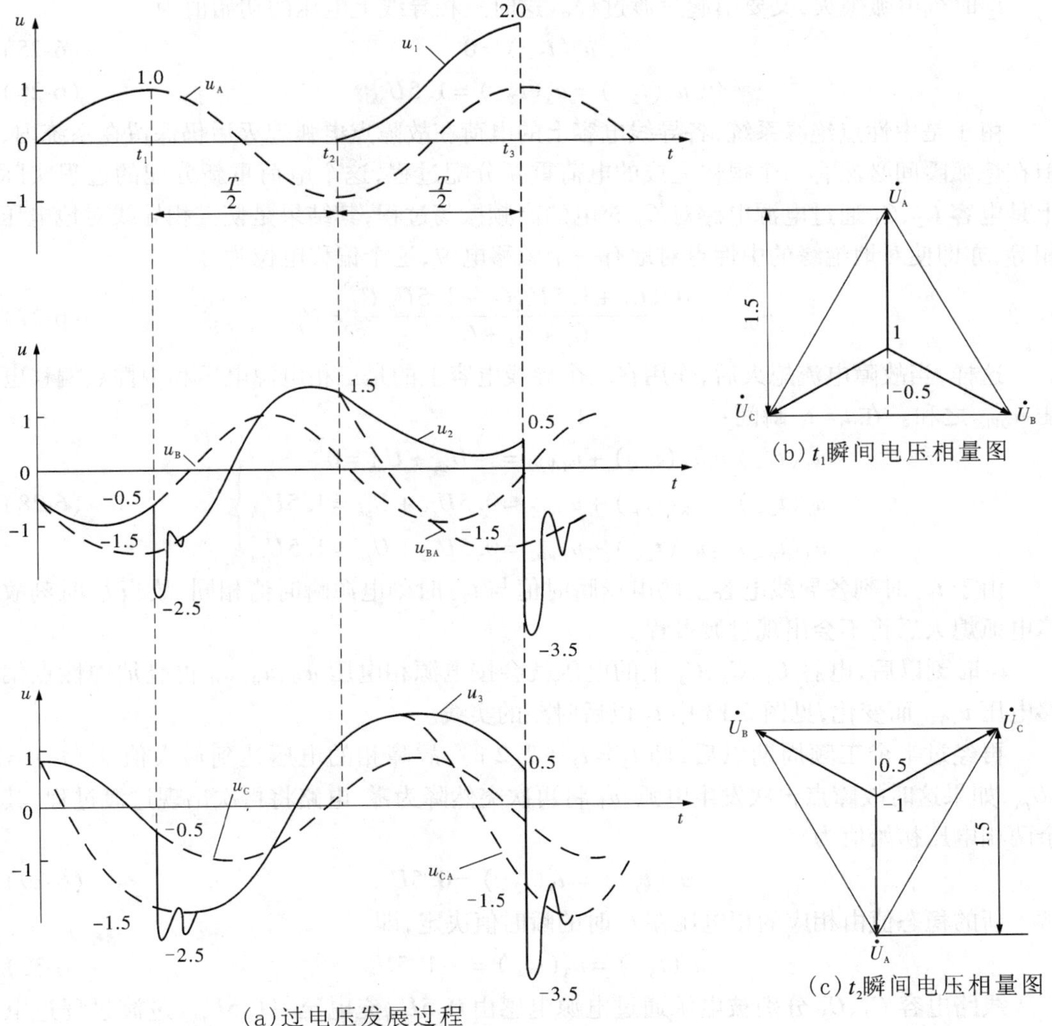

(a)过电压发展过程

(b) $t_1$瞬间电压相量图

(c) $t_2$瞬间电压相量图

**图 6-13　工频电流过零熄弧时电弧接地过电压发展过程**

的电压瞬时值 $-0.5U_{ph}$ 变为新电压瞬时值 $-1.5U_{ph}$，这个充电过程是高频振荡过程，其振荡频率取决于电源的电感和导线对地电容。

由于电容 $C_2$、$C_3$ 上的初始值都是 $-0.5U_{ph}$，稳态值都是 $-1.5U_{ph}$，故在过渡过程中 $C_2$、$C_3$ 上出现的电压最大值为

$$U_{2m|t1}=U_{3m|t1}=2(-1.5U_{ph})-(-0.5U_{ph})=-2.5U_{ph} \tag{6-24}$$

过渡过程结束后，$u_2$ 和 $u_3$ 按图 6-13(a)中的 $u_{BA}$ 和 $u_{CA}$ 变化。

故障点的电弧电流中包含工频分量和逐渐衰减的高频分量，假定高频电流分量过零时，电弧不熄灭，则故障点的电弧电流将持续半个工频周期，待工频分量（工频分量 $\dot{I}_C$ 与 A 相电源电压 $\dot{U}_A$ 相位差为 90°）过零时才熄弧（见图 6-13(a)中 $t_2$ 时刻）。

$t_2$ 时刻电弧熄灭，又要引起过渡过程。这时三相导线上电压的初始值为

$$u_1(t_{2-})=0 \tag{6-25}$$

$$u_2(t_{2-})=u_3(t_{2-})=1.5U_{ph} \tag{6-26}$$

由于是中性点绝缘系统，各导线电容上的电荷在故障点电弧熄灭后仍保留在系统内，但在熄弧瞬间必然有一个很快完成的电荷重新分配过程，这个电荷重新分配的过程实际上是电容 $C_2$、$C_3$ 通过电源电感对 $C_1$ 充电的高频振荡过程，其结果是使三相导线对地电压相等，亦即使对地绝缘的中性点对地有一个偏移电位，这个偏移电位为

$$u_{OV|t2}=\frac{0\times C_1+1.5U_{ph}C_2+1.5U_{ph}C_3}{C_1+C_2+C_3}=U_{ph} \tag{6-27}$$

这样，当故障电流熄灭后，作用在三个导线电容上的是三相电源电压和中性点偏移电压 $u_{OV|t2}$之和。在 $t=t_2$ 瞬间：

$$\left.\begin{aligned}u_1(t_{2+})&=u_{\mathrm{A}}(t_{2+})+u_{OV|t2}=-U_{ph}+U_{ph}=0\\u_2(t_{2+})&=u_{\mathrm{B}}(t_{2+})+u_{OV|t2}=0.5U_{ph}+U_{ph}=1.5U_{ph}\\u_3(t_{2+})&=u_{\mathrm{C}}(t_{2+})+u_{OV|t2}=0.5U_{ph}+U_{ph}=1.5U_{ph}\end{aligned}\right\} \tag{6-28}$$

由于 $t_{2+}$时刻各导线电容上的电压瞬时值与 $t_{2-}$ 时刻电源瞬时值相同，故当 $t_2$ 时刻故障电弧熄灭后将不会出现过渡过程。

$t_2$ 时刻以后，电容 $C_1$、$C_2$、$C_3$ 上的电压就会按电源相电压 $u_{\mathrm{A}}$、$u_{\mathrm{B}}$、$u_{\mathrm{C}}$ 再叠加中性点偏移电压 $u_{OV|t2}$而变化，见图 6-13 中 $t_2$ 以后时刻的实线。

再经过半个工频周期以后，即 $t_3=t_2+T/2$ 时，故障相的电压达到最大值 $u_1(t_3)=2U_{ph}$，如果这时故障点再次发生电弧，$u_1$ 将再次突然降为零，电路将再次出现过渡过程，其余两相电压初始值为

$$u_2(t_{3-})=u_3(t_{3-})=0.5U_{ph} \tag{6-29}$$

新的稳态值由相应的相电压在 $t_3$ 时的瞬时值决定，即

$$u_2(t_{3+})=u_3(t_{3+})=-1.5U_{ph} \tag{6-30}$$

线路电容 $C_2$、$C_3$ 分别被电源通过电源电感由 $0.5U_{ph}$充电至 $-1.5U_{ph}$，过渡过程过电压最大值可达

$$U_{2m|t3}=U_{3m|t3}=2(-1.5U_{ph})-(0.5U_{ph})=-3.5U_{ph} \tag{6-31}$$

依次类推，可以得出，以后的熄弧及重燃过程将与第二次的完全相同，其过程的幅值也与之相同。

按上述工频熄弧原理分析得到的过电压倍数（3.5 倍）并不太高，而且从波形图中可以看出过电压的波形具有同一极性，在故障相中不产生振荡过程。健全相的最大过电压为 $-3.5U_{ph}$，故障相的最大过电压为 $2U_{ph}$。在实际情况下，由于过渡过程的衰减、残余电荷的泄漏以及相间电容限压作用、燃弧相位不等等原因，过电压还要低一些。

试验和研究表明，工频和高频熄、燃弧都是可能的，有时断弧在高频电流过零或几次过零后发生。故障相的电弧重燃也不一定在最大恢复电压值时发生，并且具有很大分散性，因而电弧接地过电压也具有很强烈的随机统计性质。目前普遍认为，电弧接地过电压的最大值不超过 $3.5U_{ph}$，一般在 $3U_{ph}$ 以下。

#### 6.2.4.2 限制过电压的措施

由分析可知,电弧接地过电压的根本原因在于电网产生间歇性电弧,中性点有电位偏移,也即中性点的电荷积累。为消除电弧接地过电压,最根本的途径是消除间歇性电弧。其有效方法是将中性点直接接地,使发生单相接地故障时形成很大的单相短路电流,将线路断开,待故障消除后恢复供电。目前110 kV及以上电网大都采用中性点直接接地的运行方式。必须指出的是,在中性点直接接地的电网中,各种形式的操作过电压均比中性点绝缘的电网要低。

但是,在我国为数众多的电压等级较低的配电网中,其单相接地事故率相对很大,如采用中性点直接接地方式,势必引起断路器频繁跳闸,这不仅要增设大量的重合闸装置,还会增加断路器的维修工作量,故宜采用中性点绝缘的运行方式。为减小电容电流,使电弧易于熄灭,在我国,对35 kV及以下的系统,皆采用中性点不接地运行方式。在电容电流超过规定值(3~10 kV电网为30 A;20 kV及以上电网为10 A),故障电弧不易熄灭时,可采用中性点经消弧线圈接地的运行方式。

图6-14为中性点经消弧线圈接地电网中单相接地时的电路图。消弧线圈的基本作用是:

(1)补偿流过故障点的短路电流,使电弧自行熄灭,系统自行恢复正常工作状态。

(2)降低故障相上的恢复电压上升速度,减小电弧重燃的可能性。

由图6-14可知,在系统正常工作时,变压器中性点的电位为零,当A相发生金属性接地时,中性点电位 $U_N = U_{ph}$(相电压)。前面已提到中性点绝缘的电网中,单相接地时流过故障点的电流幅值为 $I_C = 3\omega C U_{ph}$,在中性点接入消弧线圈后,故障点还将流过由中性点电压 $U_{ph}$ 经 $L_P$ 产生的电感电流,其幅值为 $I_L$。其相量如图6-15所示,从图可知,$\dot{I}_C$ 与 $\dot{I}_L$ 反向,因此流经故障点的电流为二者之差,称为残流 $I_0$。由于 $I_0$ 很小,故接的电弧一般不易重燃,限制了电弧接地过电压的发展。

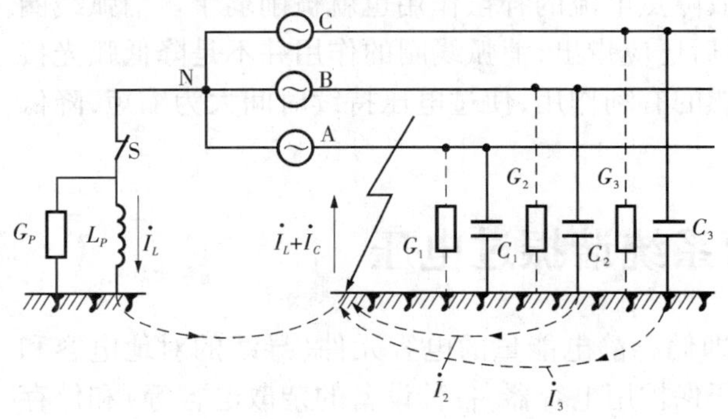


$L_P$、$G_P$—消弧线圈电感、电导;$C_1$、$C_2$、$C_3$—三相对地电容;
$G_1$、$G_2$、$G_3$—三相对地电导

**图6-14 中性点经消弧线圈接地电网的单相接地电路图**

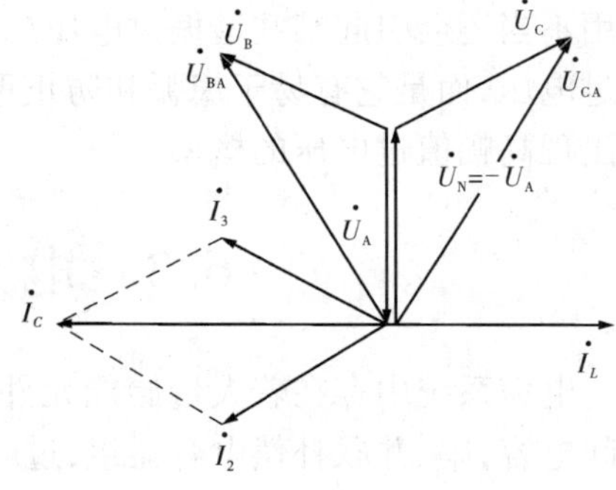


**图6-15 中性点经消弧线圈接地系统中单相(A相)接地时的相量图**

我们把电感电流补偿电容电流百分数称为消弧线圈的补偿度(或调谐度)$K$。

$$K=\frac{I_L}{I_C}=\frac{U_{ph}/\omega L_P}{3\omega CU_{ph}}=\frac{1}{3\omega^2L_PC}=\frac{\omega_0^2}{\omega^2} \tag{6-32}$$

式中 $\omega_0$——电路中的自振频率，$\omega_0=1/\sqrt{3CL_P}$。

$1-K$ 称为脱谐度 $\gamma$，则

$$\gamma=1-K=\frac{I_C-I_L}{I_C}=1-\frac{\omega_0^2}{\omega^2} \tag{6-33}$$

$K<1,\gamma>0$，即 $I_C>I_L$ 时，表示电感电流补偿不足，故障点流过的残流为容性电流，称为欠补偿。$K>1,\gamma<0,I_C<I_L$ 时，表示电感电流大于电容电流，故障点流过的残流为感性电流，称为过补偿。当 $K=1,\gamma=0$ 时，$I_C$、$I_L$ 两者恰好抵消，称为全补偿。

为了充分发挥消弧线圈的消弧作用，电力系统通常采用过补偿的运行方式。这是因为：若原来是欠补偿，随着电网的发展，脱谐度将增大，当脱谐度过大时，则失去消弧线圈的作用；另一方面，在运行中，部分线路可能退出，则可能出现全补偿或接近全补偿状态，因电网单相对地电容不对称，将导致中性点上出现较大的位移电压，危及系统绝缘。

消弧线圈的脱谐度不能太大，太大时残流增大，而且进一步的计算表明，脱谐度太大时故障点恢复电压增长速度太快，消弧线圈就起不到消灭单相接地电弧的作用了。脱谐度愈小，残流愈小，故障点恢复电压速度也减小，电弧容易熄灭；但脱谐度也不能太小，当 $\gamma$ 趋近于零时，在正常运行时中性点将发生很大偏移。一般均采用过补偿5%～10%运行（即 $\gamma=-0.05\sim-0.1$），但应使残流值不超过10 A，否则还可能出现间歇性电弧。

中性点经消弧线圈接地，在大多数情况下能够迅速地消除单相的瞬间接地电弧而不破坏电网的正常运行，接地电弧一般不重燃，从而把单相电弧接地过电压限制到不超过 $2.5U_{ph}$ 的数值。很明显，在很多单相瞬间接地故障的情况下，采用消弧线圈可以看做是提高供电可靠性的有力措施。但是，消弧线圈的阻抗较大，既不能释放线路上的残余电荷，也不能降低电压的稳态分量，因而对其他形式的操作过电压不起作用。并且，在高压电网中有功泄漏电流分量较大，消弧线圈对故障点电流的补偿作用也就被削弱了。消弧线圈使用不当还会引起某些谐振过电压。最后还应指出，消弧线圈的作用并不是降低弧光接地过电压，而是它有易于熄弧和防止重燃的有利作用，使过电压持续时间大为缩短，降低了出现高幅值过电压的概率。

## 6.3 电力系统谐振过电压

电力系统中存在着大量储能元件，即储存静电能量的电容元件（导线的对地电容和相间电容，串、并联补偿电容器组，过电压保护用电容器，各种设备的杂散电容等）和储存磁能的电感元件（变压器、互感器、发电机、消弧线圈、电抗器及各种杂散电感等）。当系统中出现扰动（操作或发生故障）时，这些电感、电容元件就有可能形成各种不同的振荡回路，引起谐振过电压。

### 6.3.1 谐振过电压的类型

通常认为，系统中的电阻元件和电容元件均为线性元件，而感性元件则可分为三类：

第一类也是线性的(在一定条件下);第二类是非线性的;第三类是电感值呈周期性变化的电感元件。与之相对应,可能发生三种不同形式的谐振现象。

#### 6.3.1.1 线性谐振过电压

这种电路中的电感 $L$ 与电容 $C$、电阻 $R$ 一样,都是线性参数,即它们的值都不随电流、电压而变化。这些或者是磁通不经过铁芯的电感元件,或者是铁芯的激磁特性接近线性的电感元件。

它们与电网中的电容元件形成串联回路,当电网的交流电源频率接近于回路的自振频率时,回路的感抗和容抗相等或相近而互相抵消,回路电流只受回路电阻的限制而可达很大的数值,这样的串联谐振将在电感元件和电容元件上产生远远超过电源电压的过电压。

限制这种过电压和过电流的方法是使回路脱离谐振状态或增加回路的损耗。在电力系统设计和运行时,应设法避开谐振条件以消除这种线性谐振过电压。

#### 6.3.1.2 参数谐振过电压

系统中某些元件的电感会发生周期性变化,例如发电机转动时,其电感的大小随着转子位置的不同而周期性地变化。当发电机带有电容性负载(例如一段空载线路)时,如再存在不利的参数配合,就有可能引发参数谐振现象。有时将这种现象称为发电机的自励磁或自激过电压。

由于回路中有损耗,所以只有当参数变化所吸收的能量(由原动机供给)足以补偿回路中损耗时,才能保证谐振的持续发展。从理论上来说,这种谐振的发展将使振幅无限增大,而不像线性谐振那样受到回路电阻的限制;但实际上,当电压增大到一定程度后,电感会出现饱和现象,而使回路自动偏离谐振条件,使过电压不致无限增大。

发电机在正式投入运行前,设计部门要进行自激的校核,避开谐振点,因此一般不会出现参数谐振现象。

#### 6.3.1.3 铁磁谐振过电压

当电感元件带有铁芯时,一般都会出现饱和现象,这时电感不再是常数,而是随着电流或磁通的变化而改变,在满足一定条件时,就会产生铁磁谐振现象,它具有一系列不同于其他谐振过电压的特点,可在电力系统中引发某些严重事故。

### 6.3.2 铁磁谐振过电压

为了探讨铁磁谐振过电压最基本的物理过程,可利用图 6-16 中最简单的 LC 串联谐振电路。不过这时的 $L$ 是一只带铁芯的非线性电感,电感值是一个变数,因而回路也没有固定的自振频率,同一回路中,既可能产生振荡频率等于电源频率的基频谐振,也可以产生高次谐波(例如 2 次、3 次、5 次等)和分次谐波(例如$\frac{1}{2}$次、$\frac{1}{3}$次、$\frac{1}{4}$次等)谐振,具有各种谐波谐振的可能性是铁磁谐振的一个重要特点。不过为了简化和突出基频谐振的基本物理概念,可略去回路中各种谐波的影响,并忽略回路中一定会有的能量损耗。

在图 6-17 中分别画出了电感上的电压 $U_L$ 及电容上的电压 $U_C$ 与电流 $I$ 的关系(电压、电流均以有效值表示)。由于电容是线性的,所以 $U_C(I)$ 是一条直线,$U_C=\frac{1}{\omega C}$;随着电流的增大，铁芯出现饱和现象，电感 $L$ 不断减小，设两条伏安特性相交于 $P$ 点。

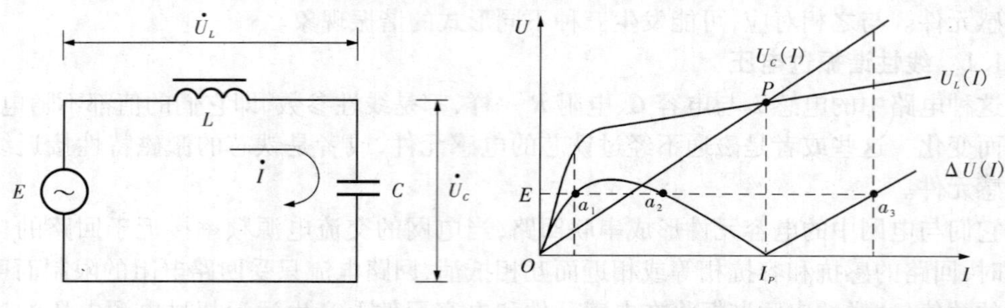


图 6-16　串联铁磁谐振电路　　　　图 6-17　串联铁磁谐振电路的特性曲线

由于 $\dot{U}_L$ 与 $\dot{U}_C$ 的相位相反，当 $\omega L > \frac{1}{\omega C}$，即 $U_L > U_C$ 时，电路中的电流是感性的；但当 $I > I_P$ 以后，$U_C > U_L$，电路变为容性。由回路元件上的压降与电源电动势的平衡关系可得

$$\dot{E} = \dot{U}_L + \dot{U}_C \tag{6-34}$$

也可以用电压降总和的绝对值 $\Delta U$ 来表示，即

$$E = \Delta U = |U_L - U_C| \tag{6-35}$$

$\Delta U$ 与 $I$ 的关系曲线 $\Delta U(I)$ 亦在图 6-17 中绘出。

电动势 $E$ 和 $\Delta U$ 曲线的相交点，就是满足上述平衡方程的点。由图 6-17 中可以看出，有 $a_1$、$a_2$、$a_3$ 三个平衡点，但这三点并不都是稳定的。研究某一点是否稳定，可假定回路中有一微小的扰动，分析此扰动是否能使回路脱离该点，例如 $a_1$ 点，若回路中电流稍有增加，$\Delta U > E$，即电压降大于电动势，使回路电流减小，回到 $a_1$ 点。反之，若回路中电流稍有减小，$E < \Delta U$，电压降小于电动势，使回路电流增大，同样回到 $a_1$ 点。因此，$a_1$ 点是稳定点。用同样的方法分析 $a_2$、$a_3$ 点，即可发现，$a_3$ 点也是稳定点，而 $a_2$ 点是不稳定点。

同时，从图 6-17 中可以看出，当电动势较小时，回路存在着两个可能的工作点 $a_1$ 和 $a_3$，而当 $E$ 超过一定值后，可能只存在一个工作点。当有两个工作点时，若电源电动势是逐渐上升的，则处在非谐振工作点 $a_1$。为了建立起稳定的谐振点 $a_3$，回路必须经过强烈的扰动过程，例如发生故障、断路器跳闸、切除故障等。这种需要经过过渡过程建立的谐振现象称之为铁磁谐振的“激发”，而且一旦“激发”起来以后，谐振状态就可以保持很长时间，不会衰减。

根据以上分析，基波的铁磁谐振有下列特点。

(1)产生串联铁磁谐振的必要条件是：电感和电容的伏安特性必须相交，即

$$\omega L > \frac{1}{\omega C} \tag{6-36}$$

因而，铁磁谐振可以在较大的范围内产生。

(2)对铁磁谐振电路，在同一电源电动势作用下，回路可能有不只一种稳定工作状态。在外界激发下，回路可能从非谐振工作状态跃变到谐振工作状态，电路从感性变为容性，发生相位反倾，同时产生过电压与过电流。

(3)铁磁元件的非线性是产生铁磁谐振的根本原因，但其饱和特性本身又限制了过

电压的幅值。此外,回路中的损耗,会使过电压降低,当回路电阻增大到一定数值时,就不会出现强烈的谐振现象。

电力系统中的铁磁谐振过电压常发生在非全相运行状态下,其中电感可以是空载变压器或轻载变压器的激磁电感、消弧线圈电感、电磁式电压互感器的电感等,电容可以是导线的对地电容、相间电容以及电感线圈对地的杂散电容等。

为了限制和消除铁磁谐振过电压,人们已找到了许多有效的措施:

(1)改善电磁式电压互感器的激磁特性,或改用电容式电压互感器。

(2)在电压互感器开口三角绕组中接入阻尼电阻,或在电压互感器一次绕组的中性点对地接入电阻。

(3)在有些情况下,可在10 kV及以下的母线上装设一组三相对地电容器,或用电缆等代替架空线段,以增大对地电容,从参数搭配上避开谐振。

(4)在特殊情况下,可将系统中性点临时经电阻接地或直接接地,或投入消弧线圈,也可以按事先规定投入某些线路或设备以改变电路参数,消除谐振过电压。

## 习 题

6-1 比较内部过电压与大气过电压有何不同点,内部过电压分为哪几类?

6-2 单相接地故障为什么会引起工频电压升高?

6-3 利用避雷器限制操作过电压时,对避雷器有什么特殊要求?为什么普通避雷器只能用来限制切除空载变压器过电压?

6-4 电力系统中为什么要限制工频电压升高,采用的主要措施是什么?

6-5 切除空载变压器和切容性负荷为什么能产生过电压?断路器中电弧的重燃对这两种过电压有什么影响?

6-6 试述电弧接地过电压产生的机理及限制措施。

6-7 在电弧接地引起的过电压中,若电弧不是在工频电流过零时熄灭,而是在高频振荡电流过零时熄灭,过电压发展过程如何?

6-8 谐振过电压有哪几种类型?铁磁谐振过电压是怎样产生的?铁磁谐振与线性谐振有什么不同?

# 第7章 电力系统的绝缘配合

## 7.1 绝缘配合的概念和原则

电力系统绝缘配合是指综合考虑电气设备在系统中承受的各种作用电压(工作电压和过电压),保护装置的特性和设备的绝缘对作用电压的耐受特性之间的关系,合理地确定电气设备的绝缘水平,使设备造价、维护费用和设备绝缘故障引起的事故费用三者的和为最小,不会因绝缘水平取得过高而使设备尺寸过大造价过高,形成不必要的投入,也不因为绝缘水平取得过低,使设备在运行中事故率增加,导致事故损失及维护费用过大。所以,电力系统绝缘配合是一个复杂的、综合性很强的技术经济问题。

电力系统中的绝缘包括发电厂、变电站中电气设备的绝缘和输配电线路的绝缘。从绝缘结构和特性区分,有外绝缘和内绝缘。外绝缘是指直接和大气接触的绝缘部件,一般是陶瓷或硅橡胶等表面绝缘和空气绝缘,外绝缘的耐受电压值与大气条件(气压、气温、湿度,雾、雨露、冰雪)密切相关。沿面闪络和气隙击穿是外绝缘丧失绝缘性能的常见形式,但事后能恢复其绝缘性能,故属自恢复型绝缘。内绝缘是指不与大气直接接触的绝缘部件,其耐受电压值基本与大气条件无关。一般地说,内绝缘是由固体、气体、液体组成的复合绝缘。例如,变压器内部的绝缘主要是油纸绝缘,这类绝缘在过电压多次作用下会因为累积效应使绝缘性能下降,一旦绝缘击穿或损坏,不能自动恢复原有的绝缘性能,故属非自恢复型绝缘。

电气设备的绝缘水平由作用在绝缘上的最大工作电压、雷电过电压及操作过电压三者中最严重的一种决定。

在220 kV及以下系统中,要求把雷电过电压限制到低于操作过电压是不经济的,因此在这些系统中设备的绝缘水平由雷电过电压决定。随着输变电电压的提高,操作过电压对绝缘的威胁明显增大,在330 kV及以上的超高压系统中,一般采用专门的限压措施,如并联电抗器,使用带有并联电阻的断路器和金属氧化物避雷器等,将操作过电压限制至允许值。由于限制过电压措施和要求不同,绝缘配合的做法也不同。

在污秽地区,外绝缘强度受污秽影响而大大降低,污闪事故常常在恶劣气象条件和工作电压下发生。所以,严重污秽地区电力系统外绝缘水平要由系统最高运行电压所决定。电力系统绝缘配合是不考虑谐振过电压的,因为在系统设计和运行中要求避免谐振过电压。

输电线路绝缘与变电所电气设备绝缘之间不存在配合问题。通常,为保证线路的安全运行,线路绝缘水平远高于变电所电气设备的绝缘水平。虽然多数过电压发源于线路,但高幅值的过电压波传入变电所时,将被所内的避雷器所限制,而所内电气设备的绝缘水平是以避雷器保护水平为基础确定的。所以,线路过电压波不会威胁所内电气设备绝缘。

## 7.2 绝缘配合的惯用法

绝缘配合的方法有惯用法、统计法和简化统计法等,除在 330 kV 及以上的超高压线路的绝缘(均为自恢复绝缘)设计中采用统计法以外,在其他情况下主要采用惯用法。

应用惯用法时,先确定设备上可能出现的最危险的高压,然后根据运行经验乘上一个考虑各种因素的影响和有一定裕度的配合系数,即可得出应有的绝缘水平。

由于 220 kV(其最大工作电压为 252 kV)及以下电压等级(高压)和 220 kV 以上电压等级(超高压)电力系统在过电压保护种类、幅值、防护措施以及绝缘耐压试验项目、绝缘裕度等方面都存在差异。在进行电力系统绝缘配合时,按系统最高运行电压分成如下两个电压范围:

范围Ⅰ 3.5 kV $\leqslant U_m \leqslant$ 252 kV

范围Ⅱ $U_m >$ 252 kV

确定电气设备绝缘水平的基础是避雷器的保护水平。避雷器的保护水平包括雷电冲击保护水平和操作冲击保护水平。

阀型避雷器雷电冲击保护水平为下面三个电压中的较大者:①在标称放电电流波形(如 8/20 μs)和幅值下的残压;②磁吹避雷器 1.2/50 μs 标准雷电冲击放电电压上限;③磁吹避雷器规定坡度下的冲击波波前放电电压最大值除以 1.15。

氧化锌避雷器的雷电保护水平为下列两个电压的较大者:①雷电冲击电流下的残压(电流波形 7~9/18~22 μs,标称放电电流为 5 kA、10 kA、20 kA);②陡波冲击电流(电流波前时间为 1 μs,峰值与标称雷电冲击电流相同)下的残压除以 1.15。

避雷器的操作冲击保护水平(针对 330~550 kV 设备),对于阀型避雷器为下列两个电压的较大者:①250/2 500 μs 标准操作冲击波的最大放电电压;②规定操作冲击电流下的残压。对于氧化锌避雷器则等于操作冲击电流(电流的波形为 30~100/60~200 μs,电流的峰值对 220 kV 及以下系统的避雷器为 0.5 kA,330 kV 系统的避雷器为 1 kA,500 kV 系统的避雷器为 2 kA)下的残压值。

在确定避雷器保护水平后,考虑绝缘配合的原则,然后取一定的安全裕度系数,即可确定设备的冲击绝缘水平。

### 7.2.1 雷电过电压下的绝缘配合

电气设备在雷电过电压下的绝缘水平通常用它们的基本冲击绝缘水平(BIL)来表示(也称额定雷电冲击耐压水平),可由式(7-1)求得

$$BIL = K_1 U_{P(1)} \tag{7-1}$$

式中 $U_{P(1)}$——阀式避雷器在雷电过电压下的保护水平,kV,可简化为标称雷电流下的避雷器的残压 $U_r$;

$K_1$——雷电过电压下的配合系数,其值为 1.2~1.4。

国际电工委员会(IEC)规定 $K_1 \geqslant 1.2$,我国规定在电气设备与避雷器相距最近时取 1.25,相距最远时取 1.4,即

$$BIL=(1.25\sim1.4)U_r \tag{7-2}$$

### 7.2.2 操作过电压下的绝缘配合

(1)对范围Ⅰ的各级系统变电站内所装的阀式避雷器只作用于雷电过电压的保护。对内部过电压,阀式避雷器不应该动作以免损坏,但依靠其他降压或限压措施加以抑制,而绝缘本身应能耐受可能出现的内部过电压。

《交流电气装置的过电压保护和绝缘配合》(DL/T 620—1997)对范围Ⅰ的各级系统所推荐的操作过电压计算倍数 $K$ 如下:

66 kV 及以下(非有效接地系统)　　3.2

35 kV 及以下低电阻接地系统　　4.0

110 kV 及 220 kV 有效接地系统　　3.0

对这一类变电站中的电气设备来说,其操作冲击水平($SIL$)(也称额定操作冲击耐压水平)可由式(7-3)求得

$$SIL=K_sKU_{phm} \tag{7-3}$$

式中　$K_s$——操作过电压下的配合系数,其取值范围为 1.15~1.25。

$U_{phm}$——最大工频相电压。

(2)对于范围Ⅱ的电力系统,普遍采用氧化锌或磁吹避雷器来同时限制雷电与操作过电压,这时的最大操作过电压幅值将取决于避雷器的操作过电压保护水平 $U_{P(s)}$。

对于这一类变电站的电气设备来说,其操作冲击绝缘水平可由式(7-4)计算:

$$SIL=K_sU_{P(s)} \tag{7-4}$$

操作过电压下的配合系数 $K_s$ 较雷电过电压下的配合系数 $K_1$ 为小,主要是因为操作波的波前陡度远比雷电波小,并且被保护设备与避雷器之间的电气距离对避雷器操作保护效果的影响较雷电冲击保护效果小。

【例 7-1】 某 500 kV 变电站,母线避雷器额定电压为 420 kV,20 kV 雷电流残压为 1 046 kV。断路器线路侧避雷器的额定电压和残压分别为 444 kV 和 1 106 kV。变电站避雷器在操作过电压作用下的残压分别为 858 kV 和 907 kV,求变压器的 $BIL$ 和 $SIL$ 以及其他设备的 $BIL$ 和 $SIL$。

**解:**变压器绝缘雷电冲击耐受电压为

$$BIL=1.4\times1\,046=1\,464(\text{kV})$$

按标准取 $BIL=1\,550$ kV。

其他设备绝缘的雷电冲击耐受电压为

$$BIL=1.4\times1\,106=1\,548(\text{kV})$$

取 $BIL=1\,550$ kV。

变压器绝缘操作冲击耐受电压为

$$SIL=1.15\times858=986.7(\text{kV})$$

取 $SIL=1\,050$ kV。

其他设备绝缘的操作冲击耐受电压为

$$SIL=1.15\times907=1\,043.1(\text{kV})$$

取 $SIL = 1\ 050$ kV 或 $1\ 175$ kV。

## 7.3 绝缘配合的统计法

绝缘配合的统计法是根据过电压幅值和绝缘耐压强度都是随机变量的实际情况，在已知过电压幅值及绝缘闪络电压的统计特性后，用计算方法求出绝缘闪络的概率和线路跳闸率，在技术经济比较的基础上，正确地确定绝缘水平。

设 $f(u)$ 为过电压概率密度函数，$P(u)$ 为绝缘放电概率分布函数，如图 7-1 所示。

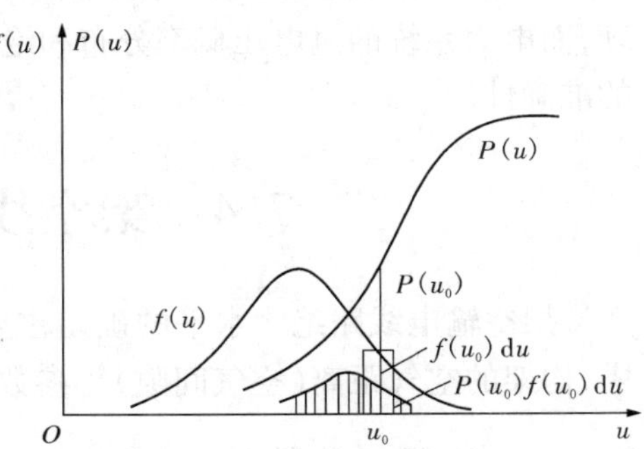

图 7-1　绝缘故障率的估算

设 $f(u)$ 与 $P(u)$ 是不相关的，$f(u_0)\mathrm{d}u$ 为过电压在 $u_0$ 附近 $\mathrm{d}u$ 范围内出现的概率，$P(u_0)$ 为在过电压 $u_0$ 作用下绝缘放电的概率。因二者是相互独立的，由概率积分的计算公式得到出现这样高的过电压并使绝缘放电的概率为

$$\mathrm{d}R = P(u_0)f(u_0)\mathrm{d}u \qquad (7\text{-}5)$$

$\mathrm{d}R$ 为微分故障率，即图 7-1 中阴影部分的面积。通常我们只按过电压的绝对值进行统计（正、负极性约各占一半），且高于最大运行电压幅值 $U$ 时才作为过电压，所以将式(7-5)在 $U$ 到 $\infty$（或到某一值为止）积分可得故障率 $R$，即

$$R = \int_{U_{phm}}^{\infty} P(u)f(u)\mathrm{d}u \qquad (7\text{-}6)$$

一般情况下，绝缘在负极性操作冲击下的耐压强度较高，若忽略负极性下的故障率，则绝缘在操作过电压下故障率的估计值为

$$R = \frac{1}{2}\int_{U_{phm}}^{\infty} P(u)f(u)\mathrm{d}u \qquad (7\text{-}7)$$

由式(7-7)可知，故障率 $R$ 是图 7-1 中总的阴影部分的面积。若增加绝缘强度，曲线 $P(u)$ 向右移动，阴影面积减少，绝缘故障率降低，但设备投资增加。因此，用统计法可按需要对敏感性因素作调整，进行一系列试验设计与故障率的估算，根据技术经济比较在绝缘成本和故障率之间进行协调，在满足预定的故障率的前提下，选择合理的绝缘水平。

### 7.3.1　简化统计法

在简化统计法中对电压的概率分布和绝缘放电概率分布的数学规律进行了一些通常允许的假定，即假定它们是正态分布，并已知其标准偏差。根据这个假定，则过电压和绝缘放电概率的整个分布就可以只用概率分布曲线上的某一点来表示，此点对应的值称为"统计过电压"和"统计冲击耐受电压"。在这个基础上可以计算绝缘的故障率。

### 7.3.2　绝缘配合方法的比较

惯用法要确定电气设备绝缘上可能出现的各类过电压的最高值，但由于过电压幅值和绝缘强度都是随机变量,很难按照一个严格的规则去规定它们的上限和下限。因此,用这一原则决定绝缘水平常要求有较大的裕度,而且也不可能定量地估计可能的事故率。

统计法需要重复很多次试验,才能作出绝缘放电的概率分布曲线,对非自恢复绝缘进行这种试验费用很高,因此统计法至今只用于自恢复绝缘,主要是输变电设备的外绝缘。对于变压器等以非自恢复绝缘为主的电气设备,由于没有经济的方法确定它们的绝缘强度,也由于变电事故将造成极大的经济损失,所以迄今一直用惯用法进行绝缘配合。

简化统计法假定过电压概率分布和绝缘放电概率分布是正态分布,并进行数学的处理,而电力系统的过电压概率分布和绝缘放电概率分布未必是正态分布,这就影响了计算的准确性。

## 7.4 架空线路绝缘水平的确定

架空输电线路绝缘水平的确定主要是线路绝缘子串的绝缘子片数及线路导线对杆塔、构架的空气距离(空气间隙)等参数的确定。

### 7.4.1 绝缘子片数的确定

先根据需承受的机械负荷和环境条件选定所用悬式绝缘子的型号,再按下列条件确定绝缘子片数:

(1)在工作电压下不发生污闪;

(2)在操作过电压下不发生湿闪;

(3)具有一定的雷电冲击耐受强度,保证线路耐雷水平满足规定要求。

具体做法是:按工作电压作用下所需的单位爬电距离,初步决定绝缘子片数,然后按操作过电压及耐雷水平的要求作验算和调整。

设单片绝缘子的几何爬电距离 $l_0$(cm),则绝缘子串的单位爬电距离 $\lambda$(即爬电比距)为

$$\lambda = \frac{nk_e l_0}{U_m} \quad (\text{cm/kV}) \tag{7-8}$$

式中 $n$——绝缘子片数;

$U_m$——系统最高工作电压(线电压),kV;

$k_e$——绝缘子爬电距离有效系数。

$k_e$ 值主要由各种绝缘子几何爬电距离对提高污闪电压的有效性来确定,并以 XP-70(或 X-4.5)型和 XP-160 型普通绝缘子为基础,即它们的 $k_e=1$,其他型号绝缘子的 $k_e$ 值由试验确定或查阅有关资料获得。

由长期运行经验知,在不同污秽地区的线路,当其 $\lambda$ 值大于某值时,不会引起严重的污闪事故,可基本满足线路运行可靠性的要求。我国按外绝缘污秽程度不同,将污秽划分为若干个等级,由对应于各污秽等级所要求的最小爬电比距 $\lambda$ 值,可得为避免污秽闪络而需的绝缘子片数 $n_1$

$$n_1 \geqslant \frac{\lambda U_m}{k_e l_0} \tag{7-9}$$

**【例 7-2】** 处于清洁区(0 级,$\lambda = 1.39$ cm/kV)的 110 kV 线路,采用 XP－70(或 X－4.5)型悬式绝缘子(几何爬电距离 $l_0 = 29$ cm),试按工作电压的要求计算绝缘子串的绝缘子片数 $n_1$。

**解**:由式(7-9)得

$$n_1 \geqslant 1.39 \times (110 \times 1.15)/(1 \times 29) = 6.06$$

$n_1$ 取 7 片。

由于式(7-9)是线路运行经验的总结,其中已自然计及可能存在的零值绝缘子(已丧失绝缘性能的绝缘子),因此所得 $n_1$ 值即为实际应取值,不需要再加零值片数。另外,式(7-9)对中性接地方式不同的系统均适用。

此外,绝缘子串的片数要满足耐受操作过电压的要求,即绝缘子串的湿闪电压要大于可能出现的操作过电压,并留有 10% 的裕度。于是有

$$U_{sh} = 1.1 K U_{phm} \tag{7-10}$$

式中 $U_{sh}$——绝缘子串操作(或工频)湿闪电压;

$K$——操作过电压计算倍数(见 7.2 节)。

在没有完整的绝缘子串操作湿闪电压数据时,只能近似地用绝缘子串工频湿闪电压代替。常用的 XP－70(或 X－4.5)型 $n$ 片绝缘子串的工频湿闪电压幅值 $U_{sh}$,可按下列经验公式求得

$$U_{sh} = 60n + 14 \quad (\text{kV}) \tag{7-11}$$

由式(7-10)与式(7-11)联合确定的绝缘子片数 $n$ 中,没有包含零值绝缘子,实际选用时应根据表 7-1,增加 1～3 个零值绝缘子。

**表 7-1 零值绝缘子片数 $n_0$**

| 额定电压(kV) | 35～220 | | 330～500 | |
|---|---|---|---|---|
| 绝缘子串类型 | 悬垂串 | 耐张串 | 悬垂串 | 耐张串 |
| $n_0$ | 1 | 2 | 2 | 3 |

现按操作过电压要求,计算 110 kV 线路 XP－70 型悬垂绝缘子串应有的片数 $n_2$:

(1)绝缘子串的工频湿闪电压 $U_{sh}$应满足

$$U_{sh} = 1.1 K U_{phm} = 1.1 \times 3 \times \frac{1.15 \times 110\sqrt{2}}{\sqrt{3}} = 341 \ (\text{kV})$$

(2)满足 $U_{sh}$的绝缘子片数 $n_2'$为

$$n_2' = \frac{341 - 14}{60} = 5.45$$

取 6 片。

(3)考虑零值绝缘子后,绝缘子片数 $n_2$ 为

$$n_2 = n_2' + n_0 = 6 + 1 = 7$$

若已掌握绝缘子串正极性操作波的50%放电电压 $U_{50\%(s)}$ 与片数的关系，则可按式(7-12)确定绝缘子串应具有的片数 $n_2'$，即

$$U_{50\%(s)} \geqslant K_s U_s \tag{7-12}$$

式中 $K_s$——线路绝缘子串操作过电压统计配合系数，对范围Ⅱ（$U_m > 252$ kV）取1.25，对范围Ⅰ（$U_m \leqslant 252$ kV）取1.17；

$U_s$——对范围Ⅱ为线路合闸、单相重合闸和成功的三相重合闸（如运行中使用时）中的较高值，对范围Ⅰ为计算用最大操作过电压（即 $KU_{phm}$）。

同样，求得 $n_2'$ 后，再加零值绝缘子片数 $n_0$ 得 $n_2$ 值。

最后，绝缘子片数还要按线路雷电过电压进行复核。一般情况下，按爬电比距及操作过电压选定的绝缘子片数能满足线路耐雷水平的要求。在特殊高杆或高海拔地区，按雷电过电压要求的绝缘子片数 $n_3$ 会大于 $n_1$ 和 $n_2$，成为确定绝缘子串绝缘子片数的决定因素。

现将上述方法求得的不同电压等级线路应有的绝缘子片数 $n_1$ 和 $n_2$ 以及实际采用的片数 $n$ 综合列于表7-2中，表中数值仅适用于海拔在1 000 m及以下的非污秽区，其绝缘子型号为XP－70（或X－4.5），但330 kV、500 kV线路实际采用的是XP－160，表中列出的数字是按爬电距离和工频湿闪电压折算而得的。

**表7-2　各级电压线路悬垂绝缘子串应有绝缘子片数**

| 线路额定电压(kV) | 35 | 66 | 110 | 220 | 330 | 500 |
|---|---|---|---|---|---|---|
| $n_1$ | 2 | 4 | 7 | 13 | 19 | 28 |
| $n_2$ | 3 | 5 | 7 | 13 | 18 | 22 |
| 实际采用 $n$ 值 | 3 | 5 | 7 | 13 | 19 | 28 |

当线路所在地因海拔（>1 000 m）引起气象条件变化而异于标准状态时，应查相关规定进行校正。

线路耐张杆绝缘子的绝缘子片数要比直线杆多一片。

发电厂、变电所内的绝缘子串，因其重要性较大，每串绝缘子串的绝缘子片数可按线路耐张杆选取。

### 7.4.2　空气间隙的确定

架空输电线路的空气间隙包括导线对地、导线对架空地线以及导线对杆塔的空间距离。但就确定线路绝缘水平来说，主要是指确定导线对杆塔的空气间隙距离。

为使绝缘子串和空气间隙的绝缘能力都能充分发挥，应选择空气间隙的放电电压与绝缘子串的闪络电压大致相等。确定空气间隙距离同样要根据工作电压、操作过电压和雷电过电压分别计算，并需考虑导线受风力（与风速相关）作用使绝缘子串偏斜的不利因素。

导线对杆塔的空气间隙承受的电压，以雷电过电压最高，操作过电压次之，工作过电压最低，但从作用持续时间来说，恰好相反。由于工作电压长时间作用在导线上，应按20年一遇的最大风速（25～35 m/s）考虑风力，相应的绝缘子串偏角最大；操作过电压持续

时间较短，按最大风速的50%计算，相应的风偏角较小；雷电过电压持续时间最短，通常取风速为10～15 m/s计算风偏角，是最小的。图7-2中画出$l$长度绝缘子串考虑风偏角后导线对杆塔的空气间隙距离$S_1$、$S_2$、$S_3$。

与风偏角$\theta_1$所对应的间隙距离$S_1$应保证在工作电压作用下不放电，即$S_1$的50%工频放电电压$U_{50\%(s)}$满足下式要求

$$U_{50\%(s)} \geqslant K_1 U_{phm} \tag{7-13}$$

式中　$K_1$——综合考虑工频电压升高、气象条件、安全裕度等因素的线路气隙工频电压统计配合系数，对范围Ⅱ取1.40；对220 kV、110 kV取1.35；对66 kV及以下取1.20。

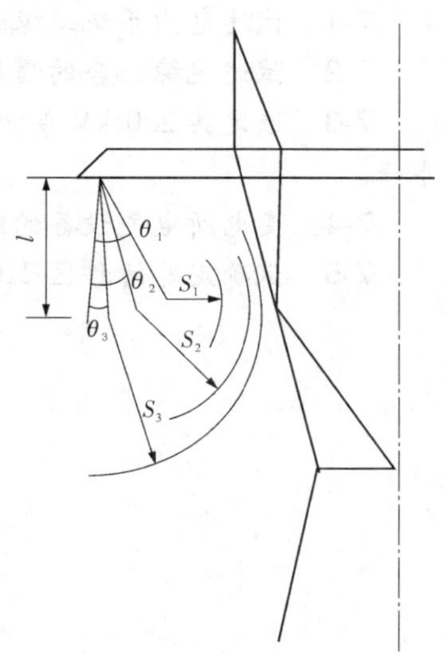

图7-2　绝缘子串风偏角$\theta$及导线对杆塔的距离$S$

与风偏角$\theta_2$对应的间距$S_2$，其正极性操作冲击电压波50%放电电压$U_{50\%(s)}$应满足

$$U_{50\%(s)} \geqslant K_2 U_s = K_2 K U_{phm} \tag{7-14}$$

式中　$K_2$——线路空气间隙操作过电压统计配合系数，对范围Ⅱ取1.1，对范围Ⅰ取1.03；

$U_s$——配合计算用最大操作过电压。

与风偏角$\theta_3$对应的间距$S_3$，其雷电冲击50%放电电压$U_{50\%(s)}$通常取为绝缘子串的雷电冲击50%放电电压值的85%。这是为了减少绝缘子串的闪络概率，以免损坏绝缘子沿面绝缘。

已知$S_1$、$S_2$和$S_3$，就可以确定绝缘子串垂直位置时对杆塔的水平距离，即在$S_1 + l\sin\theta_1$，$S_2 + l\sin\theta_2$，$S_3 + l\sin\theta_3$之中选取最大的，作为导线对杆塔的最小空气间隙距离。

在实际中，需考虑杆塔尺寸误差、横担变形和拉线施工误差等不利因素，杆塔与导线的最小空气间隙在最小间距的基础上应增加一定的裕度。

各级电压线路的$S_1$、$S_2$、$S_3$值见表7-3。一般情况下，导线对杆塔的最小空气间隙距离是由雷电过电压决定的。当线路所在地区海拔不超过1 000 m时，应按有关规定进行校正，适当增大距离。对于发电厂、变电所，在计算最小空气间隙距离时应当增加10%裕度。

表7-3　线路绝缘子串每串最少片数和最小空气间隙距离

| 系统额定电压(kV) | 35 | 66 | 110 | 220 | 330 | 500 |
|---|---|---|---|---|---|---|
| XP型绝缘子片数 | 3 | 5 | 7 | 13 | 19(17) | 28(25) |
| 工作电压要求的$S_1$(cm) | 10 | 20 | 25 | 55 | 90 | 130 |
| 操作过电压要求的$S_2$(cm) | 25 | 50 | 70 | 145 | 195 | 270 |
| 雷电过电压要求的$S_3$(cm) | 45 | 65 | 100 | 190 | 260(230) | 370(330) |

注：1. 表内数值适用于海拔1 000 m及以下地区的线路直线杆悬垂绝缘子串；

2. 330 kV、500 kV括号内为XP3型绝缘子所对应的值。

# 习 题

7-1 试述电力系统绝缘配合的目的及其原则。

7-2 试述绝缘配合的惯用法、简化统计法和统计法的优缺点及其实际应用范围。

7-3 选定某 220 kV 变电所避雷器型号后，计算确定所内电气设备应具备的绝缘水平。

7-4 变电所电气设备的绝缘水平是否应高于输电线路的绝缘水平？为什么？

7-5 试确定非污秽区 220 kV 线路直线杆悬垂绝缘子串的绝缘子片数。

# 第 8 章 高电压试验技术

## 8.1 绝缘电阻的测量

绝缘电阻表征的是电介质材料在直流电压下抵抗漏电流的能力,是体现一切电介质和绝缘结构的绝缘状态最基本的综合性特性参数。

在电气设备的绝缘设计中大多采用组合绝缘和层式结构,因而在直流电压下均有明显的吸收现象,使外电路中有一个随时间而衰减的吸收电流。如果在电流的衰减过程中的两个瞬间测得两个电流值或两个相应的绝缘电阻值,则利用其比值(吸收比或极化指数)可检验绝缘是否受潮或存在缺陷。

### 8.1.1 多层介质的吸收现象

多数电气设备的绝缘都是由多层介质构成的,如变压器、电缆等的绝缘,这些绝缘结构在直流电压下均有明显的吸收现象。从机理来说,多层介质的吸收特性与双层介质的吸收特性相同,因而可用双层介质来说明吸收现象。双层介质的等值电路如图 8-1(b)所示。

图 8-1 中,设 $R_1(R_1=1/G_1)$、$C_1$ 代表某层电介质 1 的电阻、电容;$R_2(R_2=1/G_2)$、$C_2$ 代表另一层电介质 2 的电阻、电容。

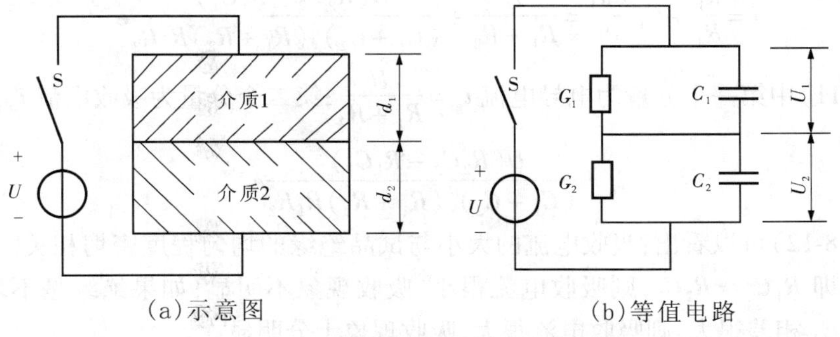


**图 8-1 直流电压作用于双层介质**

以开关 S 合闸作为时间 $t$ 的起点,在 $t=0^+$ 的极短时间内,层间电压按电容反比分配,即

电介质 1 上的电压: $$U_{10}=U\frac{C_2}{C_1+C_2} \tag{8-1}$$

电介质 2 上的电压: $$U_{20}=U\frac{C_1}{C_1+C_2} \tag{8-2}$$

达到稳态时（$t\to\infty$），层间电压则要按电阻正比分配，即

电介质 1 上的电压：
$$U_{1\infty}=U\frac{R_1}{R_1+R_2} \tag{8-3}$$

电介质 2 上的电压：
$$U_{2\infty}=U\frac{R_2}{R_1+R_2} \tag{8-4}$$

此时的回路电流为稳态电流，流过串联介质 1 和 2 的电流相等，表现为电导电流 $I_g$，即

$$I_g=\frac{U}{R_1+R_2} \tag{8-5}$$

由于存在吸收象，$U_{10}\neq U_{1\infty}$，$U_{20}\neq U_{2\infty}$，在这个过程中，依照电工理论中的 RC 电路暂态过程变化规律分析可知，层间电压按式(8-6)变化：

电介质 1 的电压：
$$u_1=U\left[\frac{R_1}{R_1+R_2}+\left(\frac{C_2}{C_1+C_2}-\frac{R_1}{R_1+R_2}\right)e^{-\frac{t}{\tau}}\right] \tag{8-6}$$

电介质 2 的电压：
$$u_2=U\left[\frac{R_2}{R_1+R_2}+\left(\frac{C_1}{C_1+C_2}-\frac{R_2}{R_1+R_2}\right)e^{-\frac{t}{\tau}}\right] \tag{8-7}$$

式中　$\tau$——电路过渡过程的时间常数，表征双层介质从 S 合闸瞬间到稳态时的过渡过程的快慢。

$$\tau=(C_1+C_2)\frac{R_1R_2}{R_1+R_2} \tag{8-8}$$

流过双层介质的电流 $i$ 为

$$i=i_{R_1}+i_{C_1} \tag{8-9}$$

或
$$i=i_{R_2}+i_{C_2} \tag{8-10}$$

如选用式(8-9)，则

$$i=\frac{u_1}{R_1}+C_1\frac{du_1}{dt}=\frac{U}{R_1+R_2}+\frac{U(R_2C_2-R_1C_1)^2}{(C_1+C_2)^2(R_1+R_2)R_1R_2}e^{-\frac{t}{\tau}} \tag{8-11}$$

式(8-11)中第一个分量为电导电流 $i_g=\dfrac{U}{R_1+R_2}$；第二个分量为吸收电流 $i_a$，即

$$i_a=\frac{U(R_2C_2-R_1C_1)^2}{(C_1+C_2)^2(R_1+R_2)R_1R_2}e^{-\frac{t}{\tau}} \tag{8-12}$$

从式(8-12)可以看出：吸收电流的大小与试品绝缘的均匀程度密切相关。如果绝缘是均匀的，即 $R_1C_1\approx R_2C_2$，则吸收电流很小，吸收现象不明显；如果绝缘是不均匀的，即 $R_1C_1$ 与 $R_2C_2$ 相差很大，则吸收电流很大，吸收现象十分明显。

当绝缘严重受潮或出现导电性缺陷时，阻值 $R_1$、$R_2$ 或两者之和显著减小，$i_g$ 大大增加，而 $i_a$ 迅速衰减。

## 8.1.2　绝缘电阻和吸收比的测量

### 8.1.2.1　工作原理

在被试绝缘上施加直流电压时，这一电压与出现的电流之比即为被试品的绝缘电阻。但在吸收电流分量尚未充分衰减完毕时，呈现的电阻值是不断变化的，其表达式为：

$$R(t)=\frac{U}{i}=\frac{U}{\frac{U}{R_1+R_2}+\frac{U(R_2C_2-R_1C_1)^2}{(C_1+C_2)^2(R_1+R_2)R_1R_2}\mathrm{e}^{-\frac{t}{\tau}}}$$

$$=\frac{(C_1+C_2)^2(R_1+R_2)R_1R_2}{(C_1+C_2)^2R_1R_2+(R_2C_2-C_1R_1)\mathrm{e}^{-\frac{t}{\tau}}} \tag{8-13}$$

显然,测量绝缘电阻时,其值是不断变化的。通常所说的绝缘电阻均指吸收电流衰减完毕后的稳态电阻值。由式(8-13)可知,$t$ 趋近无穷时刻的电阻值等于两层介质绝缘电阻的串联值。使用仪表测量绝缘电阻稳态值以初步判断绝缘状态是运用得最普遍的一种试验方法,能有效地揭示绝缘整体受潮、局部严重受潮和脏污以及严重过热老化、贯穿性(如绝缘击穿)缺陷等情况。因为受潮时,绝缘电阻值显著降低,$i_g$ 显著增大,$i_a$ 迅速衰减。但仅仅依靠测量稳态电阻值存在局限性,因为对于某些大型电气设备的被试品(如大型发电机、变压器),其吸收电流很大,衰减时间很长,要测出稳态值需要花很长时间。另有一些电气设备如电机等,由 $i_g$ 反映的绝缘电阻值往往有很大的变化范围,与该设备的体积尺寸(或其容量)大小关系密切,难以给出一定的绝缘电阻判断标准,只能把这次测量的绝缘电阻值与过去所测数据相比较来发现问题。基于此,对于某些大型电气设备的被试品(如大型发电机、变压器)往往用测"吸收比"的方法来替代单一稳态值的测量。其原理如下:

令 $t=15$ s 和 $t=60$ s 两个瞬间的两个电流值 $I_{15}$ 和 $I_{60}$ 所对应的绝缘电阻值分别为 $R_{15}$ 和 $R_{60}$,则比值

$$K_1=\frac{R_{60}}{R_{15}}=\frac{I_{15}}{I_{60}} \tag{8-14}$$

即为吸收比。一般情况下 $R_{60}$ 已经接近于稳态绝缘电阻值 $R_\infty$。吸收比之值恒大于 1,且 $K_1$ 越大表示吸收现象越显著,绝缘性能越好。一旦绝缘受潮,电导电流分量将显著增大,吸收电流衰减很快,在 $t=15$ s 时 $I_{15}$ 已衰减很多,因而 $K_1$ 值减小,其极限值为 1。由于吸收比是同一试品在两个不同时刻的绝缘电阻的比值,所以排除了绝缘结构和体积尺寸的影响。在实际测试中,如果绝缘状况良好,吸收现象显著,$K_1$ 值远大于 1,电气试验标准中,一般以 $K_1\geqslant 1.3$ 作为设备绝缘状态良好的标准。这一标准有时亦不尽合适,例如有些油浸变压器的 $K_1$ 虽大于 1.3,但 $R$ 值却很低;有些 $K_1$ 虽小于 1.3,但 $R$ 值却很高。所以,应将 $R$ 值和 $K_1$ 值结合起来考虑,方能作出比较准确的判断。

大容量电气设备中,吸收现象延续很长时间,吸收比不能反映吸收现象的全过程,即不能很好地反映绝缘的真实状态,这时要用极化指数作为又一个判断指标进一步判断绝缘状况。

按惯例,我们将 $t=10$ min 和 $t=1$ min 时的绝缘电阻比值定义为绝缘的极化指数 $K_2$,即

$$K_2=\frac{R_{10\ \mathrm{min}}}{R_{1\ \mathrm{min}}} \tag{8-15}$$

因而当吸收比 $K_1$ 不能很好地反映绝缘状况时,建议测试极化指数 $K_2$ 代替 $K_1$,例如对于 $K_1$ 值虽小于 1.3,但 $R$ 值却很高的变压器,应该再测 $K_2$ 值,然后作出判断。

在工程上绝缘电阻和吸收比(或极化指数)能反映发电机、油浸式电力变压器等设备绝缘的受潮程度。绝缘受潮后吸收比(或极化指数)降低,因此它是判断绝缘是否受潮的重要指标。

应该指出,有时绝缘具有较明显的缺陷(如绝缘在高压下击穿),吸收比(或极化指数)值仍然很好,吸收比(或极化指数)不能用来发现受潮和脏污以外的其他局部绝缘缺陷。

还应指出,某些集中性缺陷虽已相当严重,以致在耐压试验时被击穿,但在此前测得的绝缘电阻、吸收比(或极化指数)却并不低,因为这些缺陷还未贯穿整个绝缘。可见仅凭上述试验结果判断绝缘状态是不够的。

#### 8.1.2.2 兆欧表的工作原理

测量绝缘电阻最常用的仪表为手摇式兆欧表(俗称摇表)。兆欧表的工作原理如图 8-2 所示。虚框内表示兆欧表的内部电路,测量时被测绝缘电阻接在兆欧表的“线”(L)与“地”(E)端子之间。整个电路由两个回路组成:一个是电流回路;另一个是电压回路。电流回路从电源正端经被测绝缘电阻 $R_X$、内附电阻 $R_A$、动圈 1 回到电源负端,电压回路从电源正端经内附电阻 $R_V$、动圈 2 回到电源负端。

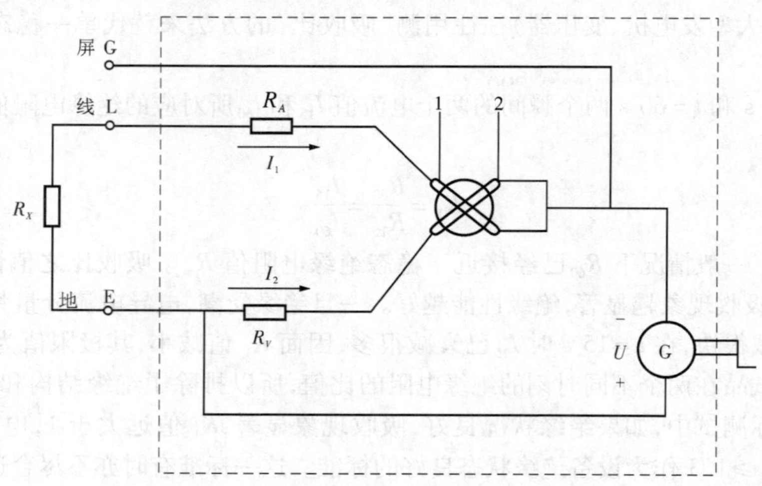


图 8-2 兆欧表的测量原理接线图

根据 2.3 节内容可得

$$\alpha = f\left(\frac{I_1}{I_2}\right) = f\left(\frac{R_2 + R_V}{R_1 + R_A + R_X}\right) = f'(R_X) \tag{8-16}$$

式(8-16)表明,当活动部分处于平衡位置时,其偏转角 $\alpha$ 是两线圈电流 $I_1$、$I_2$ 比值的函数,所以这种型式的仪表又叫比率表。由于式中 $R_1$、$R_2$、$R_V$ 及 $R_A$ 都是常数,所以活动部分的偏转角 $\alpha$ 只与被测电阻 $R_X$ 有关,它能直接反映被测电阻 $R_X$ 的大小。

当被测电阻 $R_X=0$,即“线”与“地”两端子短接时,电流回路的电流 $I_1$ 最大,可动部分偏转角也最大,使指针位于标尺最右端。

当被测电阻 $R_X=\infty$,即“线”与“地”两端子开路时,电流回路的电流 $I_1=0$,活动部分

在 $I_2$ 作用下,指针偏转到最左端。可见兆欧表的标度尺为反向刻度。

由式(8-16)可以得知,兆欧表的标度尺刻度是不均匀的。从理论上讲,兆欧表的测量范围为0～∞,但实际上只有部分刻度能得到较为准确的读数,如0～50 MΩ,0～100 MΩ,0～1 000 MΩ,因而技术要求中一般要标明兆欧表的准确度范围。

测量过程中因受到手摇速度的影响,兆欧表内手摇发电机的输出电压会有波动,因而两个线圈中的电流也会发生变化,但两个电流的比值却保持不变,所以指针的偏转角也保持不变。另外,由于兆欧表没有产生反作用力矩的游丝,所以使用前指针可以停留在标度尺的任意位置上。这是比率表的两个特点。

#### 8.1.2.3 兆欧表的选择

选用兆欧表时,其额定电压要与被测设备的工作电压相对应,主要是根据不同的电气设备选择兆欧表的电压及其测量范围。对于额定电压在500 V以下的电气设备,应选用电压等级为500 V或1 000 V的兆欧表;额定电压在500 V以上的电气设备,应选用1 000～2 500 V的兆欧表。对于电压较高的电气设备,必须使用额定电压较高的兆欧表去测量,否则测量结果不能正确反映被测设备在工作电压下的绝缘电阻;而对于低压电力设备,则不能用额定电压较高的兆欧表去测量,否则容易在测量时损坏被测设备的绝缘。

另外,兆欧表的测量范围也要与被测绝缘电阻的范围相吻合。各种型号的兆欧表在不同的测量电压下有不同的测量范围,如ZC11E型兆欧表为多量程的兆欧表,额定电压为1 000 V时,测量范围为0～1 000 MΩ;额定电压为500 V时,测量范围为0～500 MΩ;额定电压为250 V时,测量范围为0～250 MΩ。选用的兆欧表的测量范围,不应超过绝缘电阻值过大,否则将会使读数产生较大误差。

#### 8.1.2.4 兆欧表的使用

使用兆欧表时,应当注意以下事项:

(1)测量前必须将电气设备的电源切断,并对具有大电容的设备,如输电线路、高压电容器等进行充分放电(5 min以上)。放电时应用绝缘棒等工具进行,不得用手触碰放电导线。

(2)用干燥清洁柔软的布擦拭被试品外绝缘(如变压器套管等)表面的脏污,必要时用适当的清洁剂洗净。应尽量在空气相对湿度较小的环境下进行。

(3)测量前应对兆欧表进行检查,当兆欧表接线端开路时,摇动摇柄至额定转速(120 r/min),指针应指在"∞";接线端短路时,缓慢摇动摇柄,指针应指在"0"。

(4)测量时应正确接线。兆欧表一般有三个接线柱,分别标有"线"(L)、"地"(E)和"屏"(G)。接线端子"E"是接被试品的接地端的,常为正极性;"L"是接被试品的高压端的,常为负极性;"G"是接屏蔽端的。在进行一般测量时,只要将被测绝缘接在L和E之间即可。例如测量电机绕组的绝缘电阻时,将绕组的接线端接在L上,机壳接到E上。但对表面不干净或潮湿的对象进行测量时,因为绝缘体表面有泄露电流 $I_s$,它将与通过绝缘体的电流 $I_V$ 一起通过线圈1,所以此时测出的电阻包括表面电阻和内部绝缘电阻两部分,为了准确测出材料的内部绝缘电阻,就必须使用G接线柱。屏蔽环用细铜线或熔丝紧扎数圈构成,其位置如图8-3所示。

(5)兆欧表在使用时,应放置平稳,摇动手柄的速度应控制在120 r/min内,且要均匀。连接兆欧表的导线，要选用绝缘良好的单股线，不要选用绞线；测量时两根测量导线要分开，悬空。不能触碰兆欧表的两接线柱或其测量导线的金属部位，在指针稳定后（一般是 1 min）读取绝缘电阻数值。

（6）测量吸收比和极化指数时，接通被试品后同时记录时间，分别读出 15 s 和 60 s（1 min和 10 min）的绝缘电阻值。

（7）读取绝缘电阻数值后停止测试前应先断开接至被试品高压侧的连线，然后停转兆欧表。在测量电缆线路、电容器、电机和变压器等大电容试品绝缘电阻时更要注意，防止由于测量时向被试品的电容充电的电荷经兆欧表放电而损坏。所以，测量结束后，应对被测物短路放电。

（8）测量时应该记录下被试品的温度、空气温度、湿度、气象情况、试验日期和使用仪表等。

图 8-3 是利用手摇式兆欧表测量三芯电力电缆绝缘电阻的接线图，也表示了它的测量原理。

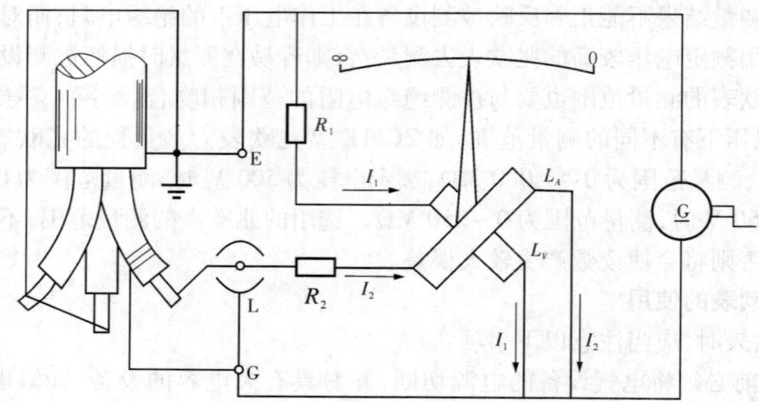


**图 8-3　手摇式兆欧表测三芯电缆绝缘电阻接线图**

### 8.1.2.5　影响绝缘电阻测量的因素及改善措施

通过测量电气设备的绝缘电阻，可以检查设备绝缘状态，如是否受潮、老化等。但由于一些不良因素的影响，使试验测得的数据不准确，不能真实反映设备绝缘的实际状态，影响了工作人员对设备状况的正确判断。

（1）温度对绝缘的影响。测量绝缘电阻时，试品的温度一般应为 10 ~ 40 ℃。温度上升，许多绝缘材料的绝缘电阻都会明显下降，因为温度升高使绝缘材料的原子、分子运动加剧，原来的分子结构变得松散，带电的离子在电场的作用下，产生移动而传递电子，于是绝缘材料的绝缘能力下降。针对这一因素，试验人员应将测试结果换算到同一温度下进行比较，如果试验数据相差很大，且不合乎试验规程，应根据试验结果，分析绝缘是否有老化或受潮现象。

（2）湿度对绝缘的影响。当绝缘物在湿度较大的环境中时，其表面会吸收潮气形成水膜，致使其表面电导电流增加，使绝缘电阻显著下降。此外，某些绝缘材料具有毛细管作用，会吸收较多的水分，使电导增加，致使总体绝缘下降。针对这一情况，应加上等电位屏蔽。

(3)残余电荷的影响。重复测量时,由于残余电荷的存在,使重复测量时所得到的充电电流和吸收电流比前一次小,造成绝缘电阻假增现象。因此,每测一次绝缘电阻后,应将被测试品充分放电,做到放电时间大于充电时间,以利于残余电荷放尽。

(4)感应电压的影响。在测量高压架空线路绝缘电阻时,若该线路与另外带电线路有平行段,则不宜进行测量,以防止静电感应电压危及人身安全,也避免工频感应电流流过兆欧表使测量无法进行。测量变电所、升压站高压母线附近的高压电气设备绝缘时,若被试设备上的感应电压太高,也会对安全和试验结果产生较大影响。所以,禁止在雷电或邻近设备带有高压电的情况下测量。

(5)污秽对绝缘电阻的影响。测试品表面容易附着灰尘或油污等污秽物质,这些污秽物质大多能够导电,使绝缘物表面电阻降低,但这不代表绝缘体的真实情况。针对这一情况,通常要用清扫手段,把绝缘体表面揩拭干净,这样被测试物的绝缘电阻值就会大大提高。

(6)操作方法。兆欧表使用不当,会使得数据不准确,因此可选择合适电压等级的兆欧表。接线要正确(测量端接表的"L"端,接地端接表的"E"端,屏蔽端接表的"G"端),驱动转速为 120 r/min。只有通过正确的操作方法,才能测得一个比较真实的试验数据。

## 8.2 泄漏电流的测量

在直流电压下测量设备绝缘的泄漏电流和绝缘电阻的测量原理是一样的,因为泄漏电流的大小实际上反映出绝缘电阻的大小。尽管测量设备的泄漏电流和绝缘电阻本质上没有多大区别,但是泄漏电流的测量有如下特点:

(1)所加试验电压比兆欧表的电压高得多,绝缘本身的缺陷容易暴露,能发现一些尚未贯通的集中性缺陷。加在试品上的直流电压比兆欧表的工作电压高得多,故能发现兆欧表所不能发现的缺陷。

(2)施加在试品上的直流电压是逐渐增大的,这样就可以在升压过程中监视泄漏电流的增长动向。通过测量泄漏电流和外加电压的关系有助于分析绝缘的缺陷类型,如图 8-4 所示。

(3)泄漏电流测量用的微安表要比兆欧表精度高。

(4)在电压升到规定的试验电压值后,要保持 1 min 再读出最后的泄漏电流值。当绝缘良好时,泄漏电流应保持稳定,且其值很小(微安级)。

图 8-4 是发电机的几种不同的泄漏电流变化曲线,以此为例线加以分析。绝缘良好的发电机,泄漏电流值较小,且随电压呈线性上升,如曲线 1 所示;如果绝缘受潮,电流值变大,但基本上仍随电压呈线性上升,如曲线 2 所示;曲线 3 表示绝缘中的电流不随电压呈线性上升,说明绝缘中已有集中性缺陷,要找出原因加以消除;如果在电压上升过程中还不到直流耐压试验电压的 1/2 时,泄漏电流值就急剧上升,如曲线 4 所示,那么这台发电机的绝缘就可能在运行电压时就发生击穿,因而不能使用。

泄漏电流试验接线图如图 8-5 所示。其中,V 为高压整流元件,$C$ 为稳压电容,PV2

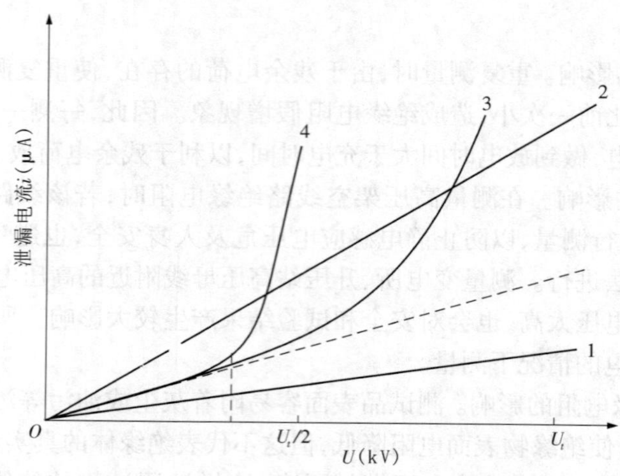


1—良好绝缘;2—受潮绝缘;3—有集中性缺陷的绝缘;

4—有危险的集中性缺陷的绝缘;$U_t$—发电机的直流耐压试验电压

**图 8-4 发电机的泄漏电流变化曲线**

为高压静电电压表,TO 为被试品。

试验电源经调压器连接到试验变压器的初级绕组上,其电压由电压表 PV1 测量;试验变压器输出的交流高压经高压整流元件(高压硅堆)V 接在稳压电容 $C$ 上,为了减小直流高压的脉动幅度,$C$ 值一般选择为 0.1 μF 左右,但当被试品是电容量较大的发电机、电缆等设备时,也可略去稳压电容 $C$。$R$ 为保护电阻,以限制初始充电电流和故障短路电流不超过整流元件和试验变压器的容许值,通常采用水电阻。整流所得的直流高压可用静电电压表 PV2 测量;而泄漏电流则以接在被试品 TO 高压侧或接地侧的微安表测量。如果被试品的一极固定接地且接地线不易解开,微安表可接在高压侧(见图 8-5 中 $a$ 处),这时读数和切换量程有些不便,应特别注意安全!并且微安表及其接往被试品的高压连线均应加等电位屏蔽(如图 8-5 中虚线所示),使对地杂散电流不流过微安表,以减小测量误差。当被试品的两极都可以做到不直接接地时,微安表就可接在低压侧和地之间(见图 8-5中 $b$ 处),这时读数方便、安全,回路高压部分对外界物体的杂散电流不流过微安表,故可不必设屏蔽。

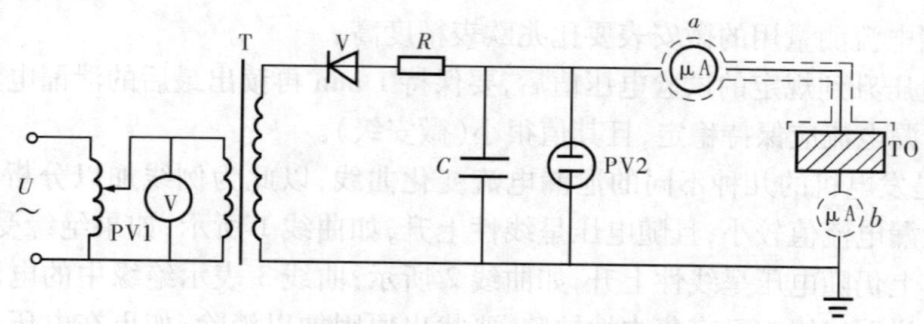


**图 8-5 泄漏电流试验接线图**

对绝缘进行泄漏电流测试,可以判断绝缘是否良好,因为泄漏电流可以反映绝缘是否受潮、有无局部缺陷及其劣化程度。

## 8.3 介质损耗角正切的测量

介质损耗因数 $\tan\delta$ 与绝缘电阻和泄漏电流的测试相比具有明显的优点,它与试验电压、试品尺寸等因素无关,更便于判断电气设备绝缘变化情况,因而测量 $\tan\delta$ 值是判断电气设备绝缘状态的一项灵敏有效的方法。因此,介质损耗因数 $\tan\delta$ 为高压电气设备绝缘测试的最基本的试验项目之一。

通过测量介质损耗因数 $\tan\delta$ 可以有效地发现绝缘的下列缺陷:①受潮;②穿透性导电通道;③绝缘内气泡的游离,绝缘分层、脱壳;④绝缘有脏污、劣化、老化等。

测量 $\tan\delta$ 虽然不能灵敏地反映大容量发电机、变压器和电力电缆绝缘中的局部性缺陷,但只要尽可能地将这些设备分解成几个部分,然后分别测量它们的 $\tan\delta$,也能灵敏地反映出绝缘状况。

$\tan\delta$ 值的测量最常用的方法是使用西林电桥或采用不平衡电桥或低功率因数瓦特表法进行测量。下面简要介绍西林电桥。

### 8.3.1 西林电桥基本原理

西林电桥基本原理接线如图 8-6 所示。其中,被试品的等值电容和电阻分别为 $C_X$ 和 $R_X$;$R_3$ 为可调的无感电阻;$C_N$ 为高压标准电容器的电容;$C_4$为可调电容;$R_4$ 为定值无感电阻;G 为交流检流计。

在交流电压 $u$ 的作用下,调节 $R_3$ 和 $C_4$,使电桥达到平衡,即通过检流计 G 的电流为零,根据 2.3 节内容可知:取工频时 $\omega=2\pi f=100\pi$,并取值 $R_4=\frac{10\,000}{\pi}\Omega$,电容 $C_4$ 的单位取微法,则

$$\tan\delta=C_4 \quad (8\text{-}17)$$

那么被试品的电容值可由式(8-18)求出:

$$C_X=\frac{R_4C_N}{R_3(1+\tan^2\delta)}\approx\frac{R_4}{R_3}C_N \quad (8\text{-}18)$$

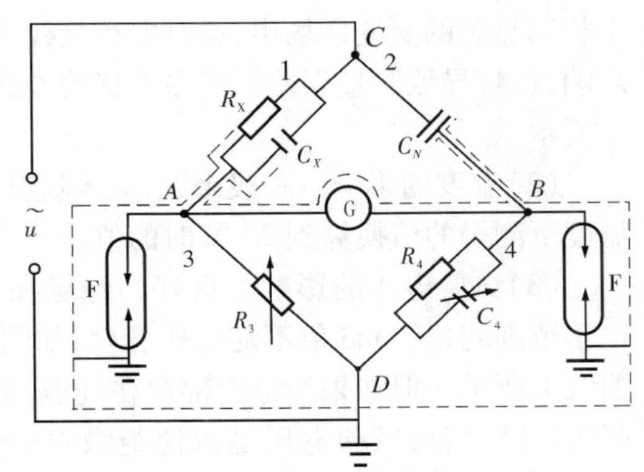

图 8-6 平衡电桥原理接线

如果介质的等效电路是串联等值电路,其电桥电路如图 8-7 所示,其介质损耗角正切值也为 $\tan\delta=\omega C_4R_4$。

在实际的电桥中,桥臂 $Z_3$ 和 $Z_4$ 内置,桥臂阻抗 $Z_1$ 和 $Z_2$ 外置,因而 $Z_1$ 和 $Z_2$ 要比 $Z_3$ 和 $Z_4$ 大得多,以便承受更高的工作电压,称为高压臂,桥臂 $Z_3$ 和 $Z_4$ 称为低压臂,还并联有放电管,承受了较低的工作电压,确保人身和设备安全。

上述介绍的是西林电桥的正接线,即接地点为图 8-6 中 $D$ 点,被试品的两端均对地绝缘,而实际的电力系统设备的金属外壳是直接固定在接地底座上的无法解开接地端,就不

能采用正接法测量介质损耗，而应采用图 8-8 所示的反接法进行测量。

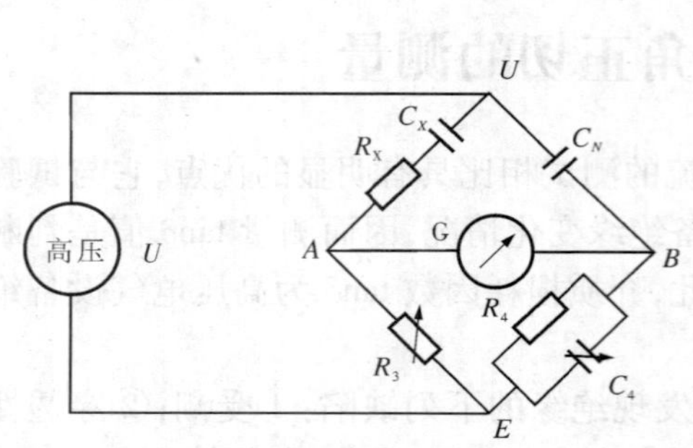


图 8-7　介质按串联时的电桥电路

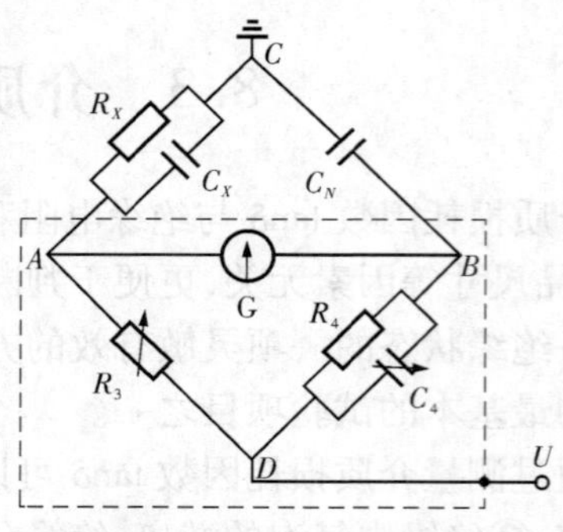


图 8-8　西林电桥反接线原理图

西林电桥反接线的电桥平衡的过程与正接线时基本相同，其不同之处在于各个调节元件、检流计和屏蔽网均处于高电位，故必须保证足够的绝缘水平和采取可靠的保护措施。

## 8.3.2　tanδ 测量的影响因素

利用西林电桥测量 tanδ 时会受到一系列外界因素的影响，主要有以下几点：

（1）外界电磁场的影响。外界电磁场的影响包括试验用高压电源和试验现场高压带电体（高压母线等）引起的电场干扰，这些高压源与电桥臂和连线之间存在杂散电容，产生的干扰电流流过桥臂就引起测量误差。另一方面在现场测试条件下，电桥往往处于一个相当显著的交变磁场中，这时电桥接线内也会感应出一个干扰电势，对电桥的平衡产生影响，也将导致测量误差。消除干扰的方法是采用金属屏蔽网和屏蔽电缆，如图 8-6 中虚线所示。

（2）温度的影响。一般来说，tanδ 随温度的增高而增大。为了便于比较，应将在各种温度下测得的值换算到 20 ℃时的值。

（3）试验电压的影响。良好的绝缘在其额定电压范围内，其 tanδ 值不随电压变化，如图 8-9 中曲线 1 所示。但如果绝缘内部存在气泡、分层、脱壳等缺陷，所加试验电压足以使绝缘中的气泡电离或局部放电时，则 tanδ 值将随试验电压的升高而迅速增大，电压回落时电离要比电压上升时更强一些，因而会出现闭环状曲线，如图 8-9 中曲线 2 所示。如果绝缘受潮，则电压较低时的 tanδ 值就已相当大，电压升高时，tanδ 更将急剧增加，电压回落时 tanδ 也要比电压上升时更大一些，因而形成不闭合的分岔曲线，如图 8-9 中曲线 3 所示。产生这一现象的主要原因是介质的温度因发热而

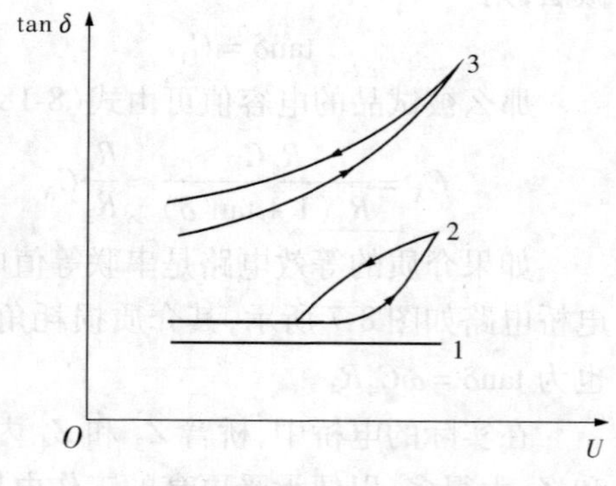


1—良好的绝缘；2—绝缘中存在气隙；

3—受潮绝缘

图 8-9　tanδ 与试验电压的典型关系曲线

提高了。测量 $\tan\delta$ 与电压的关系，有助于判断绝缘的状态和缺陷的类型。

(4)试品电容量的影响。尽管测量 $\tan\delta$ 对小电容试品如电压电流互感器、套管等十分灵敏，但对电容量较大的试品(例如发电机、变压器、电力电缆、电力电容器等)，测量 $\tan\delta$ 只能发现整体分布性缺陷，因而用测量介质损耗角正切的方法来判断绝缘状态就不很灵敏了。此时可将大电容试品分解成几个独立的绝缘部分来分别测量 $\tan\delta$ 值，就能有效发现缺陷。

(5)试品表面泄漏电流的影响。体现试品表面泄漏电流的表面泄漏电阻总是与试品的等值电阻相并联，因而影响试品的 $\tan\delta$ 测量值。为了减少影响，在测试前应清除试品表面的污垢和水分，必要时还可以在绝缘表面上装设屏蔽极。

### 8.3.3 介质损耗测试仪

介质损耗测试仪是一种新颖的测量介质损耗角正切($\tan\delta$)和电容值($C_X$)的自动化仪器。可以在工频高电压下，现场测量各种绝缘材料、绝缘套管、电力电缆、电容器、互感器、变压器等高压设备的介质损耗角正切($\tan\delta$)和电容值($C_X$)。与西林电容电桥相比，具有操作简单、自动测量、读数直观、无需换算、精度高、抗干扰能力强等优点。

#### 8.3.3.1 工作原理

仪器测量线路包括一路标准回路和一路被试回路，如图 8-10 所示。标准回路由内置高稳定度标准电容器与采样电路组成，被试回路由被试品和采样电路组成。由 8031 单片机运用计算机数字化实时采集方法，对数以万计的采样数据处理后进行矢量运算，分别测得标准回路电流与被试回路电流幅值及其相位关系，并由之算出试品的电容值($C_X$)和介质损耗角正切($\tan\delta$)，测量结果可靠。现场有干扰时，先利用移相、倒相法减小干扰的影响，再将被试回路测得的电流与单独测得的干扰电流矢量相加，得到真正的测量电流 $I_x$，进而得出正确的测量结果。由图 8-10 可见，可根据不同的测量对象和测量需要，灵活地采用多种接线方式。如当测量非接地试品(正接法)时，"LV"(E)点接地；而测量接地试品(反接法)时，则"HV"点接地。

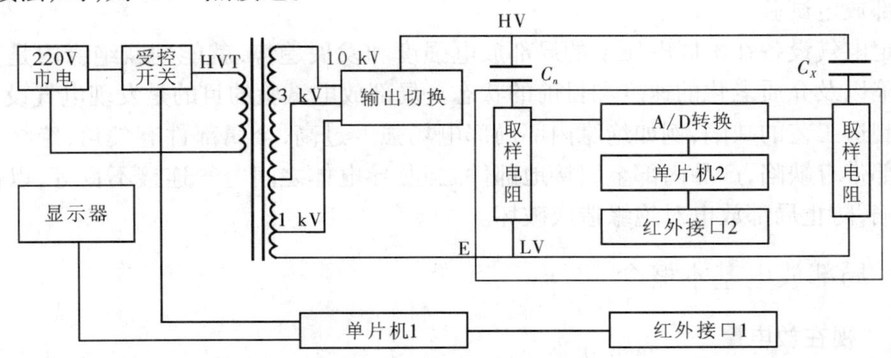


1. 图中除试品 $C_X$ 外，其余为自动介质损耗测试仪；
2. 细线表示仪器的内屏蔽 E，与测量电缆的内屏蔽层相连；
3. $C_n$ 为仪器内附标准电容器；
4. HVT 为仪器内附升压变压器，额定输出功率 10 kW。

**图 8-10 原理框图**

#### 8.3.3.2 特点

(1)仪器内附标准电容器和升压装置,在"内接"方式下使用,无需其他外接设备,便于携带。

(2)具有多种测量方式,可选择正/反接线、内/外标准电容器和内/外试验电压进行测量。

(3)内附 $SF_6$ 标准电容器,$\tan\delta < 0.005\%$,受空气湿度影响小。

(4)矢量运算法结合移相、倒相法,抗干扰效果好;能有效地消除强烈的电场干扰对测量的影响,适用于 500 kV 及以下电站的强干扰现场试验。

(5)高压短路和突然断电时,仪器能迅速切断高压,并发出警告信息。

(6)测量重复性好,电压线性好(测量准确度不受电压影响)。

(7)一体化结构,重量适中,便于携带。

(8)大屏幕带背光中文液晶显示器信息提示操作,使用方便。

(9)仪器自带打印机,及时保存测试数据。

(10)高压电缆连接至试品,保障安全;仪器未接地报警,安全措施完备。

## 8.4 局部放电试验

局部放电是指高压电气设备中的绝缘介质在高电场作用下,发生在绝缘内部(也有表面的)的未贯穿的放电现象。绝缘中的局部放电是引起绝缘老化的重要原因之一。

电气设备绝缘内部不可避免地存在一些弱点,例如在一些浇注、挤制或层绕绝缘内部容易出现气隙或液体绝缘中的气泡和电场分布不均匀。空气的击穿场强和介电常数都比固体介质的小,因此在外施电压作用下这些气隙或气泡会首先发生放电,这就是电气设备的局部放电。放电的能量很微弱,故不影响设备的短时绝缘强度,但日积月累将引起绝缘老化,最后可能导致整个绝缘在正常电压下发生击穿。近数十年来,国内外已越来越重视对设备进行局部放电测量。例如,规定 110 kV 及以上的电力变压器在出厂例行试验时必须做局部放电试验。

测定电气设备在不同电压下的局部放电强度和发展趋势,就能判断绝缘内是否存在局部缺陷以及介质老化的速度和目前的状态。局部放电试验的目的是发现电气设备绝缘结构和制造工艺的缺陷,例如绝缘内部局部电场强度过高,金属部件有尖角,绝缘混入杂质或局部带有缺陷,产品内部金属接地部件之间、导电体之间电气连接不良等,以便消除这些缺陷,防止局部放电对绝缘造成破坏。

### 8.4.1 局部放电基本概念

#### 8.4.1.1 视在放电量

绝缘内部气隙局部放电的等值电路可用图 8-11 表示。

图 8-11(a)中 $C_a$ 代表绝缘介质完好部分的电容,$C_g$ 代表气泡的电容,$C_b$ 代表与气泡串联的介质的电容。等值电路图如图 8-11(b)所示,其中与 $C_g$ 并联的放电间隙 $g$ 等效于气泡中的局部放电。整个系统的总电容为

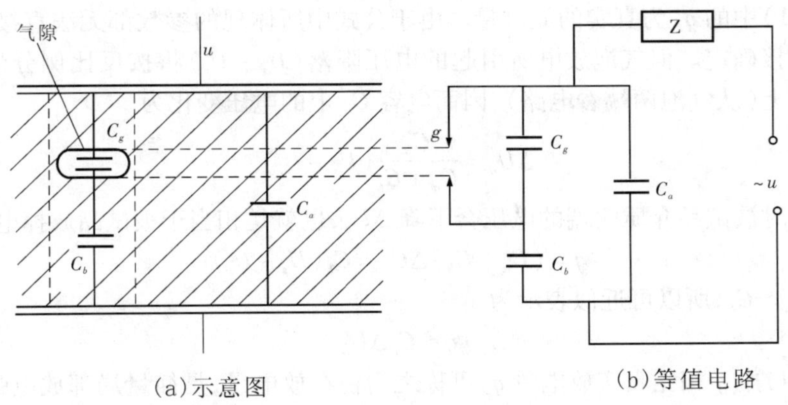


**图 8-11 绝缘内部气隙局部放电的等值电路**

$$C = C_a + \frac{C_b C_g}{C_b + C_g} \tag{8-19}$$

在外加电源 $u = U_m \sin\omega t$ 的作用下,气泡 $C_g$ 上所分得的电压为

$$u_g = \frac{C_b}{C_b + C_g} U_m \sin\omega t \tag{8-20}$$

其变化规律如图 8-12(a)所示。设气泡的放电电压为 $U_s$,熄灭电压为 $U_r$。当 $u_g$ 达到该气泡的放电电压 $U_s$ 时,气泡内发生局部放电,相当于图 8-11 中的并联间隙 $g$ 放电。放电后电压迅速下降,达到熄灭电压 $U_r$ 时,停止放电,完成一次局部放电。此后,依据 $u_g$ 的变化会多次重复这种放电过程。图 8-13 表示一次局部放电的过程,出现一个对应的局部放电高频电流脉冲。因为放电的时间很短,相比工频就可用短直线表示,如图 8-12(b)所示。

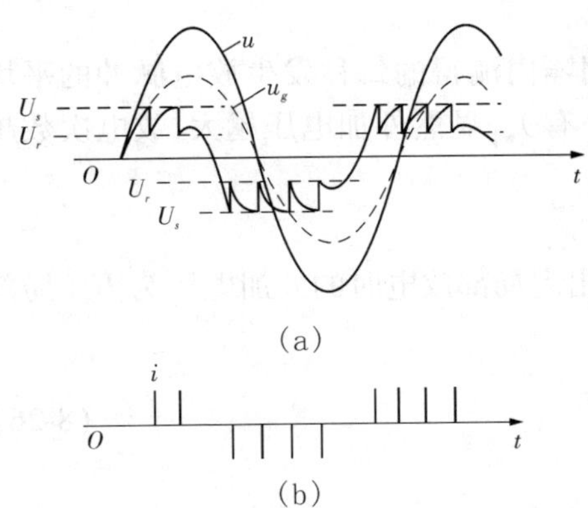


**图 8-12 局部放电时的电压电流变化曲线**

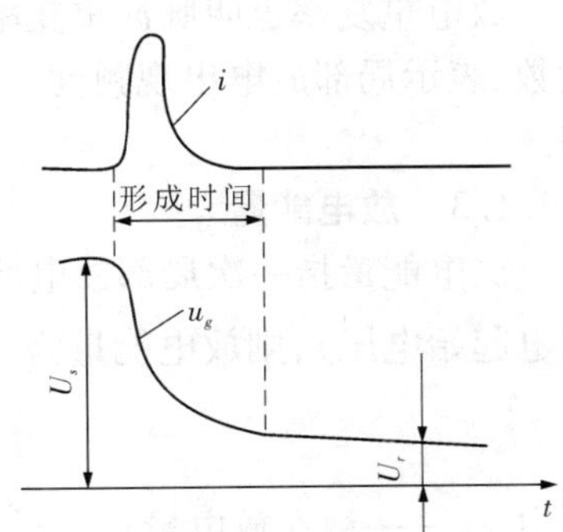


**图 8-13 一次局部放电的电流脉冲**

气泡每放电一次则电压瞬时下降 $\Delta U_g = U_s - U_r$。每次放电所释放出的电荷量为

$$q_r = \left(C_g + \frac{C_a C_b}{C_a + C_b}\right)(U_s - U_r) \tag{8-21}$$

式(8-21)中的 $q_r$ 为真实的放电量。由于公式中所体现的参数都无法直接测量,因而 $q_r$ 也无法直接确定。但气泡放电所引起的电压降落($U_s-U_r$)将按反比例分配在串联电容 $C_a$ 和 $C_b$ 上(从气泡两端看电路),因而电容 $C_a$ 上的电压变化为

$$\Delta U_a=\frac{C_b}{C_a+C_b}(U_s-U_r) \tag{8-22}$$

即气泡放电时被试品介质两端的电压会下降 $\Delta U_a$,也就是相当于被试品放掉电荷 $q$,则

$$q=(C_a+C_b)\Delta U_a=C_b(U_s-U_r) \tag{8-23}$$

因为 $C_a \gg C_b$,所以可近似表示为

$$q\approx C_a\Delta U_a \tag{8-24}$$

式(8-24)中 $q$ 相比真实放电量 $q_r$ 可称之为视在放电量,是衡量局部放电强度的一个重要参数。$q$ 既是发生局部放电时试品 $C_a$ 所放掉的电荷,也是电容 $C_b$ 上的电荷增量。比较 $q$ 和 $q_r$ 的表达式可得

$$q=\frac{C_b}{C_g+C_b}q_r \tag{8-25}$$

由于 $C_g \gg C_b$,可知视在放电量比真实放电量小得多,但仍然可以用来反映 $q_r$ 的大小,其单位通常用 pC(皮库)表示。

需要考虑的是,上述局部放电分析是在交流电压的作用下进行的,只要电压足够高,局部放电在半个周期内可以重复多次;而在直流电压的作用下,情况就不一样了。由于直流电压的大小和方向不变,一旦介质内部气隙被击穿,空间电荷在气隙内建立反电场,放电熄灭,直到空间电荷通过介质内部电导相互中和,使反电场削弱到一定程度后,才会出现第二次放电,如此反复。可见,在其他条件相同时,直流电压下单位时间的放电次数要比交流电压下少得多,所以直流电压下的局部放电产生的破坏作用要比交流电压下小得多。

#### 8.4.1.2 放电重复率

放电重复率也叫脉冲重复率,在选定的时间间隔内测得的每秒发生放电脉冲的平均次数,表示局部放电出现频度。与外加电压的大小有关,显然外加电压越大,放电次数越多。

#### 8.4.1.3 放电能量

放电能量指一次局部放电所消耗的能量。设出现局部放电时的外加电压为 $U_y$(局部放电起始电压),则放电能量为

$$W=\frac{1}{2}qU_y \tag{8-26}$$

式中 $q$——视在放电量;

$U_y$——局部放电起始电压。

放电能量的大小对绝缘介质的老化速度有显著影响,因此它与上述视在放电量、放电重复率一起构成表征局部放电的三个基本参数。表征局部放电的其他参数主要还有平均放电电流、放电的均方率、放电功率、局部放电起始电压、局部放电熄灭电压等,这里不一一赘述。

### 8.4.2 局部放电检测方法简述

伴随局部放电往往会出现多种现象,包括电、光、噪声、气压变化、化学变化等。基于这些现象而研究的局部放电的检测方法很多,可概括为非电检测和电气检测两大类。目前应用得比较成功的是电气检测法。下面主要介绍脉冲电流法的测量原理,另外,简单介绍超声波检测法、光学检测法、化学检测法等。

#### 8.4.2.1 脉冲电流法

用脉冲电流法测量绝缘介质的视在放电量,是一种研究最早、应用最广泛的检测方法。它是通过检测阻抗接入到测量回路中来检测绝缘介质中由于局部放电引起的脉冲电流,获得视在放电量的一种方法。脉冲电流法通常被用于变压器出厂时的型式试验以及其他离线测试中,其离线测量灵敏度高,国际上推荐三种基本试验回路,如图 8-14 所示。

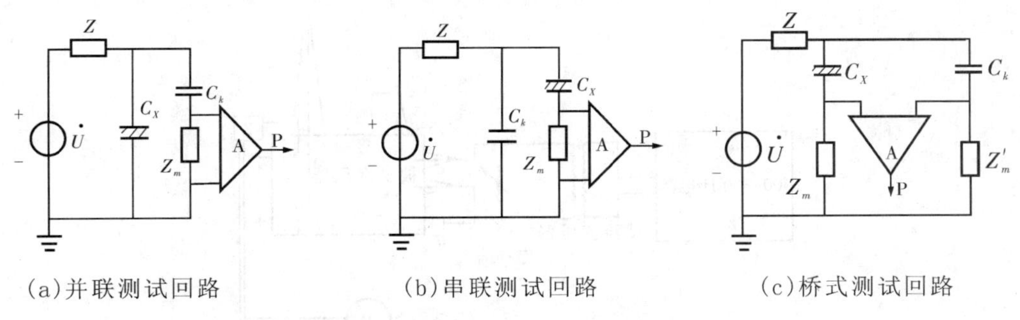


$C_X$—试品电容;$C_k$—耦合电容;$Z$—阻塞阻抗;$Z_m$—检测阻抗

**图 8-14 用脉冲电流法检测局部放电的测试回路**

这三种回路的测量原理是:在一定电压的作用下的试品 $C_X$ 中产生的局部放电电流脉冲流过检测阻抗 $Z_m$,然后把 $Z_m$ 上的电压或 $Z_m$ 及 $Z'_m$上的电压差放大后送到仪器 P 进行检测。图 8-14 中有关元件的作用及要求如下:

(1)耦合电容 $C_k$ 的作用:为试品 $C_X$ 与检测阻抗 $Z_m$ 之间提供一条低阻抗通路,当 $C_k$ 发生局部放电时,脉冲信号立即顺利耦合到 $Z_m$ 上去;对电源的工频电压起隔离作用。要求其残余电感足够小,在试验电压下内部不能有局部放电现象;还要求 $C_k$ 不小于 $C_X$,以增大检测阻抗上的信号。

(2)阻塞阻抗 $Z$ 的作用:使工频高电压顺利作用到试品上,同时阻止高压电源中的高频分量对测试回路产生干扰,防止局部放电脉冲分流到电源中去,所以它实际上是一只低通滤波器。要求 $Z$ 比 $Z_m$ 大,使得 $C_X$ 中发生局部放电时,$C_X$ 与 $C_k$ 之间能较快地转换电荷,而从电源重新补充电荷的过程减慢,以提高测量的准确度。

图 8-14(a)为并联测试回路,适用于被试品一端接地的情况。它的优点是流过 $C_X$ 的工频电流不流过 $Z_m$,在 $C_X$ 较大的场合,尤显其优。图 8-14(b)为串联测试回路,适用于被试品两端均对地绝缘的情况。它的优点是如果试验变压器的入口电容和高压引线的杂散电容足够大,采用这种回路时可以省去电容 $C_k$。这两种回路均属直测法。图 8-14(c)为桥式测试回路,属于平衡法,适用于试品 $C_X$ 与耦合电容 $C_k$ 的低压端均对地绝缘的情

况。此时测量仪器 P 测的是 $Z_m$ 及 $Z'_m$上的电压差，因而与直测法相比其抗干扰性能好。因为外部干扰源在 $Z_m$ 及 $Z'_m$上产生的干扰信号基本上相互抵消，而在 $C_X$ 发生局部放电时，放电脉冲在 $Z_m$ 及 $Z'_m$上产生的信号却是相互叠加的。三种回路可依据具体条件择机选择。原理上 $Z_m$ 上出现的脉冲电压经放大器 A 放大后送到检测仪器 P，即可得出测量结果。虽然已知测量仪器上测得的脉冲幅值与试品的放电量成正比，但要确定具体的视在放电量还必须对整个测量系统进行校准，这时需向试品两端注入已知数量的电荷 $q_0$，记下仪器显示的读数 $h_0$，即可得出测量回路的刻度系数。

下面以变压器的局部放电测量为例说明测量过程。局部放电试验是非破坏性试验项目，从试验顺序而言，应放在所有绝缘特性试验合格之后进行。

1. 试验接线

试验原理接线图如图 8-15 所示，试验接线完成后检查接线的正确性。

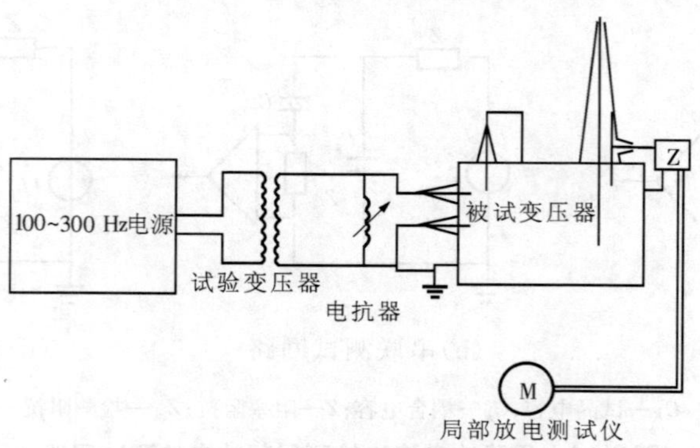


**图 8-15　变压器局部放电试验原理接线图**

2. 试验步骤

（1）检查测试回路本身的局部放电水平。先不接试品，仅在试验回路施加电压，如果在略高于试品试验电压下仍未出现局部放电，则测试回路合格；如果其局部放电干扰水平超过或接近试品放电量最大允许值的 50%，则必须找出干扰源并采取措施以降低干扰水平。

（2）测试回路的校准。在加压前应对测试回路中的仪器进行例行校正，以确定接入试品时测试回路的刻度系数，该系数受回路特性及试品电容量的影响。在已校正的回路灵敏度下，观察未接通高压电源及接通高压电源后是否存在较大的干扰，如果有干扰应设法排除。

（3）测定局部放电起始电压和熄灭电压。拆除校准装置，其他接线不变，在试验电压波形符合要求的情况下，电压从远低于预期的局部放电起始电压加起，按规定速度升压直至放电量达到某一规定值，此时的电压即为局部放电起始电压。其后电压再增加 10%，然后降压直到放电量等于上述规定值，对应的电压即为局部放电熄灭电压。测量时，不允许所加电压超过试品的额定耐受电压，另外，重复施加接近于它的电压也有可能损坏试品。

(4)测量规定试验电压下的局部放电量。表征局部放电的参数都是在特定电压下测量的,它可能比局部放电起始电压高得多。有时规定测几个试验电压下的放电量,有时规定在某试验电压下保持一定时间并进行多次测量,以观察局部放电的发展趋势。在测放电量的同时,可测放电次数、平均放电电流及其他局部放电参数。

(5)干扰的抑制。一是对来自电源的干扰,可采用在高压试验变压器的初级设置低通滤波器,在试验变压器的高压端设置高压低通滤波器,试验电源和仪器用电源设置屏蔽式隔离变压器。二是高压端部电晕放电的抑制措施主要是选用合适的无晕球作为高压连线。三是在整个试验回路选择一点接地,有的仪器本身具有抑制干扰的功能,这时可采用平衡接线法和时间窗口法抑制干扰。

(6)局部放电的观测。读取视在放电量值时应以重复出现的、稳定的最高脉冲信号计算视在放电量。真正的局部放电信号具有一定的对称性和周期性,偶尔出现的较高的脉冲可以忽略。测量回路的背景噪声水平应低于允许放电水平的50%。当试品的允许放电水平为10 pC或以下时,背景噪声水平可达到允许放电水平的100%。测量中明显的干扰可不予考虑。

#### 8.4.2.2 超声波检测法

超声波检测方法的原理是当绝缘介质中发生局部放电时,其瞬时释放的能量产生的效果就像一个小爆炸。此时放电源如同一个声源,向外发出超声波直达绝缘介质的表面。在绝缘的外壁贴装压电元件,在超声波的作用下,压电元件的两个端面上会出现交变的束缚电荷,引起端部金属电极上电荷的变化或在外电路引起交变电流,由此指示设备内部是否发生了局部放电。由于放电持续时间很短,所发射的声波频谱很宽,可达到数兆赫兹。所以,应选择数值较大的频率范围作为测量频率以提高灵敏性。

超声波检测法的特点:抗电磁干扰能力强;灵敏度不受试品电容的影响;能进行复杂设备放电源定位。但在传播途径中衰减、畸变严重,基本不能反映放电量的大小。因此,实际中一般不独立使用超声法,而将声测法和电测法结合起来使用。

#### 8.4.2.3 光学检测法

采用光纤传感器,局部放电产生的声波压迫使得光纤性质改变,导致光纤输出信号改变,从而可以测得放电。光测法只能测试表面放电和电晕放电,在现场中光测法基本上没有直接应用。

#### 8.4.2.4 化学检测法

化学检测法是利用气相色谱仪对绝缘油中溶解的气体进行气相色谱分析。通过分析绝缘油中溶解的气体成分和含量,能够判断设备内部隐藏的缺陷类型。其优点是能够发现充油电气设备中一些用其他方法不易发现的局部性缺陷。

## 8.5 工频交流耐压试验

如前所述,一系列非破坏性试验如绝缘电阻和吸收比试验、介质损失角正切值 $\tan\delta$ 的测量、泄漏电流试验等,确能发现一部分绝缘缺陷,但是因为这些试验的试验电压较低,往往对某些局部缺陷反应不灵敏,而这些局部缺陷在实际的运行中可能会逐渐发展成为影响安全运行的严重隐患。如局部放电缺陷可能会逐渐发展成为整体缺陷,在过电压作用下使设备失去绝缘性能而引发短路事故。因此,为了更灵敏有效地检测出某些局部缺陷,考验被试品绝缘承受各种过电压的能力,就必须对被试品进行交流耐压试验。

工频交流耐压试验是用来对被试品施加高出其正常运行电压许多倍的同频率交流电压,以考验被试品绝缘承受各种过电压能力最严格有效的一种试验方法,在许多场合也用来等效地检验被试品对操作过电压和雷电过电压的耐受能力,以解决进行操作过电压和雷电过电压试验所遇到的设备仪器的短缺和试验技术上的困难,对保证设备安全运行具有重要意义。

交流耐压试验的电压、波形、频率和在被试品绝缘内部电压的分布,均符合实际运行情况,因此能有效地发现绝缘缺陷。交流耐压试验应在被试品的绝缘电阻及吸收比测量、直流泄漏电流测量及介质损失角正切值 $\tan\delta$ 测量均合格后进行。如在这些试验中已查明绝缘有缺陷,则应设法消除,并重新试验合格后才能进行交流耐压试验,以免造成不必要的损坏。

交流耐压试验对于固体有机绝缘来说,会使原来存在的绝缘弱点进一步发展(但又不致在耐压时击穿),使绝缘强度逐渐衰减,形成绝缘内部劣化的积累效应,这是我们所不希望的。因此,必须正确地选择试验电压的标准和耐压时间。试验电压过高,发现绝缘缺陷的有效性是高了,但被试品被击穿的可能性也越大,积累效应也越严重。反之,如果试验电压过低,则难以有效发现局部缺陷,使设备在运行中击穿的可能性增加。实际上,国家根据各种设备的绝缘材质和可能遭受的过电压倍数,规定了相应的试验电压标准。具有夹层绝缘的设备,在长期运行电压的作用下,绝缘具有累积效应,所以现行有关标准规定运行中设备的试验电压,比出厂试验电压有所降低,且按不同设备区别对待(主要由设备的经济性和安全性来决定)。但对纯瓷套管、充油套管及支持绝缘子则例外,因为它们几乎没有累积效应,故对运行中的设备就取出厂试验电压标准。

## 8.5.1 工频交流高电压的产生

工频交流高电压一般是指频率在 45 ~ 65 Hz 的交流电压,通常采用高压试验变压器或其串级装置来产生。对电缆、电容器等电容量较大的被试品,可采用串联谐振回路来获得试验用的工频高电压。工频高压装置既是高压实验室中最基本的设备,也是产生其他类型高电压的相关设备的基础部件。

### 8.5.1.1 试验变压器

试验变压器多是油浸式和环氧树脂浇注的干式单相变压器,工作原理与电力变压器相同,但工作方式和结构具有诸多特点。

(1)电压高。工频交流高电压试验需要试验变压器产生很高的电压,以满足相关电压等级的电气设备耐压数值的要求而符合相应的国家标准,也就是试验电压高于设备额定电压很多倍。所以,试验变压器的输出电压高,如 110 kV 等级的电力变压器的工频试验电压要求为 220 kV。

(2)容量小。当试验电压满足要求后,试验变压器的容量主要由被试品的负载电流即被试品的电容电流决定。试验变压器的额定电流,应能满足被试品的电容电流和泄漏电流的要求。一般按试验时所加的电压和被试品的电容量来选择所需的试验电源，可按式(8-27)计算：

$$I_c = \omega C_X U_s \tag{8-27}$$

试验所需的电源容量按式(8-28)计算：

$$S = \omega C_X U_s^2 \times 10^{-3} \quad (\text{kVA}) \tag{8-28}$$

可见，试验变压器高压侧电流和额定容量都主要取决于被试品的电容。

(3)体积小。由于试验变压器的容量小，可以选择较小的线圈截面，因而整体的体积小；又由于电压高，因而高压套管大又长，这是外观特点。高压套管可分为：

单套管式试验变压器：额定电压一般不超过 250 ~ 300 kV；

双套管式试验变压器：最高额定电压达 750 kV。

(4)绝缘裕度小。因为试验变压器是在试验条件下工作的，不会受到雷电及操作过电压的威胁，所以它的绝缘裕度不需取得太大，一般比其额定电压高出 10% ~15%。

(5)持续运行时间短。因为绝缘裕度小，散热条件差，在额定功率下只能短时运行。

(6)漏抗大。试验变压器的漏抗大有利于限制短路电流，因而可降低绕组的机械强度，节省材料，降低制造成本。但输出电压波形很难完美，需要采取措施加以修正。

### 8.5.1.2 串级试验变压器

当所需的工频试验电压很高(例如超过 750 kV)时，如采用单台试验变压器来产生试验电压在技术和经济上不合理了。因为变压器的体积和重量近似地与其额定电压的三次方成比例，其绝缘难度和制造价格成倍增加，因而在试验电压不小于 1 000 kV 时，或现场试验需要时，就采用若干台试验变压器组成串级装置来满足要求。

由两台单套管试验变压器组成的串级装置示意图如图 8-16 所示。

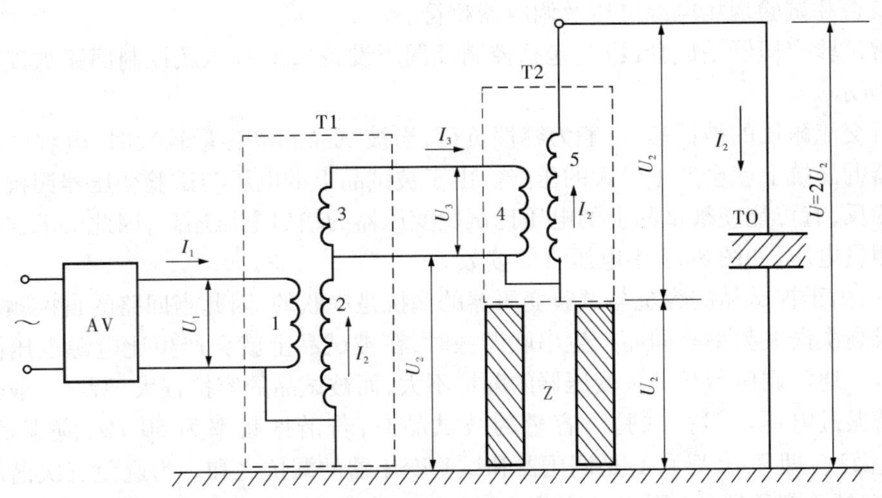


T1—第 1 级试验变压器；1—T1 的低压绕组；2—T1 的高压绕组；3—累接绕组；T2—第 2 级试验变压器；4—T2 的低压绕组；5—T2 的高压绕组；AV—调压器；TO—被试品；Z—绝缘支柱

**图 8-16 由两台单套管试验变压器组成的串级装置示意图**

T2 的容量为

$$P_2 = U_2I_2 = U_3I_3 \tag{8-29}$$

T1 的容量为

$$P_1 = U_1I_1 = U_2I_2 + U_3I_3 = 2U_2I_2 \tag{8-30}$$

显然,虽然这两台试验变压器的初级电压相同,次级电压也相同,但它们的容量和高压绕组结构都不同,因而不能互换位置。

整套串级装置的制造容量为

$$P = P_1 + P_2 = 3U_2I_2 \tag{8-31}$$

串级装置的输出容量却只有

$$P' = 2U_2I_2 \tag{8-32}$$

因而装置的容量利用率

$$\eta = \frac{P'}{P} = \frac{2U_2I_2}{3U_2I_2} = \frac{2}{3} = 66.67\% \tag{8-33}$$

推而广之,$n$ 级串级装置的容量利用率:

$$\eta = \frac{2}{n+1} \tag{8-34}$$

由此可见,试验变压器的台数越多,容量利用率越低,这是串级装置的固有缺点,因而通常很少采用 $n>3$ 的方案。

## 8.5.2 试验方法

### 8.5.2.1 工频交流耐压试验原理接线

交流耐压试验的接线,应按被试品的要求(电压、容量)和现有试验设备条件来决定。根据被试设备对试验电压的要求,选用电压合适的试验变压器,并应考虑试验变压器低压侧电压是否和试验现场电源电压及调压器相符。

通常试验变压器是成套设备(包括控制及调压设备),对调压及控制回路加以简化如图 8-17 所示。

进行交流耐压的被试品,一般为容性负荷,当被试品的电容量较大时,电容电流在试验变压器的漏抗上就会产生较大的压降。由于被试品上的电压与试验变压器漏抗上的电压相位相反,有可能使被试品上的电压比试验变压器的输出电压还高,因此要求在被试品上直接测量电压,如图 8-17 中电压表的读数。

此外,由于被试品的容抗与试验变压器的漏抗是串联的,因此当回路的自振频率与电源基波或高次谐波频率相同而产生串联谐振时,在被试品上就会产生比电源电压高得多的过电压。通常调压器与试验变压器的漏抗不大,而被试品的容抗很大,所以一般不会产生串联谐振过电压。但在试验大容量的被试品时,若谐振频率为 50 Hz,应满足 $C_X > 3\ 184/X_L$微法(即 $X_C < X_L$),$X_L$是调压器和试验变压器的漏抗之和。为避免三次谐波分量谐振,可在试验变压器低压绕组上并联 LC 串联回路或采用线电压。当被试品闪络、击穿或球隙放电时,也会由于试验变压器绕组内部的电磁震荡,在试验变压器的匝间或层间产生过电压。因此,要求在试验回路内串入保护电阻 $R_1$、$R_2$,将过电流限制在试验变压器与被试品允许的范围内,但保护电阻不宜选得过大,太大了会由于负载电流而产生较大的压

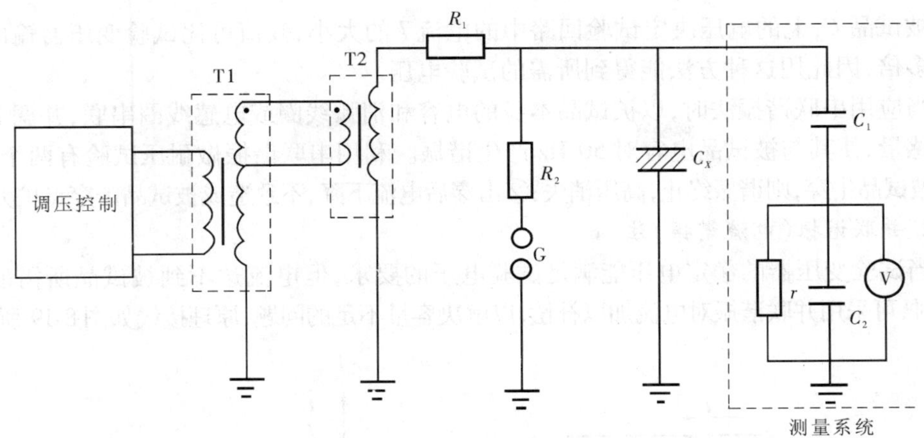


T1,T2—试验变压器;$R_1$,$R_2$—保护电阻;G—保护球隙

**图 8-17　工频交流耐压试验原理接线**

降和损耗;$R_1$的另一作用是在被试品击穿时,防止试验变压器高压侧产生过大的电动力。$R_1$按 0.1 ~1 Ω/V 选取(对于大容量的被试品可适当选小些)。串联在保护球隙回路中的$R_2$可按式(8-35)计算:

$$R_2 = 2\sqrt{2}U/3\omega C_X \quad (\Omega) \tag{8-35}$$

G 是保护球间隙,是为了限制试验回路中可能出现的过电压,其放电电压调整为试验电压的 1.1 倍左右。

### 8.5.2.2　试验变压器容量不足时的试验方法

对于长输电线路、静电电容器、大型发电机和变压器等电容量较大的被试品的交流耐压试验,需要较大容量的试验设备和电源,现场往往难以办到。在此情况下,可根据具体情况,分别采用串联、并联谐振或串并联谐振(也称串并联补偿)的方法解决试验设备容量不足的问题。

1. 串联谐振(电压谐振)法

在试验变压器的额定电压不能满足所需试验电压,但电流能满足被试品试验电流的情况下,可用串联谐振的方法来解决试验电压不足的问题,试验接线如图 8-18 所示。

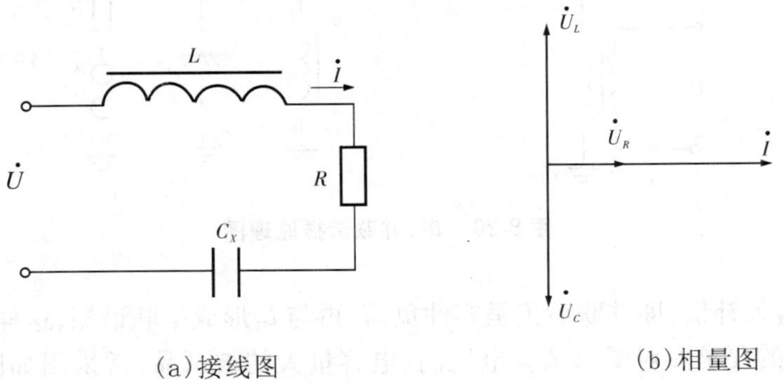


(a)接线图　　　　(b)相量图

**图 8-18　串联谐振原理图**

被试品 $C_X$ 上的电压决定试验回路中的电流 $I$ 的大小,其值可比试验变压器输出电压高许多倍,因此用这种方法能得到所需的试验电压。

当应用串联谐振法时,以被试品本身的电容和消弧线圈或电感线圈串联,并调节线圈的电感量,使其与被试品电容对 50 Hz 产生谐振。利用串联谐振做耐压试验有两个优点:①若被试品击穿,则谐振终止,高压消失;②击穿后电流下降,不致造成被试品击穿点扩大。

2. 并联谐振(电流谐振)法

当试验变压器的额定电压能满足试验电压的要求,但电流达不到被试品所需的试验电流时,可采用并联谐振对电流加以补偿,以解决容量不足的问题,原理接线如图 8-19 所示。

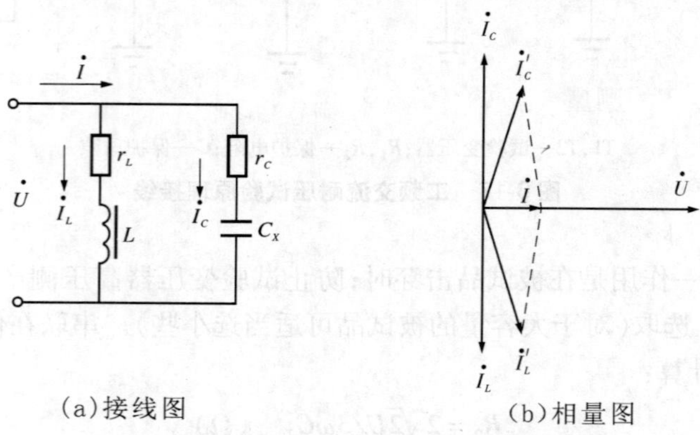


(a)接线图　(b)相量图

图 8-19　并联谐振原理图

并联回路两支路的感抗和容抗分别为 $X_L$ 和 $X_C$,当 $X_L=X_C$ 时,回路产生谐振。这时虽然两个支路的电流都很大,但回路的总电流 $I\approx0$,$X_C$ 上的电压等于电源电压。实际上,因回路中有电阻和铁芯的损耗,回路电流不可能完全等于零。

3. 串并联谐振法

除以上的串联、并联谐振外,当试验变压器的额定电压和额定电流都不能满足试验要求时,可同时运用串、并联谐振线路,通称串并联补偿法,其原理如图 8-20 所示。

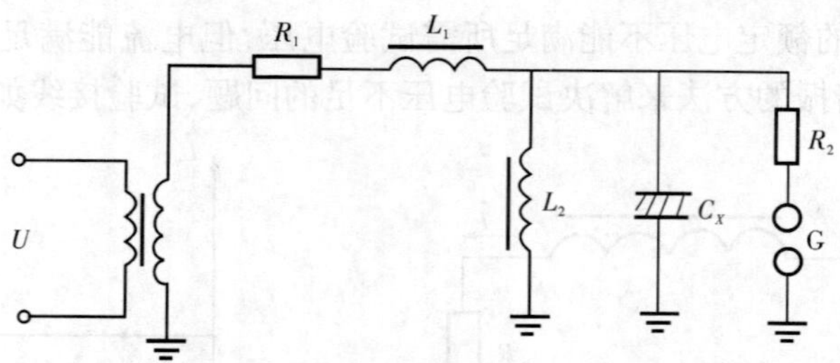


图 8-20　串、并联谐振原理图

使 $L_2$ 对 $C_X$ 欠补偿,即并联后仍呈容性负荷,再与 $L_1$ 形成串联谐振,这样能同时满足试验电压和电流的要求。对要求试验电压高、电容量大的被试品,常采用如图 8-20 所示的接线。

#### 8.5.2.3 调压设备

调压器应能从零开始平滑地调节电压,以满足试验所需要的任意电压。调压器的输出波形,应尽可能地接近正弦波,容量也应满足试验变压器的要求,通常与试验变压器容量相同。如试验变压器工作时间较短,调压器的容量可略小些。常用的调压器有自耦调压器、移卷调压器和感应调压器。

(1)自耦调压器。自耦调压器的应用广泛,它具有体积小、重量轻、效率高、波形好等优点。自耦调压器用移动碳刷接触调压,所以容量受到限制,适用于小容量调压。

(2)移卷调压器。移卷调压器是通过移动一个可活动的线圈来调压的,移卷调压器的调压范围宽,并与试验变压器配套,电压可达 10 kV。主要缺点是效率低、空载电流大,在低电压和接近额定电压下使用,波形容易发生畸变。

#### 8.5.2.4 试验电压的测量

(1)在试验变压器低压侧测量。对于一般瓷质绝缘、断路器、绝缘工具等,可测取试验变压器低压侧的电压,再通过变比换算至高压侧电压,适用于负荷容量比电源容量小得多、测量准确度要求不高的情况。

(2)用电压互感器测量。将电压互感器的原边并接在被试品的两端,在电压互感器的副边测量电压,根据测得的电压和电压互感器的变压比计算出高压侧的电压。为保证测量的准确度,电压互感器的精度等级应不低于 1 级,电压表不低于 0.5 级。

(3)用高压静电电压表测量。用高压静电电压表测量工频高压的有效值,将高压静电电压表接于被试设备的两端,可直接读出加于被试设备上的高压。这种方法比较简单、准确,缺点是测量时易受电磁场和风的影响,故一般被用于实验室测量。

(4)用电容分压器测量。用电容分压器测量高压的方法是目前现场经常采用的方法,分压器结构简单,携带方便,准确度也比较高。现场常用的还有阻容分压器,接入并联电阻后使测量系统有良好的升降特性。

#### 8.5.2.5 试验分析

对于绝缘良好的被试品,在交流耐压中不应击穿,是否击穿可根据下述现象来分析。

(1)根据试验回路接入表计的指示进行分析。一般情况下,电流表突然上升,说明被试品已击穿。但当被试品的容抗 $X_C$ 与试验变压器的漏抗 $X_L$ 之比等于 2 时,虽然被试品已击穿,但电流表的指示不变(因为回路电抗 $X = |X_C - X_L|$,所以当被试品短路 $X_C = 0$ 时,回路中仍有 $X_L$ 存在,与被试品击穿前的电抗值是相等的,故电流表的指示不会发生变化);当 $X_C$ 与 $X_L$ 的比值小于 2 时,被试品击穿后,使试验回路的电抗增大,电流表指示反而下降。通常 $X_C \gg X_L$,不会出现上述情况,只有在被试品电容量很大或试验变压器容量不够时,才有可能发生。此时,应以接在高压端测量被试品上的电压表来判断,被试品击穿时,电压表指示明显下降。低压侧电压表的指示也会有所下降。

(2)根据被试品的状况进行分析。被试品发出击穿响声(或断续放电声)、冒烟、出气、焦臭、闪弧、燃烧等,都是不容许的,应查明原因。这些现象如果确定是绝缘部分出现的,则认为是被试品存在缺陷或击穿。

#### 8.5.2.6 注意事项

被试品为有机绝缘材料时,试验后应立即触摸,如出现普遍或局部发热,则认为绝缘不良,应及时处理,然后再做试验。

对夹层绝缘或绝缘为有机绝缘材料的设备,如果耐压试验后的绝缘电阻比耐压前下降30%,则认为该试品不合格。

在试验过程中,若由于空气湿度、温度、表面脏污等影响,引起被试品表面滑闪放电或空气放电,不应认为被试品不合格,须经清洁、干燥处理后,再进行试验。

升压必须从零开始,不可冲击合闸。升压速度在40%试验电压以内可不受限制,其后应均匀升压,速度约为每秒3%的试验电压。耐压试验前后均应测量被试品的绝缘电阻。

# 8.6 直流耐压试验

直流耐压试验也称为直流高电压试验。它是对被试品施加很高的直流电压以考核其绝缘性能的十分有效的试验方法。它的应用范围是:①对于大电容量的交流设备,如长电缆段、发电机、电力电容器等,用工频交流高电压进行绝缘试验时会出现很大的电容电流,因而要求试验装置具有很大的容量,很难满足,这时用直流高电压试验来代替工频高电压试验。②直流高压输电工程的增多促进直流高电压试验的广泛应用。另外,直流高压试验在其他科学技术领域也得到广泛应用,如静电技术、高能物理及其他需要的场合。

## 8.6.1 直流高电压的产生

直流电压是指单极性(正或负)的持续电压,它的幅值用算术平均值表示。直流高电压的产生方法是,通常在所需电压不高时可将工频高电压经高压整流器整流而变换成直流高电压,而所需电压较高时则利用倍压整流原理制成的串级直流高压发生器产生出直流试验电压。下面主要介绍利用倍压整流原理制成的串级直流高压发生器。

### 8.6.1.1 倍压整流回路

利用半波整流或全波整流回路能够获得的最高直流电压仅仅等于交流电源电压的幅值,有时不能满足要求,而采用倍压整流回路却可以在不改变电源的情况下获得更高电压的直流。如图8-21所示,是3种倍压整流回路。

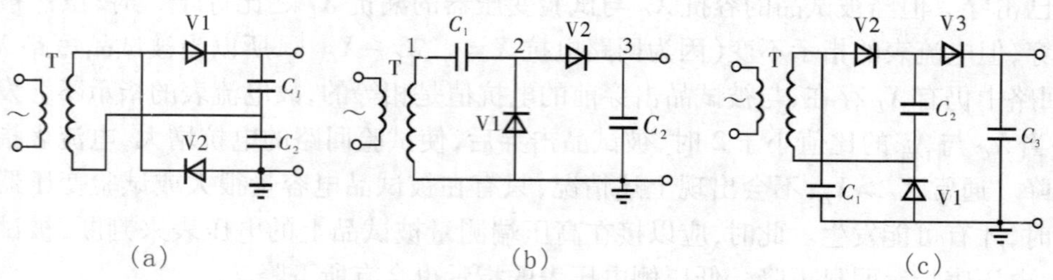


图8-21 几种倍压整流回路

前两种可获得$2U_m$的直流电压,而后一种可以获得$3U_m$的直流电压。

### 8.6.1.2 串级直流高压发生器

利用图8-21(b)中的倍压整流电路作为基本单元,多级串联起来即可组成一台串级直流高压发生器，如图8-22所示。

如果所串的级数为 $N$，则空载时可获得 $2NU_m$ 的直流电压。通过分析计算，串级直流高压发生器接上负载时的电压脉动为

$$\delta U = \frac{(N^2+N)I_{av}}{4fC} \tag{8-36}$$

最大输出电压平均值为

$$U_m = 2NU_m - \frac{I_{av}}{6fC}(4N^3+3N^2+2N) \tag{8-37}$$

平均电压降落为

$$\Delta U_{av} = \frac{I_{av}}{6fC}(4N^3+3N^2+2N) \tag{8-38}$$

脉动系数

$$S = \frac{\delta U}{U_{av}} = \frac{(N^2+N)I_{av}}{4fCU_{av}} \tag{8-39}$$

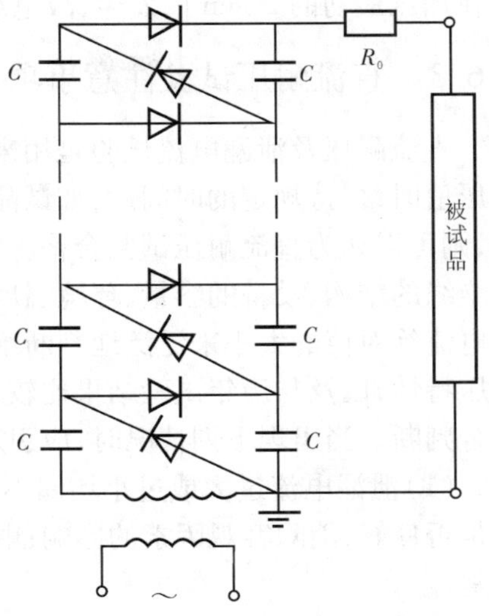

图8-22 串级直流高压发生器原理图

采用上述串级电路时需要注意：实际装置试验时，如果被试品击穿，除回路中的右边电容柱串联经 $R_0$ 对已击穿的被试品放电外，左边电容柱也将经 $R_0$ 对已击穿的被试品放电。串接级数增加时，电压脉动、脉动系数及电压降落也增大，因此可以提高每级电容工作电压或提高电源频率，增大电容量可有效减小电压脉动。

## 8.6.2 直流耐压试验的适用范围及特点

直流耐压试验的试验对象主要是一些高压大容量的交流电气设备如油纸绝缘电力电缆、电力电容器、旋转电机、变压器绕组等，试验接线等同于泄漏电流试验。与交流耐压试验比较，直流耐压流试验的特点如下：

(1)对长电缆线路等大电容试品进行耐压试验时，不需提供电容电流，因而所需试验设备容量小。

(2)在直流电压作用下，介质损耗小，高电压下对绝缘的损伤小。

(3)在直流耐压试验的同时监测泄漏电流及其他变化曲线($U-I$ 曲线)，能有效显示绝缘内部的集中性缺陷(绝缘老化)或受潮。

(4)可以发现交流耐压试验不易发现的一些缺陷。如对电力电缆和旋转电机定子绕组端部而言，在直流电压作用下，绝缘中的电压按电阻分布，当绝缘有局部缺陷时，大部分试验电压将加在与缺陷串联的未损坏的绝缘上，使缺陷更易于暴露。一般来说，直流耐压试验对检查绝缘中的气泡、机械损耗等局部缺陷比较有效。同时直流击穿强度与所加电压极性有关，试验时一般接负极性高压。有文献表明，如果接正极性高压，其击穿电压较接负极性高压高10%左右，而且在电场作用下，绝缘中的水分将移向正极性高压，使缺陷不易被发现。

(5)在直流电压下的击穿多为电击穿，电缆直流击穿电压与作用时间关系不大，将电

压作用时间自数秒增加至数小时,电缆的抗电击强度仅减小 8% ~15%,电缆的电击穿一般在加压最初的 2 min 内发生,故电缆直流耐压的时间一般规定为 5 min。

### 8.6.3 直流耐压试验注意事项

直流耐压及泄漏电流试验是用来检查设备的绝缘缺陷的试验。当试验电压加至规定电压值时,保持规定的时间后,如试品无破坏性放电,微安表指针没有突然向增大方向摆动,则可以认为直流耐压试验合格。泄漏电流的数值不仅和绝缘的性质、状态有关,而且和绝缘的结构、设备的容量、环境温度、湿度、设备的脏污程度等有关。因此,不能仅从泄漏电流绝对值的大小来泛泛地判断绝缘是否良好,重要的是观察其温度特性、时间特性、电压特性,以及与历年试验结果比较,与同型号设备互相比较,同一设备相间比较来进行综合判断。当出现下列情况时,应引起注意:

(1)泄漏电流过大或过小均属不正常现象。电流过大应检查试验回路设备状况和屏蔽是否良好,消除客观因素的影响;电流过小则应先检查接线是否正确,微安表回路是否正常。

(2)测试中若发生微安表指针来回摆动,摆动幅度比较小,则可能有交流分量流过,应检查微安表的保护回路和滤波电容;若指针发生周期性摆动,幅度比较大,则可能试品绝缘不良,发生周期性放电,应查明原因。

(3)若试验过程中,指针向减小方向摆动,可能电源不稳引起波动;若指针向增大方向突然摆动,则可能是被试品或试验回路闪络。

(4)若读数随时间逐渐上升,则可能是绝缘老化。

## 8.7 冲击电压试验

在电力系统中运行的高压电气设备,除承受长期的工作电压作用外,还可能经受过电压的作用如雷电和操作过电压。冲击电压试验就是用来研究或检验高压电气设备在运行中遭受雷电过电压和操作过电压的作用时的绝缘性能或保护性能的。规程规定高压电气设备在出厂试验、型式试验时或大修后都必须进行冲击电压试验。

许多高压实验室中都装设了冲击电压发生器,用来产生试验用的雷电冲击电压波和操作冲击电压波。无论是雷电冲击电压波或是操作冲击电压波,都是双指数函数波,并且电气设备的绝缘性能与波形密切相关,为便于比较试验结果和研究设备的绝缘强度,IEC 标准和国家标准都对冲击电压波形作出了明确的规定。

### 8.7.1 冲击电压发生器

#### 8.7.1.1 单级冲击电压发生器基本回路

标准雷电冲击全波采用的是非周期性双指数波。可用解析式表示为

$$u(t) = A\left(e^{-\frac{t}{\tau_1}} - e^{-\frac{t}{\tau_2}}\right) \tag{8-40}$$

式中 $\tau_1$——波尾时间常数;

$\tau_2$——波前时间常数。

可表示为图 8-23 所示波形图。

这一波形实际上是由两个指数函数波形叠加而成的。

实际冲击电压发生器采用图 8-24 的回路。其中，$R_{11}$为阻尼电阻，主要用来阻尼回路中的寄生振荡；$R_{12}$为波前电阻，专门调节波前时间。$R_2$ 和 $C_1$ 决定波长时间，称为波长电阻和主电容。这种回路的效率可近似表示为

$$\eta = \frac{C_1}{C_1 + C_2} \times \frac{R_2}{R_{11} + R_2} \tag{8-41}$$

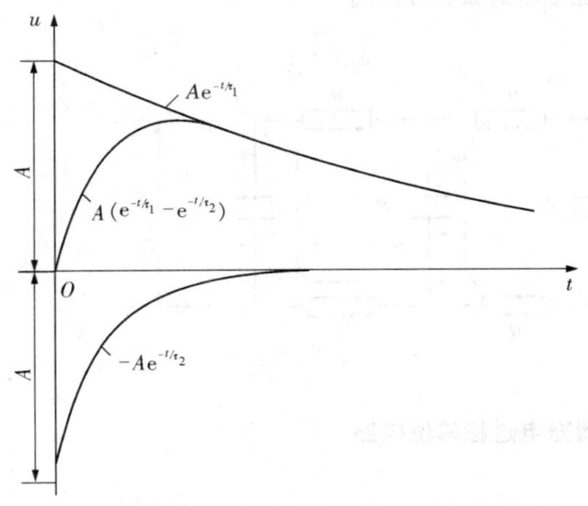


图 8-23　双指数函数冲击电压波

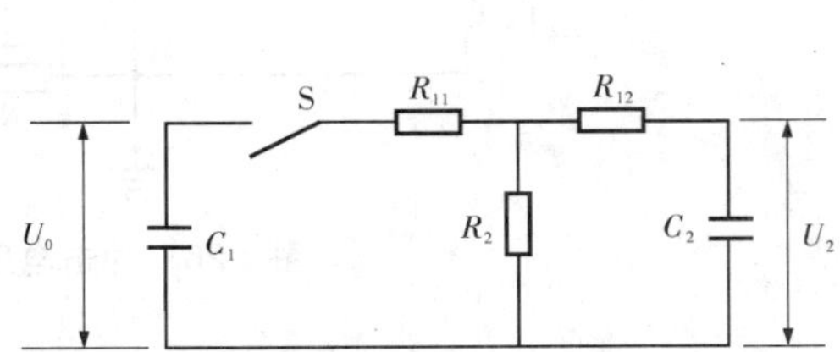


图 8-24　冲击电压发生器常用回路

实际的冲击电压发生器中，$C_1$ 的电压是由高压整流电源充电得到的，其电压受到高压硅堆和电容器额定电压的限制，所以单级冲击电压发生器能产生的最高电压为200 ~ 300 kV。

#### 8.7.1.2　多级冲击电压发生器的基本回路及工作原理

利用前述回路可以得到标准的全压冲击波，但冲击电压的幅值有限，一般而言单级冲击电压发生器能产生的最高电压一般不超过 200 ~ 300 kV。但冲击高电压试验所需的冲击高压要达数兆伏，单靠单级冲击电压发生器所得电压不能满足要求，因而采用多级叠加的方法来产生波形和幅值都能满足需要的冲击高电压波。

多级冲击电压发生器原理接线图如图 8-25 所示。它的基本工作原理可概括为并联充电，串联放电。具体充放电过程描述如下：首先调整各级球隙的间距，使 F1 的放电电压略大于 $U_C$，球隙 F2、F3 的间距都略大于 F1 的间距，然后升高充电电压到 $U_C$，对各级电容器 $C$(主电容)充电。如果忽略各级电容器 $C$ 的泄漏电流，并且充电时间足够长，各级电容器 $C$ 皆可充电到电压 $U_C$。此时，2、4、6、8 点的对地电位均为 $-U_C$，而 1、3、5、7 点均为地电位。并联充电的等值电路如图 8-26 所示。按图中整流器的接法，所得到的电压将为负极性。若要改变极性，只需调换 V 的接法即可。充电电阻 $R$ 在充电过程中没有作用，可以取为零，但在放电过程中，$R$ 应足够大才能视其为开路。

一旦第一对球隙 F1 被击穿(称为点火球隙)，各级球隙将迅速依次击穿，各级电容器

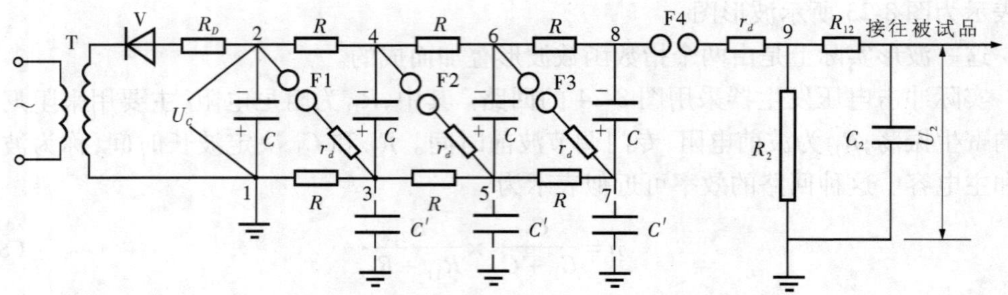


图 8-25 多级冲击电压发生器的原理接线图

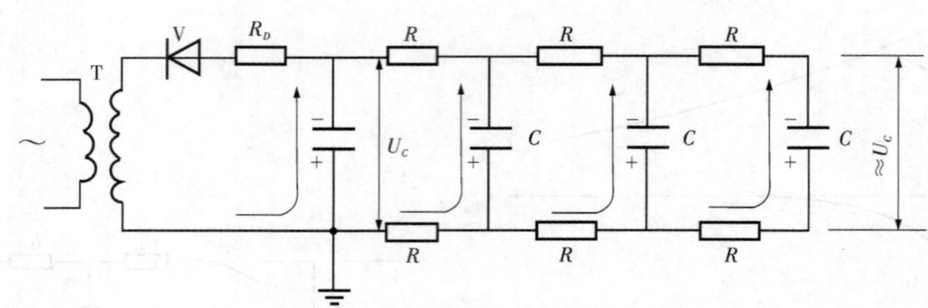


图 8-26 冲击电压发生器充电过程等值电路

被串联起来，发生器立即由充电状态转化为放电过程。这时，由于充电电阻 $R$ 足够大，在瞬时放电过程中，可近似地看做开路，因而可得出如图 8-27 所示的放电过程等值电路。

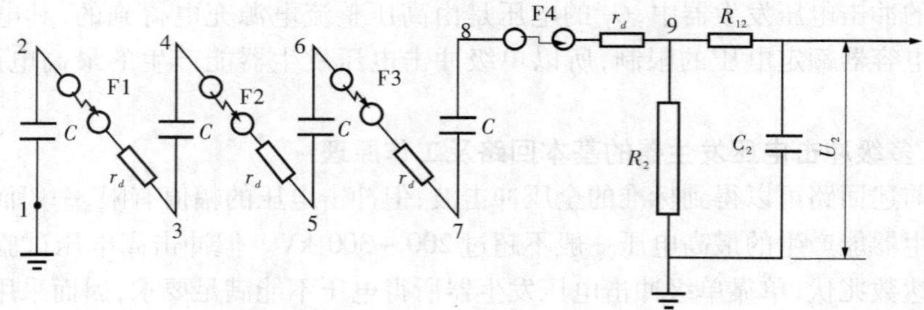


图 8-27 冲击电压发生器放电过程等值电路

### 8.7.1.3 冲击电压发生器的近似计算

下面以图 8-24 回路为基础，来分析输出电压波形与回路元件参数之间的关系。

在决定波前时间时忽略 $R_2$ 的存在，这时 $C_2$ 上的电压可近似表示为：

$$u_2(t) \approx U_{2m}(1 - e^{-\frac{t}{\tau_2}}) \tag{8-42}$$

式中波前时间常数

$$\tau_2 \approx (R_{11} + R_{12})\frac{C_1 C_2}{C_1 + C_2} \tag{8-43}$$

根据冲击视在波前时间 $T_1$ 的定义（波形如图 8-28 所示）可知：

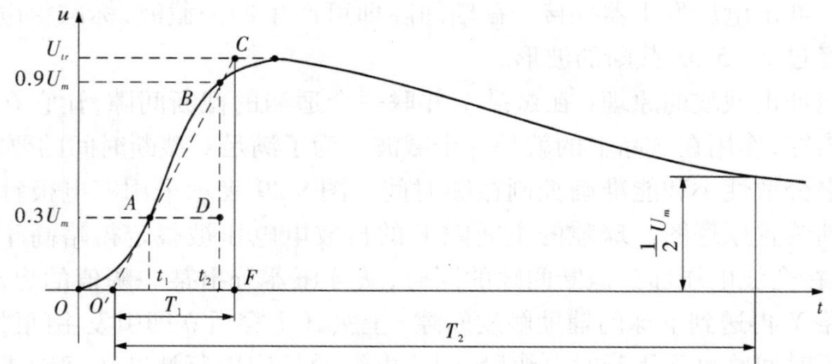


$O'$—视在原点；$T_1$—（视在）波前时间；$T_2$—（视在）半峰值时间

**图 8-28　冲击电压波形**

$$0.3U_{2m}=U_{2m}(1-\mathrm{e}^{-\frac{t_1}{\tau_2}})\tag{8-44}$$

$$0.9U_{2m}=U_{2m}(1-\mathrm{e}^{-\frac{t_2}{\tau_2}})\tag{8-45}$$

联立式(8-44)、式(8-45)，可以解得

$$t_2-t_1=\tau_2\ln7\tag{8-46}$$

冲击电压视在波前时间

$$T_1=\frac{t_2-t_1}{0.6}=\frac{\tau_2\ln7}{0.6}\approx3(R_{11}+R_{12})C_2\tag{8-47}$$

在决定半峰值时间 $T_2$ 时，忽略 $R_{11}$ 和 $R_{12}$ 的作用，近似地认为 $C_1$ 和 $C_2$ 并联对 $R_2$ 放电，这时 $C_2$ 上的电压 $u_2$ 可近似用下式表示：

$$u_2(t)\approx U_{2m}\mathrm{e}^{-\frac{t}{\tau_1}}\tag{8-48}$$

式中波尾时间常数：

$$\tau_1\approx R_2(C_1+C_2)\tag{8-49}$$

根据视在半峰值时间 $T_2$ 的定义可知，当 $t=T_2$ 时，$u_2(t)=\frac{U_{2m}}{2}$，即：

$$U_{2m}\mathrm{e}^{-\frac{T_2}{\tau_1}}=\frac{U_{2m}}{2}\tag{8-50}$$

化简后可得

$$T_2=\tau_1\ln2\approx0.7R_2(C_1+C_2)\tag{8-51}$$

显然，利用这些关系式即可由所要求的试验电压波形（例如 1.2/50 μs）求出各个回路参数值；反过来，由已知的回路参数可求出所得的冲击电压波形。

上述计算只能作为参考，真正的波形还得依靠实测，并以其结果为依据进一步调整回路参数，直到获得所需的试验电压波形为止。

### 8.7.1.4　雷电冲击截波试验装置

对于电力变压器等带有绕组的电力设备，国家标准通常还要求做雷电冲击截波试验，以模拟运行条件下气隙或绝缘子在雷电过电压下发生击穿闪络时出现的雷电截波对绕组绝缘的作用。冲击电压发生器外接一截断间隙即可产生冲击截波,标准雷电截波是标准雷电冲击波经过 2 ~5 μs 截断的波形。

产生雷电冲击截波的原理:在试品上并联一个适当的截断间隙,让它在雷电冲击全波的作用下击穿,作用在试品上的就是一个截波。为了满足对截断时间的要求,必须使截断装置的放电分散性小和能准确控制截断时间。图 8-29 表示采用三电极针孔球隙和延时回路的截断装置原理图。球隙的主间隙 F 的自放电电压被整定得略高于发生器送出的全波电压,在全波电压加到截断间隙的同时,从分压器分出某一幅值的启动电压脉冲,经过延时回路 Y 再送到下球的辅助触发间隙 f 上去,f 击穿后立即引发主间隙 F 的击穿而形成截波。延时回路可采用延时电缆段,调节电缆的长度即可调节主间隙击穿时刻和冲击全波的截断时间。但采用电缆线来进行延时,既不方便又不经济,用晶体管电子线路延时代替电缆线延时,延时时间可任意调整,既节约空间又节约资源。

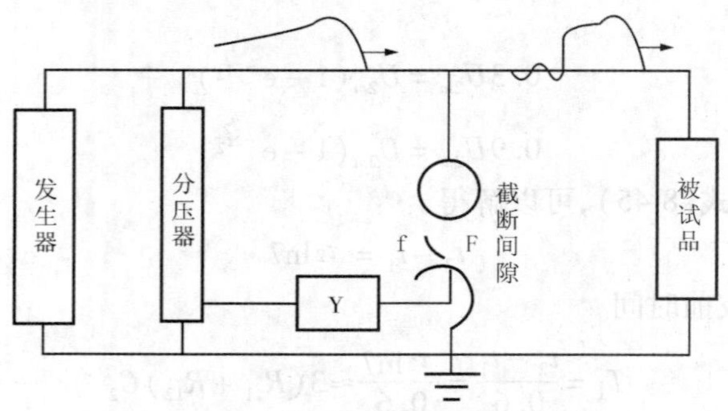


图 8-29 具有延时回路的截断装置

## 8.7.2 操作冲击试验电压的产生

国家标准规定,额定电压大于 220 kV 的超高压电气设备在出厂试验、型式试验中,不能像 220 kV 及以下的高压电气设备那样,以工频耐压试验来等效取代操作冲击耐压试验。操作冲击耐压试验所用的标准操作冲击电压波形及其产生方法可分为以下两类。

### 8.7.2.1 利用冲击电压发生器产生操作冲击电压波

国家标准规定的标准波形为 ±1.2/50 μs,波形如图 8-28 所示。在做气隙的操作波试验时,特别采用这一波形,因为此波形下气隙的电气强度最低。原理上与产生雷电冲击波完全相同。但由于波前时间和波尾时间都显著增长了,因此在选择发生器的电路形式和元件参数时,应注意以下两个问题:

(1)为拉长波前时间,又使发生器的利用系数降低不多,需采用高效率回路。

(2)计算操作波回路参数时,不能用前面介绍的雷电波时的近似计算法来计算操作波回路参数;要考虑充电电阻 $R$ 对波形和发生器效率的影响。

### 8.7.2.2 利用变压器产生操作冲击电压波

在现场对电力变压器进行操作波耐压试验时,可利用被试变压器本身产生操作冲击波,既简单又方便;在高压实验室也可利用试验变压器产生操作冲击波。图 8-30 所示是

IEC 所推荐的一种操作波发生装置，即利用冲击电压发生器对变压器的低压绕组放电，在变压器的高压绕组感应出幅值很高的操作冲击电压波。

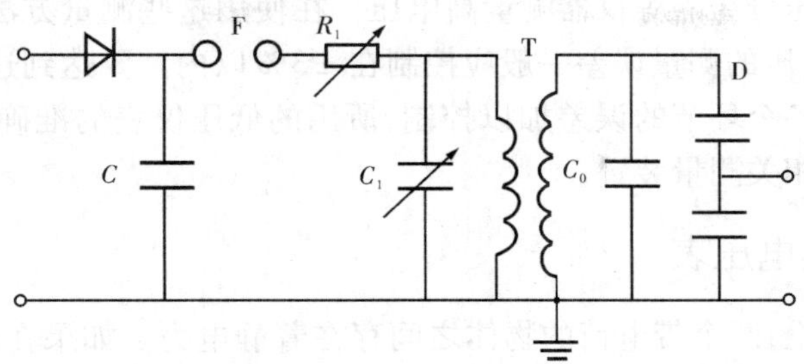


$C$—主电容；$R_1$、$C_1$—调波电阻、电容；$C_0$—被试品电容；
T—变压器；D—分压器

**图 8-30 利用变压器的操作冲击波发生装置**

具体波形通过调节 $R_1$ 和 $C_1$，并根据所需试验电压提高充电电压 $U_0$ 获得幅值很高的操作波。

### 8.7.3 绝缘的冲击高压试验方法

电气设备内绝缘的雷电冲击耐压试验采用三次冲击法，即对被试品施加三次正极性和三次负极性雷电冲击试验电压（1.2/50 μs 全波）。对变压器和电抗器类设备的内绝缘，还要进行雷电冲击截波（1.2/(2～5)μs）耐压试验。它对绕组绝缘特别是纵绝缘的考核比雷电冲击全波试验更加严格。

在进行内绝缘冲击全波耐压试验时，应在被试品上并联球隙，并将它的放电电压整定得比试验电压高 15%～20%（变压器和电抗器类试品）或高 5%～10%（其他试品）。这是因为在冲击高压发生器调波过程中，有时会无意出现过高的冲击电压，造成被试品不必要的损伤。

进行内绝缘的冲击高压试验时，作用时间很短以致难以发现绝缘内部的局部损伤或故障，用常规的试验方法不能揭示，而目前用得最多的监测方法是拍摄变压器中性点处的电流示波图，与完好无损的同型变压器中拍摄的典型示波图以及人为制造的各种故障时所拍摄的示波图作比较，以判断损伤或故障的出现甚至确定它们所在的位置。

电力系统外绝缘的冲击高压试验通常采用 15 次冲击法，即对被试品施加正、负极性冲击全波试验电压各 15 次，相邻两次的时间间隔不应少于 1 min。在每组 15 次冲击试验中，若击穿或闪络的次数不超过 2 次，即可认为该外绝缘试验合格。

内、外绝缘的操作冲击高压试验的方法与雷电冲击全波试验相同。

## 8.8 高电压测量技术

为了准确而有效地进行高电压试验，以完成或达到高电压试验的目的，除要有产生各种试验电压的高压设备外，还必须有能测量这些高电压的仪器和设备。

电力系统中,广泛应用电压互感器配上低电压表来测量高电压,但此法因其既不经济也不灵活,所以在实验室中用得很少。实验室条件下广泛应用高压静电电压表、峰值电压表、球隙测压器、高压分压器等仪器测量高电压。在使用这些测量方法时,依照国际标准和 IEC 标准,其高电压的测量误差一般应控制在 ±3% 以内。要达到这个标准并不容易,需要对测量系统的各个环节的误差加以控制,所用的低压仪表的准确度至少不低于 0.5 级。以下分别介绍相关测量装置。

## 8.8.1 高压静电电压表

根据静电场理论,两个带电荷的物体之间存在着静电力。如果在两个特制的电极间加上电压 $U$,电极间就会受到静电力 $F$ 的作用,而且 $F$ 的大小与 $U$ 的数值有固定关系,设法测量 $F$ 的大小就可确定所加电压 $U$ 的大小。利用这一原理制成的仪表即为静电电压表,它可以用来测量低电压,也可以在高压测量中得到应用,如图 8-31 所示。

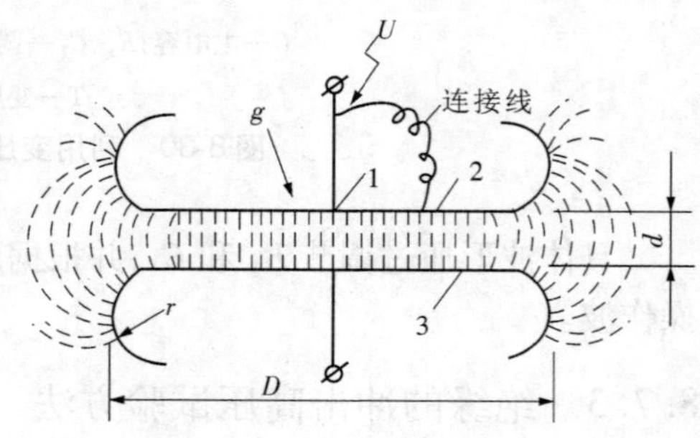

1—可动电极;2—保护电极;3—固定电极

**图 8-31 静电电压表极板**

若采用的是消除了边缘效应的平板电极,那么由静电场理论,易求得 $F$ 与 $U$ 的关系式:

$$F = kU^2 \tag{8-52}$$

式中 $k$——与介电常数有关的系数。

由测量仪表的一般原理知道,仪表不可能反映力的瞬时值,而只能反映其平均值。

为了尽可能减小极间距离和仪表体积,极间应采用均匀电场,所以高压静电电压表的电极均采用消除了边缘效应的平板电极。如图 8-31 所示,1 为可动电极,与保护电极 2 相连,3 为固定电极。

在使用静电电压表测量时,如果电压是纯粹的直流,则仪表的指示就是直流电压的大小;如果是脉动的直流,则测量的数值近似于整流电压的平均值;如果是周期性变化的交流电压,则测量的是其有效值;静电电压表不能用来测量冲击电压。

静电电压表的优点:①内阻抗特别大,接入电路后不会改变被试品上的电压;②因为是平板电容,几乎不消耗能量;③能直接测量相当高的直流和交流电压。

静电电压表的量程与电极间的绝缘介质有关,在空气中为 50 ~ 520 kV;在 $SF_6$ 气体中为 500 ~ 600 kV。如果要测量更高的电压,则可以与分压器配合使用。

## 8.8.2 峰值电压表

在有些场合只需测量高电压的峰值,如绝缘的击穿取决于电压的峰值,所以试验时只需测量其峰值,此时使用峰值电压表即可。峰值电压表可分为交流峰值电压表和冲击峰值电压表,它们常与分压器配合使用。

### 8.8.2.1 利用整流电容电流来测量交流高压

如图 8-32 所示,当被测电压 $u$ 随时间变化时,流过电容 $C$ 的电流为 $i_C = C\dfrac{\mathrm{d}u}{\mathrm{d}t}$,在 $i_C$ 的

正半波,电流经整流元件 V1 及检流计 P 流回电源。设流过 P 的电流平均值为 $I_{av}$,那么它与被测电压的峰值 $U_m$ 之间的关系式为

$$U_m = \frac{I_{av}}{2Cf} \tag{8-53}$$

式中 $C$——电容器的电容量;

$f$——被测电压的频率。

#### 8.8.2.2 利用电容器充电电压来测量交流电压

如图 8-33 所示,幅值为 $U_m$ 的被测交流电压经整流器 V 使电容 $C$ 充电到某一电压 $U_C$,它可以用静电电压表 PV 或用电阻 $R$ 串联微安表 PA 测得。如用后一种方法,则被测电压的峰值为

$$U_m = \frac{U_C}{1 - \dfrac{T}{2RC}} \tag{8-54}$$

式中 $T$——交流电压的周期;

$C$——电容器的电容量;

$R$——串联电阻的阻值。

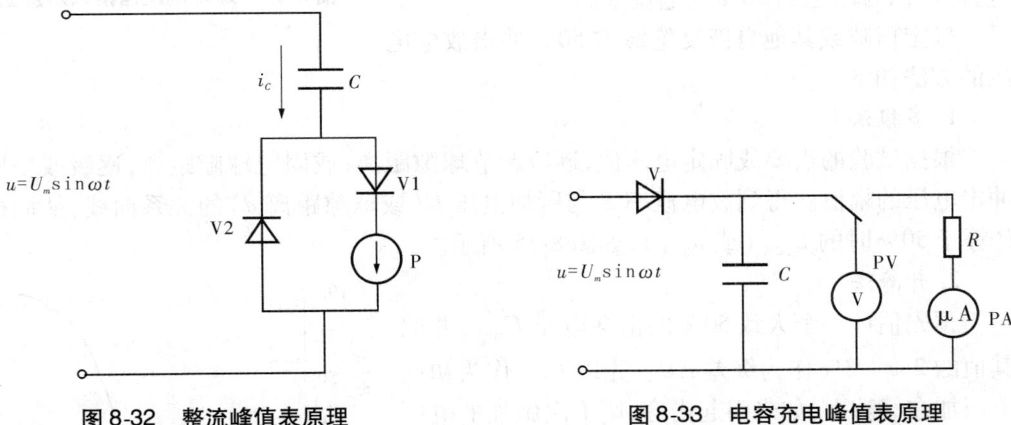


图 8-32 整流峰值表原理　　图 8-33 电容充电峰值表原理

### 8.8.3 球隙测压器

球隙测压器是唯一能直接测量高达数兆伏的各类高压峰值的测量装置,它由一对直径相同的金属球构成,测量误差为 2% ~3%,能满足工程测量需要。

它的工作原理基于一定直径($D$)的球隙在一定极间距离($d$)时的放电(击穿)电压为一定值。

#### 8.8.3.1 球隙的优点

(1)击穿时延小,具有比较稳定的放电电压值和较高的测量精度。

(2)50% 冲击放电电压与静态(交流或直流)放电电压的幅值几乎相等。

(3)不必对湿度进行校正。

（4）与平板电极相比，制作容易，省料，安装简单。

### 8.8.3.2　球隙的放电电压

国际电工委员会综合比较了各国高压实验室所得试验数据，编制成标准球隙放电电压表。为了保证测量所要求的精度，IEC 标准和国际标准对球隙的结构、布置、连接使用及球面的光洁度和曲率均有严格的要求。球隙在高压试验时的接入方式如图 8-34 所示。图中 $R_1$ 为限流电阻，既限制流过试验装置的电流也限制流过球隙的电流；$R_2$ 为球隙测压器的专用保护电阻。

用球隙测量工频电压时，应取连续三次放电电压的平均值，相邻两次放电的时间间隔不应少于 1 min，以便每次放电后充分去游离，各次击穿电压与平均值的偏差不应大于 3%。

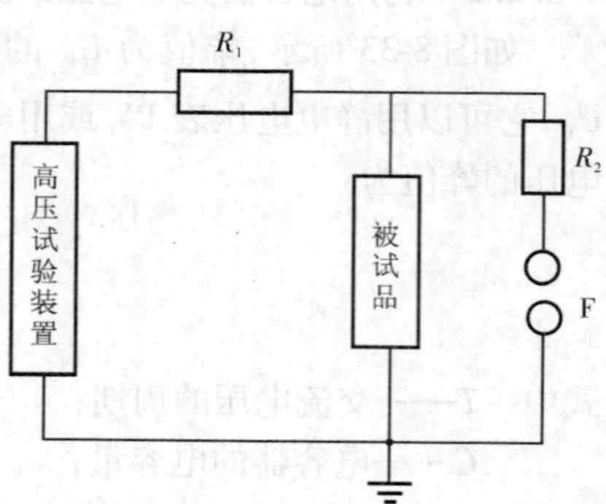


图 8-34　球隙测压器接入示意图

用球隙测量冲击电压时，应通过调节极距 $d$ 来达到 50% 放电概率，此时被测电压即等于球隙在这一距离时的 50% 冲击放电电压。

确定 50% 的放电概率常用 10 次加压法，即对球隙加上 10 次同样的冲击电压，如有 4 ~ 6 次发生了放电，即可认为已达到 50% 放电概率。

确定球隙或其他自恢复绝缘的 50% 冲击放电电压的方法如下。

1. *多极法*

根据试验的需要或固定电压值，逐级调节球隙距离；或固定球隙距离，逐级改变所加冲击电压的幅值。得到放电概率 $P$ 与所加电压 $U$（或球隙距离 $d$）的关系曲线，从而得到 $P$ 等于 50% 时的 $U_{50\%}$（或 $d_{50\%}$），如图 8-35 所示。

2. *升降法*

预先估计一个大致 50% 的击穿电压 $U_{50\%}$，并取其值的 2% ~ 3% 作为级差 $\Delta U$。先以 $U_{50\%}$ 作为初试电压加在气隙上，如未引起击穿，则下次施加的电压为 $U_{50\%}+\Delta U$，再试；如在 $U_{50\%}$ 下击穿，则下次施加的电压将为 $U_{50\%}-\Delta U$，再试。以此类推，每次加压都遵循这样的规律，即凡是加压未引起击穿，则下次加压比上次高 $\Delta U$；凡是加压引起击穿，则下次加压比上次低 $\Delta U$。反复加压 20 ~ 40 次，分别统计各级电压 $U_i$ 的加压次数 $n_i$，然后按式（8-55）计算冲击电压 $U_{50\%}$：

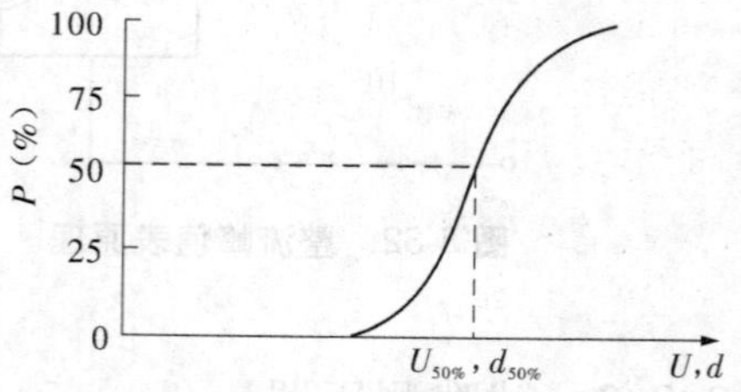

图 8-35　放电概率 $P$（%）与所加电压 $U$ 或极间距离 $d$ 的关系

$$U_{50\%}=\frac{\sum U_i n_i}{\sum n_i} \tag{8-55}$$

式中　$\sum n_i$ ——加压总次数。

统计时应注意：如果第一次加压未击穿，则从后来首先引起击穿的那一次开始统计；

如果第一次加压击穿，则从后来首先未引起击穿的那一次开始统计。

### 8.8.4 高压分压器

当被测电压很高，以致高压静电电压表、测量球隙等无法直接测量或者是需要用示波器测量电压的波形时，常采用高压分压器来分出一小部分电压，然后利用静电电压表、峰值电压表、高压脉冲示波器等来测量。

对一切分压器最重要的技术要求有：①分压比的准确度和稳定性，即幅值误差要小；②分出的电压与被测高电压波形的相似性，即波形畸变要小。

按照用途的不同，分压器可分为交流高压分压器、直流高压分压器、冲击高压分压器；按照分压元件的不同，又可分为电阻分压器、电容分压器和阻容分压器。

每一个分压器均由高压臂和低压臂组成，在低压臂上得到的就是分给测量仪器的低电压 $u_2$，总电压 $u_1$ 与 $u_2$ 之比 $u_1/u_2$ 称为分压比。

#### 8.8.4.1 电阻分压器

电阻分压器的高、低压臂均为电阻，如图 8-36 所示。图中的放电管 F 起保护作用。理想情况下的分压比为

$$N = \frac{R_1 + R_2}{R_2} \tag{8-56}$$

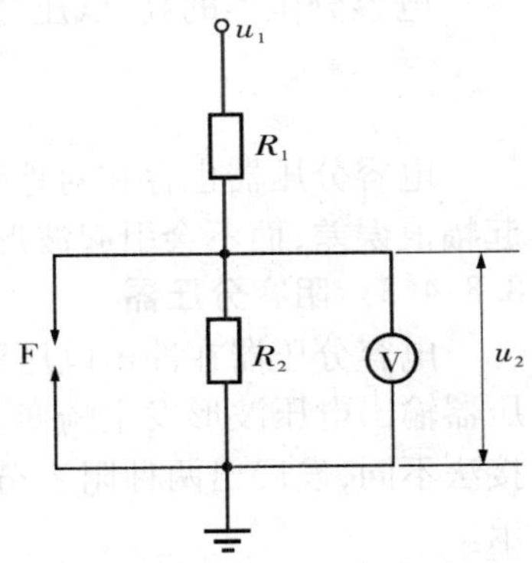

图 8-36 电阻分压器

高压臂电阻 $R_1$ 应是无感电阻，其长度应能耐受最大被测电压的作用而不会发生沿面闪络。

如果测量的是直流高压，选用分压器时只能选用电阻分压器，但电阻分压器还可以测量交流高电压和冲击电压。

电阻分压器的使用规范：①用于测量稳态电压（交流、直流）的电阻分压器的阻值既不能选得太小，否则会使直流高压装置和交流高压装置供给它的电流太大而引起电阻发热损耗，致使温度升高而改变阻值，增加测量误差；也不能选得太大，否则由于工作电流太小而使电晕电流和绝缘支架的泄漏电流所引起的误差变大。一般选择其工作电流为0.5～2.0 mA。②用于测量交流高压时，由于对地杂散电容的影响，不但会引起幅值误差还会引起相位误差。而且，电压越高，阻值越大，杂散电容越大，出现的误差也越大。所以，当被测电压高于 100 kV 时，大多采用电容分压器而不用电阻分压器。③用于测量雷电冲击电压的电阻分压器的阻值比测量稳态电压的电阻分压器小得多，因为雷电冲击电压的变化很快，对地杂散电容的不利影响要比交流电压时大得多，引起幅值误差和波形畸变。冲击电压的电阻分压器的阻值往往只有 10～20 kΩ，即使屏蔽措施完善也只能增大到 40 kΩ 左右。④在高压实验室中，分压器常与示波器配合使用，两者因安全原因由数十米高频同轴电缆连接，电阻分压器的测量回路如图 8-37 所示，同轴电缆可以避免输出波形在这段距离内受到周围电磁场的干扰。终端并联匹配电阻 $R$ 以避免冲击波在终端处的反射。

此时，低压臂的电阻变为$\frac{R_2 Z}{R_2 + Z}$。

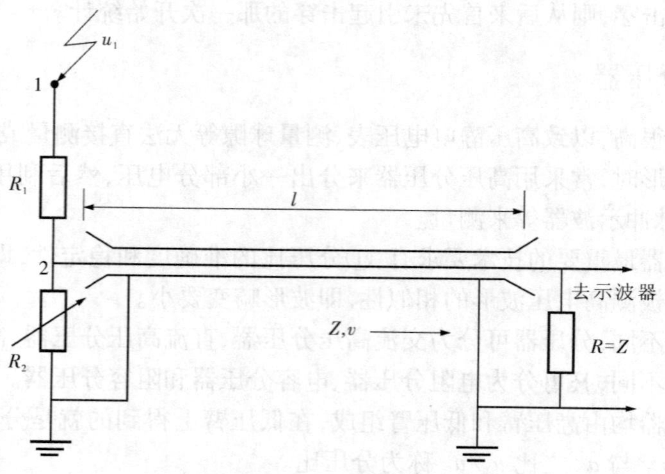


图 8-37　电阻分压器测量回路

### 8.8.4.2　电容分压器

电容分压器的高、低压臂均为电容，如图 8-38 所示。分压比为

$$N=\frac{C_1+C_2}{C_1} \tag{8-57}$$

电容分压器也存在对地杂散电容，但由于分压器本身也是电容，所以杂散电容只会引起幅值误差，而不会引起波形畸变。

### 8.8.4.3　阻容分压器

电容分压器在冲击电压作用下存在着一系列高频振荡回路，其中的电磁振荡将使分压器输出电压波形发生畸变。阻容分压器可阻尼各处的振荡。阻容分压器按阻尼电阻的接法不同，发展出两种阻容分压器，即串联阻容分压器和并联阻容分压器，如图 8-39 所示。

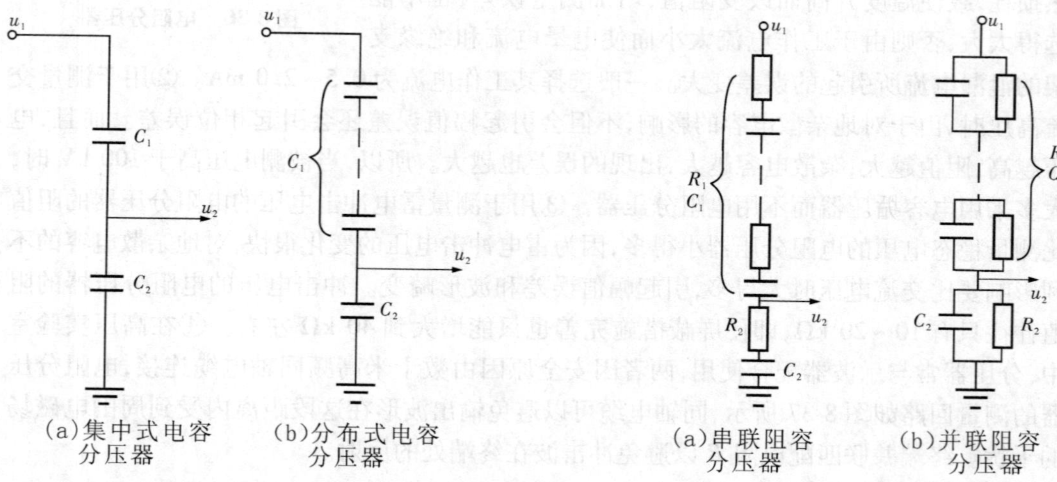


图 8-38　电容分压器

图 8-39　阻容分压器

### 8.8.5 高压脉冲示波器和新型冲击电压数字测量系统

#### 8.8.5.1 高压脉冲示波器

高压脉冲示波器是用来测量、记录冲击波的专用仪器。“高压”二字并非指需要测量的电压很高,而是指这种示波器的加速电压很高,例如要 10 ~ 20 kV,而普通示波器的加速电压只要 2 ~ 3 kV 就够了。

高压脉冲示波器的基本组成包括高压示波管、电源单元、射线控制单元、扫描单元、标定单元。具有以下特点:①加速电压高;②射线开放时间短;③各部分协同工作的要求高;④扫描电压多样化。

#### 8.8.5.2 新型冲击电压数字测量系统

近年来,由于电子技术和计算机工业的迅速发展,传统的高压脉冲示波器已逐渐被新的数字测量系统代替。

高电压数字测量系统由硬件和软件两大部分组成:硬件系统包括高压分压器、数字示波器、计算机、打印机等;软件系统包括操作、信号处理、存储、显示、打印等软件;其核心部分为数字示波器、计算机、测量软件,用这些来实现被测信号的量化、采集、存储、处理、显示、打印等功能。

用来测量冲击电压的数字测量系统能对雷电冲击全波、截波及操作冲击电压波的波形和有关参数进行全面的测定,整个测量过程按预先设置的指令自动执行,测量结果可显示在屏幕上,并可存入机内或打印输出。这种测量系统的推广应用大大缩短了试验周期、提高了试验质量。

## 8.9 绝缘状况的综合判断

### 8.9.1 试验项目综述

为保证电力设备的安全运行,要定期对电力设备的绝缘进行试验,以提前发现设备绝缘缺陷,及时处理事故发生的隐患。电气设备绝缘试验分两类:耐压试验和检查性试验,通过对各试验项目结果的综合分析能及时发现设备绝缘存在的问题。

测定绝缘电阻和吸收比能有效发现下列缺陷:①受潮。②两极间有穿透性的导电通道。③表面污垢。但绝缘电阻值或吸收比的值只是参考性的,达不到规定值,则绝缘中肯定存在某种缺陷。即使满足合格值,也不能肯定绝缘是良好的。根据试验值来判断绝缘状况时,不仅要与规定标准相比较,也要与以前的试验记录相比较,如果试验结果变化较大,$K$ = 最大值/最小值 >2,则表示有以上某种绝缘缺陷存在。

测定泄漏电流:它实际上也就是测量绝缘电阻,由于测定泄漏电流用的直流电压较高,它可以发现兆欧表所不能发现的绝缘缺陷。

测定介质损耗角正切 $\tan\delta$ 能有效发现下列缺陷:①受潮。②穿透性导电通道。③绝缘内气泡的游离、绝缘分层、脱壳。④老化、劣化,绕组上附积油泥。⑤绝缘油脏污劣化。测 $\tan\delta$ 法对较大面积的分布性的绝缘缺陷是较灵敏和有效的,而对个别局部的非贯穿性的绝缘缺陷不是很有效。同时,在大的绝缘体中存在局部缺陷时,测总体的 $\tan\delta$ 是不易反映出这些缺陷的,全部被测绝缘体可看做是各部分绝缘体的并联,因此应尽可能地对绝缘体分部测试。若测得的 $\tan\delta$ 值与历史记录有显著变化,也表示有绝缘缺陷的存在。

局部放电测试:该试验是测定绝缘物在不同电压下局部放电强度的规律,它能预示绝缘的状况,是估计绝缘老化速度的重要依据。用别的方法很难发现的绝缘中存在的较轻的局部缺陷,局部放电能很灵敏地指示出来。但这种绝缘测试方法抗干扰能力较差,有待进一步完善。

电力系统中有些电气设备为充油设备,如变压器、油断路器、互感器、充油电缆等,如果浸绝缘油的电气设备存在局部过热或局部放电情况会使绝缘油和固体绝缘材料分解,产生溶于油中的一部分气体,根据化验油中所含分解产生的气体的成分、含量与历史数据比较,就可以分析出故障的具体性质。

### 8.9.2 综合判断方法

由上述可知,电气设备绝缘试验中的种种非破坏性试验项目,对于揭示绝缘介质的各种缺陷和把握其变化趋势各具功能,但也尽显其局限性。因此,不能孤立地依据某一项试验结果就判断绝缘状态的好或坏,而必须将各项试验结果联系起来进行综合分析,并结合被试品的特点和特殊要求,方能作出正确的判断。

一般来说,如果电气设备各项试验全部符合相关标准、规程的要求,则认为该设备绝缘状况良好,能投入运行。但有些项目规程往往不作具体规定;有的虽有规定,但试验结果又在合格范围内出现"异常",即测量结果合格,增值率很快。对这些情况如何作出正确判断是试验工作者非常关心的问题。一般要采取以下办法处理:

(1)与该设备技术档案中的历年试验所得数据比较。因为一般的电气设备都应定期进行试验,如果设备绝缘没有什么变化,则历次的试验结果都应当比较接近。如果有明显的差异,则说明绝缘可能有缺陷。

(2)与同类型设备试验结果相互比较。因为对同一类型的设备而言,其绝缘结构相同,在相同的运行和气候条件下,其测试结果应大致相同。若悬殊很大,则说明绝缘可能有缺陷。

(3)与同一设备的三相间的试验结果进行比较。因为同一设备各相的绝缘情况应基本一样,如果三相试验结果差异明显,则说明有异常相的绝缘可能有缺陷。

### 8.9.3 绝缘的在线监测

传统的离线检测方法,无论其试验项目多么完备,对试验数据的综合判断所显示的可靠性都不足以确认电气设备的绝缘状况良好与否,尤其是这一判断只是当前的状态,至于电气设备在线绝缘状态的确认则传统的方法失去作用,因而提出了电气设备绝缘的在线监测课题。电气设备在运行过程中绝缘性能的好坏是决定其寿命的关键,从电气设备维修进步和发展看,已从停电预试转入状态维修,而绝缘状态维修的基础就是电气设备绝缘在线检测与诊断技术。

预防性试验和检修是电力设备运行和维护工作中一个重要环节,是保证电力设备安全运行的有效手段之一。多年来,电力系统运行的高压电力设备基本上都是按照原电力部颁发的《电力设备预防性试验规程》的要求进行试验的,对及时发现、诊断设备缺陷起到了重要作用。但随着电力系统的发展及电力用户的要求日益增高,对供电的可靠性和安全性提出了更高的要求,传统的预防性试验和检修方式愈来愈显示出许多不足。

#### 8.9.3.1 电力设备预防性试验的不足

电力设备预防性试验的不足主要表现在以下几点:

(1)预防性试验无法及时准确及早发现绝缘隐患。预防性试验的目的之一是通过各种试验手段诊断电力设备的绝缘状况。电力设备的绝缘部分是薄弱环节,最容易被损坏或劣化。绝缘故障具有随机性、阶段性、隐蔽性。绝缘缺陷大多数发生在设备内部,从外表上不易观察到。微弱的绝缘缺陷,特别是早期性绝缘故障,对运行状态几乎没有影响,甚至绝缘预防性试验根本测试不到。受试验周期的限制,事故可能发生在两次预防性试验的间隔内。这就决定了定期的预防性试验无法及时准确及早发现绝缘隐患。

(2)预防性试验包括破坏性试验(如直流耐压、交流耐压等)和非破坏性试验(如绝缘电阻、绕组直流电阻、介质损耗等)。非破坏性试验中,一般所加的交流试验电压不超过10 kV,这比目前的35 ~ 220 kV电网的运行电压低很多。在运行电压下,设备的局部缺陷已发生了局部击穿现象,而在预防性试验中仍可顺利过关,但这种局部缺陷在运行电压下却不断发展,以致在预防性试验周期内可能导致重大事故。显然,随着电压等级的升高,预防性试验的实际意义已减弱。另一方面,破坏性试验则可能引入新的绝缘隐患,由于试验电压都数倍于设备的额定电压,且这种高压对绝缘造成的不同程度的损伤是不可逆转的,长此以往必将缩短电力设备的使用寿命。

(3)计划性的预防性试验的重要依据是试验和检修周期。虽然对设备状态不佳的设备进行了必要的预防性试验,但对设备运行情况良好的设备按部就班进行,不仅增加设备维护费用,而且由于检修不慎或者频繁拆装反而缩短了使用寿命,降低了设备利用率。经验表明,有些初始状态和运行状态都很好的设备,经过带有一定盲目性的试验和检修后,反而破坏了原有的良好状态。

综上所述,这种不考虑设备运行状态的定期检修,带有很大的盲目性。不仅造成了大量的人力、物力、财力的浪费,同时也增加了运行人员误操作、继电保护及开关误动作的几率。通过对近年来发生的电气事故原因的分析,发现预防性试验期间是电气责任事故多发期。

#### 8.9.3.2 状态检修是发展趋势

设备检修体制是随着科技的进步而不断演变的。状态检修是从预防性检修发展而来的更高层次的检修体制,是一种以设备状态为基础,以预测设备状态发展趋势为依据的检修方式。通过信息采集、处理、综合分析后有目的地安排检修的周期和检修的项目,“该修则修,修必修好”。它与计划检修相比,具有明显的优势:

(1)克服定期检修的盲目性,具有很强的针对性。根据状态的不同采取不同的处理方法,降低运行检修费用。对于状态差的设备及时安排预防性试验,对于状态好的设备可以延长检修周期,从而节省人力、物力和财力,有效地降低维护成本和检修风险。

(2)减少停运(总检修)时间,提高设备可靠性和可用系数,延长设备使用寿命,更好地贯彻“安全第一，预防为主”的方针。

(3)减少维护工作量，降低劳动强度，有利于减员增效，提高经济效益。

状态监测是状态检修的基础。实现电力设备状态检修的基础是必须了解运行设备的绝缘状态，这就需要绝缘在线监测。绝缘在线监测是一种实时监测方法，能及时反映被监测参数的变化情况或变化趋势，对电力设备的早期绝缘故障能及时发现，做到防患于未然，这是预防试验难以做到的。

### 8.9.4 便携式容性设备及避雷器在线检测仪介绍

便携式容性设备及避雷器在线检测仪，可用于带电检测容性电气设备（套管、CT、CVT、耦合电容器）的介质损耗、电容量和氧化锌避雷器的阻性电流、全电流等绝缘参数。

#### 8.9.4.1 工作原理

在线检测仪原理框图如图8-40所示。为保证测试安全，传统的在线检测方式大多是将传感器直接安装在运行设备的末屏接地线上。检测仪采用了内置传感器的设计结构，传感器的输入阻抗极低（穿心），能够耐受较大的工频和雷电电流冲击，为确保现场测量方便安全，防止因测量引线损坏导致末屏或接地线开路，在用于检测运行电气设备时加装取样保护装置。取样保护装置以取样简单、保护可靠为原则，不会对设备的正常运行方式造成不良影响。由于检测仪的信号输入端阻抗极低（仅为测量引线的自身阻抗），故取样保护装置的参数变化通常不会影响测试结果的精度。

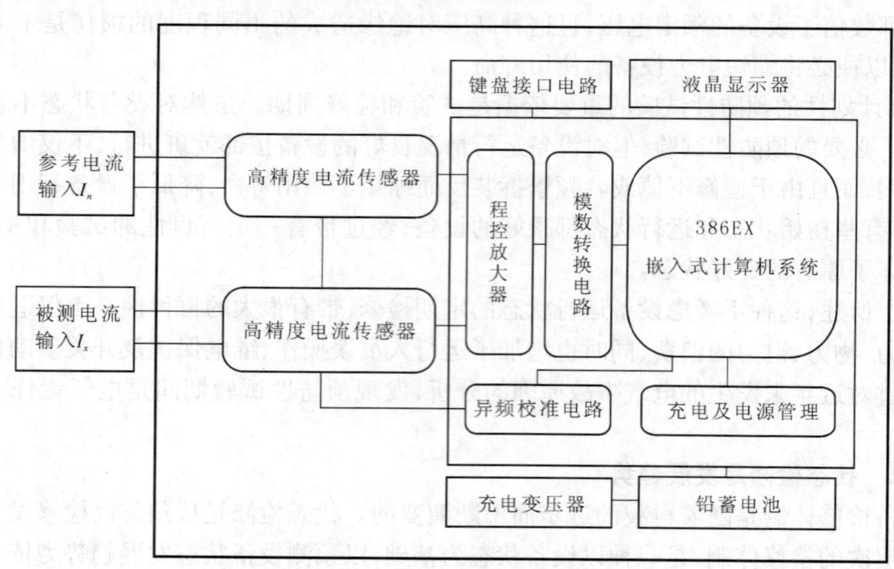


**图8-40 在线检测仪原理框图**

#### 8.9.4.2 功能及特点

(1)具备多种测试功能，既可对电容型设备的介质损耗和电容量进行在线或停电测量，又能用于氧化锌避雷器阻性电流参数的测试。

(2)内置两个高精度电流传感器，并采用了独特的异频自校技术，对传感器精度进行动态校验,故可准确检测 70 μA ~ 650 mA 范围内的输入信号,并能通过外部串接电阻的方式实现对电压信号的测量。

(3)电流传感器采用穿心结构,输入阻抗极低,可耐受 10 A 工频电流的作用以及 10 kA 雷电流的冲击,满足在线检测的使用条件。

(4)提供两种介质损耗在线检测方式,既可测量两个同相电容型设备的介质损耗差值和电容量比值,又可用 PT 二次侧电压作基准信号,对设备的电容量及介质损耗值进行测量。

(5)完善的电磁屏蔽措施和先进的数字处理技术,可确保介质损耗测试结果不受谐波干扰及脉冲干扰的影响,具有高达 ±0.05% 的绝对检测精度。

(6)提供两种阻性电流检测方式,容性电流的补偿信号既可使用 PT 二次侧电压,又可使用同相电容型设备的泄漏电流,能够准确测量 MOA 的全电流、容性电流、阻性电流及其基波与三次谐波分量等多种参数。

(7)采用先进的数字化处理技术,实现避雷器容性电流的全补偿,极大地降低了 MOA 端电压谐波分量对阻性电流峰值测试结果的影响。

(8)具有相间干扰自动补偿功能,对电场分布较为规则的"一"字形排列避雷器,可正确测得两个边相的阻性电流及其基波分量的峰值。

(9)完善的自我校验功能和高稳定度的电流传感器,确保测试结果准确可靠,检测精度基本不受环境温度变化( -20 ~40℃)的影响。

(10)采用便携式设计结构,操作使用极为简单,机内铅蓄电池可维持 8 h 的连续工作时间,完全满足现场使用的要求。

#### 8.9.4.3 影响在线检测结果的几个因素

1. 从 PT 二次侧获取基准信号的介质损耗测量方式

(1)互感器角误差的影响:电压互感器的角误差的容许值如表 8-1 所列。可见对于目前绝大多数 0.5 级电压互感器来说,使用其二次侧电压作为介质损耗测量的基准信号,本身就可能造成 ±20′的测量角误差,即相当于 ±0.6% 的介质损耗测量绝对误差,而正常电容型设备的介质损耗通常较小,仅为 0.2% ~0.6%,显然这会严重影响检测结果的真实性。

表 8-1 电压互感器角误差容许值

| 精度等级 | 角误差 | 一次电压和二次负荷变化范围 |
|---|---|---|
| 0.5 | ±20′ | $U_1 = (0.85 \sim 1.15) U_{1e}$<br>$S_2 = (0.25 \sim 1) S_{2e}$ |
| 1.0 | ±40′ | |

(2)PT 二次侧负荷变化的影响:电压互感器的测量精度与其二次侧负荷的大小有关,如果 PT 二次侧负荷不变,则角误差基本固定不变。目前,国内绝大多数母线 PT 二次侧为两个线圈,其中一个 0.5 级的线圈供继电保护和测量仪表使用,另一个 1.0 级线圈供开口三角形使用。由于介质损耗测量时基准信号的获取只能与继电保护和仪表共用一个线圈,且该线圈的二次侧负荷主要由继电保护决定,故随着变电站运行方式的不同,所投入

使用的继电保护会作出相应变化,故 PT 的二次侧负荷通常是不固定的,这必然会导致其角误差改变,从而影响介质损耗测试结果的稳定性。

(3)接地点的影响:根据继电保护规程要求,PT 二次侧只能有一个接地点,通常是在户内保护盘处一点接地。绝缘在线检测的接地点通常在户外,而基准信号的接地点又在户内,尽管它们共用一个地网,但受接地电流的影响,这两个接地点之间的电位不会完全相同,且通常是不稳定的。此时,如果不改变 PT 二次侧的接地方式,很难获得稳定的介质损耗测量结果。

2. 结合滤波器对耦合电容器(OY)介质损耗测量的影响

耦合电容器(OY)的末端小套管通常带有结合滤波器,供通信载波或保护系统使用。当对耦合电容器进行在线检测时,建议在耦合电容与结合滤波器之间连接专用的信号取样保护单元。

3. 环境湿度及外绝缘污秽程度的影响

在潮湿或污秽严重的情况下,避雷器外绝缘(磁套)表面的泄漏电流将显著增加,由于其通常呈阻性成分,故会严重影响 MOA 阻性电流的测试结果。对于电容型设备介质损耗参数的检测,通常受环境湿度及磁套表面污秽程度的影响较小,但如果抽样小套管绝缘受潮,因分流作用,同样也会导致介质损耗测试结果失真。因此,在线检测工作必须在磁套表面干燥清洁时进行,最好选择雨过天晴后的一段时间,并同时记录下测量时的环境温度、相对湿度及变电站运行方式,以便对测试结果进行纵向对比。

4. 变电站电场干扰对测试结果的影响

变电站内的运行电气设备除要承受自身工作电压的作用,还会受相邻的其他电气设备产生的电场影响。如果被测电气设备的电容量较小且设备的运行电压较高,则介质损耗或阻性电流测试结果将会受到严重影响。对于呈“一”字形排列的电气设备,通常的表现方式是 A 相测试结果偏大,B 相适中,C 相测试结果偏小。如果变电站的运行方式不变,则电场干扰对测试结果的影响也是较为固定的。因此,前后两次的在线测试工作最好在同一种运行方式下进行,以便对测试结果进行纵向比较。

变电站的运行方式改变也会对电容型设备的介质损耗测量数据造成影响,例如设备处于热备用状态时,高压断路器打开,但隔离开关仍然闭合,此时的线路 CT 会承受来自另外一个系统的电压作用,从而导致介质损耗测量结果出现三相同时变大或减小的异常现象。

总之,导致在线检测结果失真的原因是多方面的,除与测试仪器、测试方法有关外,还与现场条件及环境有关。尽管检测仪能较好地解决谐波对介质损耗及阻性电流测试结果的影响,仪器的检测精度及稳定性也得到保证,但如果要求在线测试结果与停电试验时的结果完全可比,目前尚有一定的技术难度。然而,运行经验及研究结果表明,测试电压的不同以及周围电磁环境的差异,尽管会导致在线测试结果与停电预防性试验结果之间缺乏对比性,但如果能够获得真实可靠的在线测试结果,仍可通过纵向或横向比较的方式判断出运行设备的绝缘状况。

# 参考文献


[1] 赵文中. 高电压技术[M]. 2 版. 北京:中国电力出版社,1985.

[2] 胡国根,王战铎. 高电压技术[M]. 重庆:重庆大学出版社,1996.

[3] 周泽存. 高电压技术[M]. 北京:水利电力出版社,1988.

[4] 中华人民共和国电力工业部. DL/T 596—1996 电力设备预防性试验规程[S]. 北京:中国电力出版社,1997.

[5] 胡国根. 电力系统过电压的分析与绝缘[M]. 北京:中国水利水电出版社,1995.

[6] 刘吉来,黄瑞梅. 高电压技术[M]. 北京:中国水利水电出版社,2004.

[7] 中华人民共和国电力工业部. DL/T 620—1997 交流电气装置的过电压保护和绝缘配合[S]. 北京:中国电力出版社,1997.